Gruber I Neumann

Erfolg im Mathe-Abi 2023

Übungsbuch für das Grundwissen
im Basisfach Mathematik
Baden-Württemberg
mit Tipps und Lösungen

Freiburger Verlag

Helmut Gruber, geb. 1968, studierte Mathematik und Physik in Konstanz und Freiburg und ist seit 1995 Mathematiklehrer in der Oberstufe.

Robert Neumann, geb. 1970, studierte Mathematik und Physik in Freiburg und unterrichtet Mathematik in der Oberstufe seit 1999.

Books for Future®
umweltfreundliche Bücher aus Wertstoffkreisläufen
49/001/003/22
www.books-for-future.de

Dieses Label bürgt für Umweltschutz im Buchprodukt
Papier aus nachhaltiger Forstwirtschaft,
schadstofffreie Druckfarben, schadstofffreier Schutzlack, schadstofffreier Buchleim
Kunststoffreduzierung in und um das Buchprodukt, komplett recyclingfähig.

Printed in EU
www.freiburger-verlag.de

Inhaltsverzeichnis

Geometrie

Stochastik

Vorwort

Erfolg von Anfang an

...ist das Geheimnis eines guten Abiturs.

Das vorliegende Übungsbuch ist speziell auf die grundlegenden Anforderungen des Basisfachs des Mathematik-Abiturs in Baden-Württemberg abgestimmt. Es umfasst die drei großen Themenbereiche Analysis, Geometrie und Stochastik.

frv.tv

Im Internet finden Sie unter **frv.tv/bw** weitere Videos, in denen die grundlegenden Themen an einfachen Beispielen erklärt werden. Die entsprechenden Stellen sind im Buch mit einem Kamerasymbol gekennzeichnet.

Im Basisfach Mathematik ist nur eine mündliche Prüfung vorgesehen, bei der es um kleine Rechenaufgaben und Verständnis der Zusammenhänge geht. Genau hierfür wurde das vorliegende Buch konzipiert: Es fördert das Grundwissen und die Grundkompetenzen in Mathematik, vom einfachen Rechnen und Formelanwenden bis hin zum Verstehen von gedanklichen Zusammenhängen. Das Übungsbuch ist eine Hilfe zum Selbstlernen (learning by doing) und bietet die Möglichkeit, sich intensiv auf die Prüfung vorzubereiten und gezielt Themen zu vertiefen. Hat man Erfolg bei den grundlegenden Aufgaben, machen Mathematik und das Lernen mehr Spaß.

Der blaue Tippteil

Hat man keine Idee, wie man eine Aufgabe angehen soll, hilft der blaue Tippteil zwischen Aufgaben und Lösungen weiter: Zu jeder Aufgabe gibt es dort Tipps, die helfen, einen Ansatz zu finden, ohne die Lösung vorwegzunehmen.

Die Kontrollkästchen ☐

Damit Sie immer den Überblick behalten können, welche Aufgaben Sie schon bearbeitet haben, befindet sich neben jedem Aufgabentitel ein Kontrollkästchen zum Abhaken.

Wie arbeiten Sie mit diesem Buch?

Am Anfang jedes Kapitels finden Sie eine kurze Übersicht über die jeweiligen Themen. Die einzelnen Kapitel bauen zwar aufeinander auf, doch ist es nicht zwingend notwendig, das Buch der Reihe nach durchzuarbeiten. Die Aufgaben sind in der Regel in ihrer Schwierigkeit gestaffelt. Von fast jeder Aufgabe gibt es mehrere Variationen zum Vertiefen.

In der Mitte des Buches finden Sie den blauen Tippteil mit Denk- und Lösungshilfen.
Die Lösungen mit ausführlichen verständlichen Lösungswegen bilden den dritten Teil des Übungsbuchs. Hier finden Sie die notwendigen Formeln, Rechenverfahren und Denkschritte sowie manchmal alternative Lösungswege.

Der Aufbau des mündlichen Mathematik-Abiturs

Die mündliche Abiturprüfung hat zwei Prüfungsteile und läuft wie folgt ab:

- Sie erhalten die Aufgaben aus einem Sachgebiet (Analysis, Geometrie oder Stochastik) für den ersten Prüfungsteil und haben 20 Minuten Zeit zur Vorbereitung. Je nach Aufgabe sind ein wissenschaftlicher Taschenrechner und die Merkhilfe zur Vorbereitung erlaubt.
- Der erste Prüfungsteil dauert 10 Minuten. Hier stellen Sie Ihren Lösungsweg der Aufgabe dar. Dabei dürfen Sie die 10 Minuten komplett nutzen, Verständnisfragen und Unterbrechungen seitens der LehrerInnen sind nicht erlaubt.
- Für den zweiten Prüfungsteil erhalten Sie eine weitere Aufgabe aus einem anderen Sachgebiet. Diese Aufgabe bearbeiten Sie im Rahmen eines Prüfungsgesprächs, d.h. die PrüferInnen werden weitere Fragen auf verschiedenen Niveaus stellen.
- Eine der beiden Aufgaben kommt in jedem Fall aus dem Sachgebiet Analysis, die andere entweder aus der Geometrie oder der Stochastik.

Allen Schülerinnen und Schülern, die sich auf das Abitur vorbereiten, wünschen wir viel Erfolg.

Helmut Gruber, Robert Neumann

Analysis

1 Ableiten

☐

Tipps ab Seite 72, Lösungen ab Seite 100

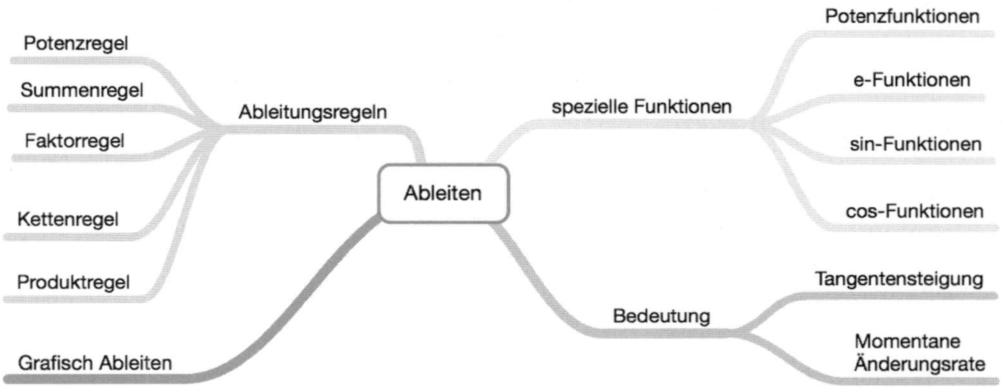

Regel	$f(x)$	$f'(x)$	Bemerkungen
Potenzregel	$a \cdot x^r$	$r \cdot a \cdot x^{r-1}$	Gilt auch für negative und gebrochene Exponenten
Summenregel	$g(x) + h(x)$	$g'(x) + h'(x)$	Terme einzeln ableiten
Faktorregel	$a \cdot g(x)$	$a \cdot g'(x)$	Ein Faktor a bleibt erhalten
Kettenregel	$u(v(x))$	$u'(v(x)) \cdot v'(x)$	«äußere Ableitung mal innere Ableitung»
Produktregel	$u(x) \cdot v(x)$	$u'(x) \cdot v(x) + u(x) \cdot v'(x)$	«u-Strich mal v plus u mal v-Strich»
e-Funktion	e^x	e^x	Die Ableitung ist gleich der Funktion
Sinusfunktion	$\sin(x)$	$\cos(x)$	
Kosinusfunktion	$\cos(x)$	$-\sin(x)$	
Bruchfunktion	$\frac{1}{x^n} = x^{-n}$	$-n \cdot x^{-n-1}$	negative Hochzahl

1.1 Potenzfunktionen

Leiten Sie alle angegebenen Funktionen einmal ab:

a) $f(x) = 4x^5 - 2x^3 + 5$ b) $f(x) = 2x^3 - 6x^2 + x^{-2}$ c) $f(x) = x^4 - 3x^2 + \frac{4}{x^2}$

d) $f(x) = (4x+1)^3$ e) $f(x) = 5 \cdot (2x+1)^4$ f) $f(x) = 2 \cdot (3x+2)^3$

g) $f(x) = x^3 \cdot (3x+2)$ h) $f(x) = x^3 \cdot (2x+1)^4$

1.2 Exponentialfunktionen

Leiten Sie alle angegebenen Funktionen einmal ab:

a) $f(x) = 5 \cdot e^{3x}$ b) $f(x) = 2 \cdot e^{-3x}$ c) $f(x) = 3x^2 \cdot e^{-4x}$

d) $f(x) = \frac{1}{2}x^3 \cdot e^{2x}$ e) $f(x) = (2x+5) \cdot e^{-x}$ f) $f(x) = (3x^2 - 4) \cdot e^{-2x}$

1.3 Trigonometrische Funktionen

Leiten Sie alle angegebenen Funktionen einmal ab:

a) $f(x) = \frac{1}{6} \cdot \sin(3x)$ b) $f(x) = \frac{1}{2} \cdot \cos(2x)$ c) $f(x) = 2x \cdot \cos(x+4)$

d) $f(x) = x^2 \cdot \sin(4x+3)$ e) $f(x) = x^2 \cdot \cos\left(\frac{1}{2}x - 1\right)$

2 Stammfunktionen und Integrale

Tipps ab Seite 72, Lösungen ab Seite 101

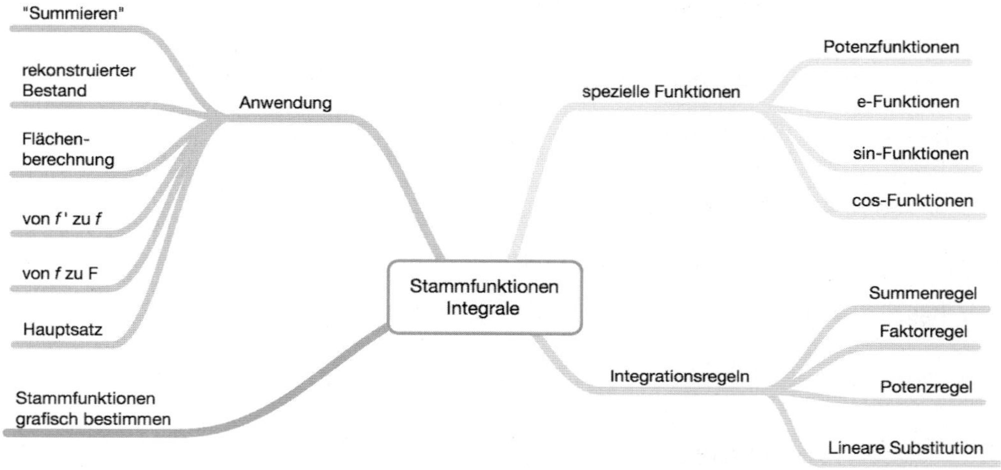

Für eine Stammfunktion F einer Funktion f gilt: $F'(x) = f(x)$.
Das Bilden einer Stammfunktion kann man daher als die Umkehrung des Ableitens bezeichnen. Die Stammfunktion ist nur bis auf die Konstante c bestimmt, da diese beim Ableiten wieder wegfällt. Folgende Stammfunktionen werden häufig benötigt:

$f(x)$	$F(x)$
$x^r;\ r \neq -1$	$\frac{1}{r+1} \cdot x^{r+1} + c$
e^x	$e^x + c$
$\sin(x)$	$-\cos(x) + c$
$\cos(x)$	$\sin(x) + c$
$a \cdot (kx+b)^n$	$a \cdot \frac{\frac{1}{n+1}(kx+b)^{n+1}}{k} + c$

$f(x)$	$F(x)$
$a \cdot x^r;\ r \neq -1$	$\frac{1}{r+1} \cdot a \cdot x^{r+1} + c$
$a \cdot e^{k \cdot x + b}$	$\frac{a}{k} \cdot e^{k \cdot x + b} + c$
$a \cdot \sin(k \cdot x + b)$	$-\frac{a}{k} \cdot \cos(k \cdot x + b) + c$
$a \cdot \cos(k \cdot x + b)$	$\frac{a}{k} \cdot \sin(k \cdot x + b) + c$

Lineare Substitution

Für verkettete (verschachtelte) Funktionen mit innerem *linearen* Ausdruck gilt die Integrationsregel für lineare Integration:

«Äußere Stammfunktion geteilt durch innere Ableitung»

2.1 Stammfunktionen

Tipps ab Seite 72, Lösungen ab Seite 101

Geben Sie je eine Stammfunktion für alle folgenden Funktionen an.

2.1.1 Potenzfunktionen mit natürlichen Exponenten

a) $f(x) = 2x^3 - \frac{4}{3}x^2 + 2$ b) $f(x) = 10x^4 + 2x^3 - x$ c) $f(x) = 3x^3 - 4x$

d) $f(x) = 6(3x-1)^3$ e) $f(x) = -12(2x-3)^2$ f) $f(x) = 5(3x-4)^4$

2.1.2 Potenzfunktionen mit negativen Exponenten

a) $f(x) = 3x^{-2} + 4x^2$ b) $f(x) = -\frac{4}{x^3} + 2x^3$ c) $f(x) = \frac{3}{x^4} - 6x^2$

2.1.3 Exponentialfunktionen

a) $f(x) = 3e^{2x}$ b) $f(x) = 4e^{-x}$ c) $f(x) = 3 \cdot e^{-3x} + x^3$

d) $f(x) = 6 \cdot e^{3x+2}$ e) $f(x) = 2 \cdot e^{-2x} + \frac{1}{x^2}$

2.1.4 Trigonometrische Funktionen

a) $f(x) = 3 \cdot \cos(2x+1)$ b) $f(x) = 4 \cdot \sin(-3x+2)$ c) $f(x) = \frac{2}{3} \cdot \cos(\pi x)$

d) $f(x) = 4 \cdot \cos(4x+4)$ e) $f(x) = 3 \cdot \sin(3x-9)$

2.2 Integrale

Berechnen Sie folgende Integrale:

a) $\int_1^2 (4x + 3x^2)\,\mathrm{d}x$ b) $\int_{-1}^0 (1 + e^{-x})\,\mathrm{d}x$ c) $\int_1^2 \left(1 + \frac{3}{x^2}\right)\mathrm{d}x$

d) $\int_0^1 (2x+1)^3\,\mathrm{d}x$ e) $\int_0^3 (2x + e^{-x})\,\mathrm{d}x$ f) $\int_0^{\frac{\pi}{6}} (6 \cdot \cos(3x))\,\mathrm{d}x$

g) $\int_0^2 (2x - 2e^{-2x})\,\mathrm{d}x$ h) $\int_0^{\frac{\pi}{2}} (4 \cdot \sin(2x))\,\mathrm{d}x$

2.3 Integralgleichungen

a) Bestimmen Sie $u > 0$ so, dass gilt: $\int_0^u \frac{1}{2}x^2\mathrm{d}x = \frac{9}{2}$.

b) Bestimmen Sie $u > 0$ so, dass gilt: $\int_1^u x^4\mathrm{d}x = \frac{31}{5}$.

c) Bestimmen Sie $u > 0$ so, dass gilt: $\int_0^u 2e^x\mathrm{d}x = 1$.

2.4 Flächeninhalt zwischen zwei Kurven

Tipps ab Seite 73, Lösungen ab Seite 104

Um den Flächeninhalt zwischen zwei Kurven zu bestimmen, berechnet man das Integral der Differenz der Funktionen über dem Intervall der beiden Schnittstellen. Dabei gilt «obere Kurve minus untere Kurve»:

$$A = \int_{x_1}^{x_2} \left(f(x) - g(x)\right) \mathrm{d}x$$

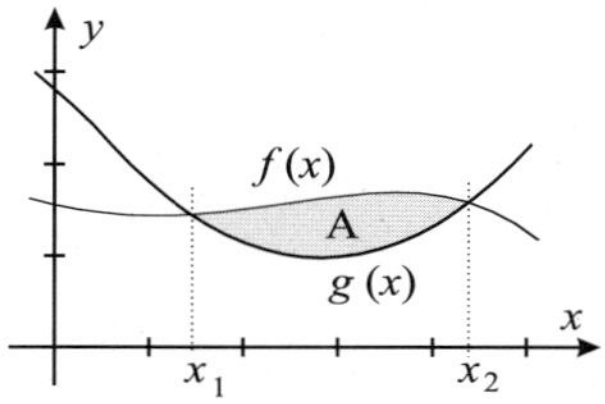

Sind die Schnittstellen x_1 und x_2 nicht bekannt, müssen diese zuerst bestimmt werden.

Aufgaben:

Berechnen Sie jeweils den Flächeninhalt zwischen den zwei Kurven:

a) $f(x) = x + 1$, $g(x) = x^2 + 1$

b) $f(x) = 4 - x^2$, $g(x) = x^2 - 4$

c) $f(x) = 2 \cdot \sin(x)$, $g(x) = -\sin(x)$, $x \in [0; \pi]$

d) $f(x) = e^x$, $g(x) = 2x$, $x \in [0; 1]$

Tipp: Machen Sie sich eine Skizze der betreffenden Graphen.

e) Gegeben sind die Gerade g mit der Gleichung $y = 2$ und die Funktion f mit $f(x) = \frac{1}{2}x^2$.
Berechnen Sie den Flächeninhalt der schraffierten Fläche.

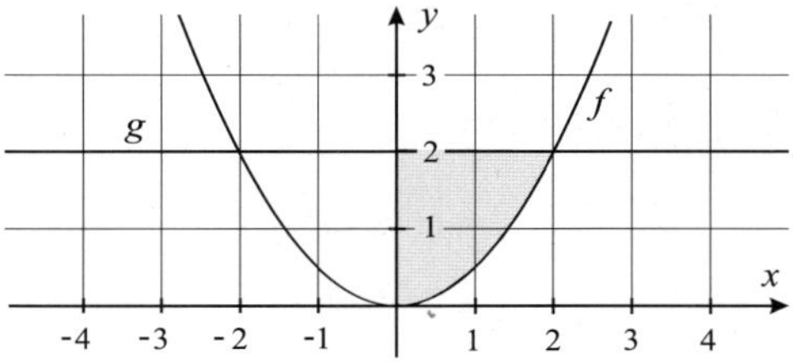

f) Gegeben sind die Gerade g mit der Gleichung $y = 3$ und die Funktion f mit $f(x) = x^2 - 1$.
Berechnen Sie den Flächeninhalt der schraffierten Fläche.

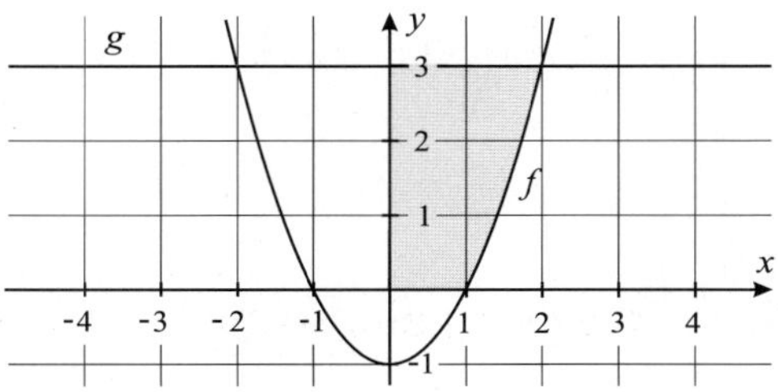

2.5 Integrale interpretieren

Tipps ab Seite 74, Lösungen ab Seite 108

a) Es gilt: $\int_{-\frac{\pi}{2}}^{\frac{\pi}{2}} \cos(x)\mathrm{d}x = 2.$

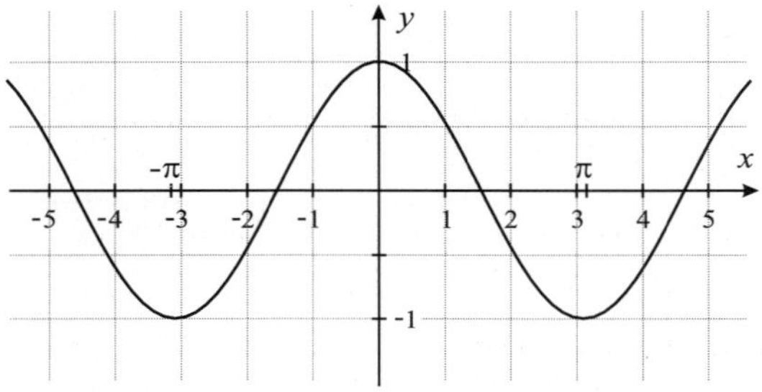

Bestimmen Sie ohne Rechnung folgende Integrale und geben Sie eine kurze Begründung für Ihre Antwort an.

I) $\int_{0}^{\frac{\pi}{2}} \cos(x)\mathrm{d}x$ II) $\int_{0}^{\frac{\pi}{2}} 2\cdot\cos(x)\mathrm{d}x$ III) $\int_{0}^{\pi} \cos(x)\mathrm{d}x$

b) Gegeben ist der Graph einer Funktion f. Begründen Sie, dass gilt: $\int_{0}^{2} f(x)\mathrm{d}x \approx 5.$

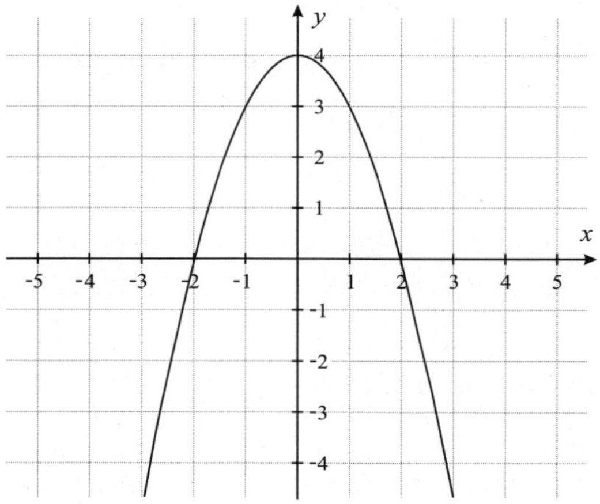

c) Erläutern Sie anhand einer Skizze, ob der Wert des Integrals $\int_{0}^{\frac{3}{2}\pi} \sin(x)\mathrm{d}x$ größer, kleiner oder gleich Null ist.

d) Gegeben ist der Graph der Funktion $f(x) = e^x$.

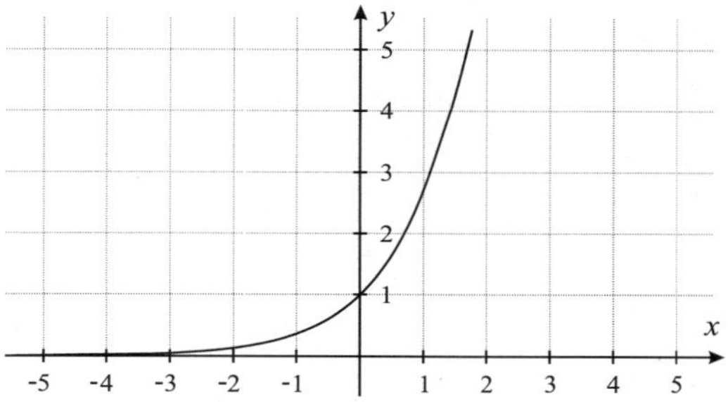

Begründen Sie ohne Rechnung, dass gilt: $\int_{-1}^{0} e^x \mathrm{d}x < \int_{0}^{1} e^x \mathrm{d}x$.

2.6 Rekonstruierter Bestand

a) Die Produktionskosten eines Werkstücks in Abhängigkeit von der produzierten Stückzahl werden durch die Funktion P mit $\mathrm{P}(x) = 20 + 10 \cdot e^{-0{,}5x}$; $x \geqslant 0$ beschrieben.
(x: Stückzahl, $\mathrm{P}(x)$: Herstellungskosten des x-ten Werkstücks in Euro).
Erläutern Sie, was durch das Integral

$$\int_{0}^{50} \left(20 + 10 \cdot e^{-0{,}5x}\right) \mathrm{d}x$$

berechnet wird.

b) Die wöchentlichen Verkaufszahlen von Zahnpasta in einem Supermarkt werden durch die Funktion $f(t)$ beschrieben.
Dabei ist t die Anzahl der Wochen ab dem 1. Januar eines Jahres.
Erläutern Sie die Bedeutung folgender Integrale:

$$\int_{0}^{52} f(t)\mathrm{d}t \text{ und } \frac{1}{52} \cdot \int_{0}^{52} f(t)\mathrm{d}t$$

c) Die momentane Änderungsrate des Wasservolumens in einem Wassertank wird modellhaft beschrieben durch die Funktion f mit $f(t) = \left(t^2 - 15t + 44\right) \cdot e^{0{,}2t}$ (t in Tagen, $f(t)$ in Liter pro Tag).
Erläutern Sie die Bedeutung der Rechnung $\int_{0}^{12} \left(\left(t^2 - 15t + 44\right) \cdot e^{0{,}2t}\right) \mathrm{d}t \approx -128{,}5$ im Sachzusammenhang.

d) Die momentane Zuwachsrate von Bakterien wird modellhaft beschrieben durch die Funktion $f(t) = 300 \cdot e^{0{,}02 \cdot t}$ (t in Tagen, $f(t)$ in Anzahl der Bakterien pro Tag). Zu Beginn gibt es 500 Bakterien.

I) Erläutern Sie die Bedeutung des Integrals $\int_{0}^{30} \left(300 \cdot e^{0{,}02 \cdot t}\right) \mathrm{d}t$.

II) Geben Sie einen Rechenausdruck an, wie man die Anzahl der Bakterien nach 15 Tagen berechnen kann.

$x^2 + p \cdot x + q = 0$

$pq = x_{1/2} = -\frac{p}{2} \pm \sqrt{\left(\frac{p}{2}\right)^2 - q}$

$a \cdot x^2 + b \cdot x + c = 0$

$x_{1/2} = \frac{-b \pm \sqrt{b^2 - 4 \cdot a \cdot c}}{2 \cdot a}$

3 Gleichungen

Tipps ab Seite 75, Lösungen ab Seite 111

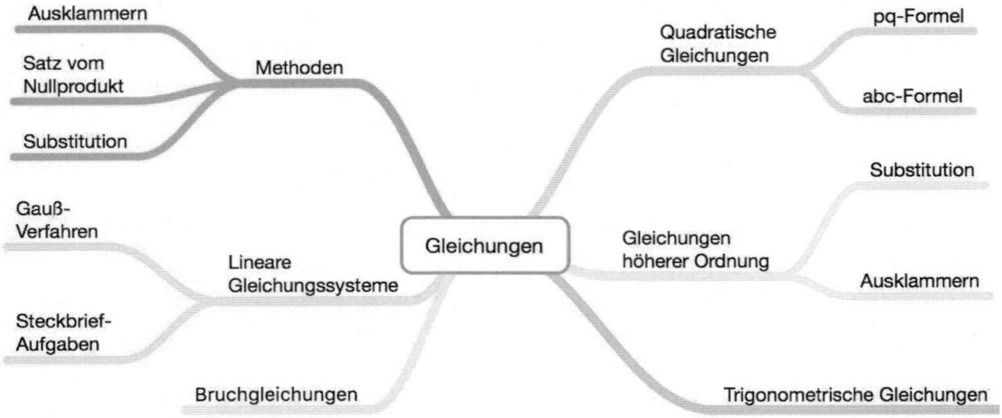

3.1 Potenzgleichungen

Bei Gleichungen, in denen x als Quadrat oder höhere Potenz vorliegt, sollten Sie zuerst versuchen, x auszuklammern. Geht das nicht, z.B. weil ein absolutes Glied vorliegt, so hilft entweder die *pq-Formel* oder die *abc-Formel* (Mitternachtsformel) weiter. Sie sollten eine dieser beiden Formeln auswendig können.
Oft hilft der Satz vom *Nullprodukt*: «Ein Produkt ist genau dann gleich Null, wenn (mindestens) einer der Faktoren gleich Null ist.» Hierzu setzt man die einzelnen Faktoren gleich Null.

Beispiel:

Gesucht sind die Lösungen der Gleichung $x^3 - 5x^2 + 4x = 0$
Zuerst wird ausgeklammert: $x\left(x^2 - 5x + 4\right) = 0$. Also ist entweder $x_1 = 0$ oder $x^2 - 5x + 4 = 0$. Die Gleichung lässt sich mit der pq- bzw. der abc-Formel lösen. Man erhält $x_2 = 1$ und $x_3 = 4$. Die Lösungen der Ausgangsgleichung sind damit $x_1 = 0$, $x_2 = 1$ und $x_3 = 4$.

Aufgaben:
Lösen Sie folgende Gleichungen:

a) $x^2 + 3x - 4 = 0$	b) $x^2 + \frac{2}{5}x - \frac{3}{5} = 0$	c) $(x-1) \cdot (x-4)^2 = 0$
d) $x^2 \cdot (3x - 6) = 0$	e) $x^3 - 4x = 0$	f) $2x^4 - 3x^3 = 0$
g) $x^4 - 3x^3 + 2x^2 = 0$	h) $x^3 - 5x^2 + 6x = 0$	i) $x^4 - 4x^2 + 3 = 0$
j) $2x^4 - 5x^2 + 2 = 0$	k) $2x^3 - 5 = 15$	l) $3x^4 + 8 = 29$

3.2 Potenzgleichungen mit Parameter □

Tipps ab Seite 75, Lösungen ab Seite 112

Beim Lösen von Gleichungen mit Parameter geht man genauso vor wie beim Lösen von Potenzgleichungen. Dabei ist zu beachten, dass Lösungen nur existieren, wenn nicht durch Null geteilt wird und unter der Wurzel keine negative Zahl steht. Die Anzahl der Lösungen hängt also vom Parameter ab.

Beispiel:

Bestimmen Sie die Anzahl der Lösungen der Gleichung $\frac{1}{2}x^2 - 6x + 2a = 0$ in Abhängigkeit vom Parameter a.
Zuerst wird die gegebene Gleichung mithilfe der abc-Formel gelöst:

$$x_{1,2} = \frac{-(-6) \pm \sqrt{(-6)^2 - 4 \cdot \frac{1}{2} \cdot 2a}}{2 \cdot \frac{1}{2}} = \frac{6 \pm \sqrt{36 - 4a}}{1}$$

Die Anzahl der Lösungen erhält man durch folgende Überlegungen:
Ist der Term unter der Wurzel negativ, gibt es keine Lösung, ist er Null, gibt es eine Lösung, ist er positiv, gibt es zwei Lösungen. Dies führt zu folgenden Fallunterscheidungen:

- Keine Lösung für $36 - 4a < 0$ bzw. $9 < a$.
- Eine Lösung für $36 - 4a = 0$ bzw. $a = 9$.
- Zwei Lösungen für $36 - 4a > 0$ bzw. $9 > a$.

Aufgaben:

Bestimmen Sie die Anzahl der Lösungen in Abhängigkeit vom Parameter:

a) $x^2 + 4x + 2t = 0$
b) $3x^2 - 4x = 2a$
c) $x^2 - 3tx + \frac{9}{4} = 0$
d) $9x^2 - 3ux + 1 = 0$
e) $ax - 2x = 5$
f) $tx = 3x + 4$

3.3 Exponentialgleichungen □

Tipps ab Seite 75, Lösungen ab Seite 113

Beim Lösen von Exponentialgleichungen gelten die gleichen Regeln, die oben schon erwähnt wurden. Zusätzlich ist zu beachten:

- Der Satz vom Nullprodukt hilft oft weiter, beachten Sie, dass $e^x \neq 0$ ist.
- Es gilt $e^{2x} = (e^x)^2$, sowie $e^0 = 1$ und $\ln(1) = 0$.

- Um eine Exponentialgleichung nach x aufzulösen, wird die Gleichung auf beiden Seiten «logarithmiert», da $\ln(e^z) = z$ ist. Beispiel:

$$\begin{aligned} e^{2x} &= 3 \mid \ln \\ \ln\left(e^{2x}\right) &= \ln(3) \\ 2x &= \ln(3) \\ x &= \frac{\ln(3)}{2} \end{aligned}$$

Aufgaben:

Lösen Sie folgende Gleichungen:

a) $\left(x^2-4\right)\cdot e^{0,5x} = 0$ b) $e^{3x} - 3e^x = 0$ c) $e^{5x} = 4e^{2x}$

d) $(2x+4)\cdot\left(e^{2x}-4\right) = 0$ e) $\left(2x^2-2\right)\cdot\left(e^{-x}-2\right) = 0$ f) $e^{2x} - 6e^x + 5 = 0$

g) $e^{4x} - 5e^{2x} + 6 = 0$ h) $e^x - 8e^{-x} = 2$

3.4 Bruchgleichungen □

Tipps ab Seite 76, Lösungen ab Seite 114

Beim Lösen von Bruchgleichungen multiplizieren Sie die Gleichung mit einer Potenz oder einem Term so, dass kein Nenner mehr vorhanden ist.

Beispiel:
Gesucht sind die Lösungen der Gleichung $4x^2 - \frac{1}{x^2} = 3$.

Multipliziert man die Gleichung mit x^2 erhält man: $4x^4 - 1 = 3x^2$ bzw. $4x^4 - 3x^2 - 1 = 0$.
Substituiert man $x^2 = z$, ergibt sich: $4z^2 - 3z - 1 = 0$.
Mithilfe der pq- bzw. abc-Formel erhält man: $z_1 = 1$ und $z_2 = -\frac{1}{4}$.
Die Resubstitution $x^2 = 1$ ergibt $x_1 = 1$ und $x_2 = -1$, die Resubstitution $x^2 = -\frac{1}{4}$ ergibt keine weiteren Lösungen.

Aufgaben:

Lösen Sie folgende Gleichungen:

a) $\frac{4}{x^2} + \frac{2}{x} = 2$ b) $6 - \frac{12}{x^2+1} = 0$ c) $x^2 - \frac{4}{x^2} = 3$

d) $\frac{2}{x^4} - \frac{1}{x^2} = 1$ e) $1 - \frac{4x}{x^2+3} = 0$

3.5 Trigonometrische Gleichungen □

Tipps ab Seite 76, Lösungen ab Seite 114

Bei trigonometrischen Gleichungen ist das angegebene Intervall zu beachten. In jedem Fall ist es hilfreich, sich eine Skizze der zugehörigen Sinusfunktion (bzw. Kosinusfunktion) zu machen. Steht im Argument des Sinus bzw. Kosinus mehr als nur x, geht man wie folgt vor:
Zuerst wird substituiert, dann die entsprechende Gleichung gelöst und zum Schluss wieder resubstituiert. Diese Lösungen der Gleichung müssen im angegebenen Intervall liegen. Ansonsten verwendet man den Satz vom Nullprodukt oder führt eine andere geeignete Substitution durch.

Beispiel:

Gesucht ist die Lösungsmenge der Gleichung $\sin(2x) = 1;\ x \in [0; 2\pi]$.

Die Substitution $2x = z$ führt zu $\sin(z) = 1$. Um diese Gleichung zu lösen, ist eine Skizze hilfreich:

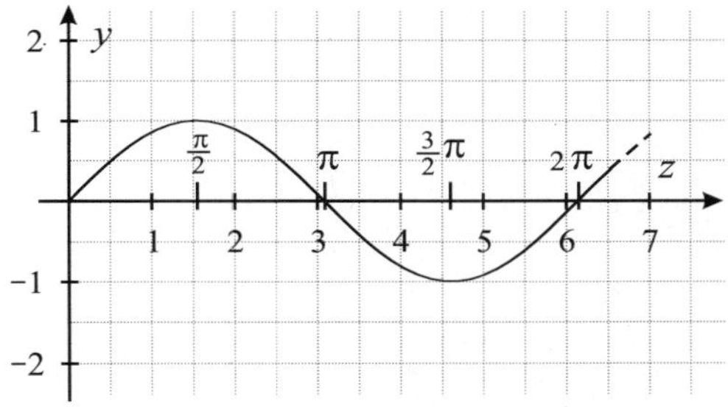

Da $\sin(z)$ die Periode 2π besitzt, sind $z_1 = \frac{\pi}{2}$, $z_2 = \frac{5}{2}\pi$, $z_3 = \frac{9}{2}\pi, \ldots$ mögliche Lösungen.
Die Resubstitution $z_1 = \frac{\pi}{2} = 2x_1$ ergibt $x_1 = \frac{\pi}{4}$, $z_2 = \frac{5}{2}\pi = 2x_2$ ergibt $x_2 = \frac{5}{4}\pi$, $z_3 = \frac{9}{2}\pi = 2x_3$ ergibt $x_3 = \frac{9}{4}\pi = 2{,}25\pi$, wobei diese Lösung nicht mehr im angegebenen Intervall $[0; 2\pi]$ liegt.
Als Lösungsmenge erhält man also $\mathrm{L} = \left\{ \frac{1}{4}\pi; \frac{5}{4}\pi \right\}$.

Aufgaben:

Bestimmen Sie für das angegebene Intervall jeweils die Lösungsmenge der Gleichung:

a) $\sin(3x) = 1;\ x \in [0; 2\pi]$

b) $\cos\left(x - \frac{\pi}{2}\right) = -1;\ x \in [-\pi; 2\pi]$

c) $\cos(x) \cdot (\sin(x) - 1) = 0;\ x \in [0; \pi]$

d) $\sin(x) \cdot (\sin(x) + 1) = 0;\ x \in [0; 2\pi]$

e) $\cos(x) \cdot (\cos(x) + 1) = 0;\ x \in [0; \pi]$

f) $\sin^2(x) - 2\sin(x) = 0;\ x \in [0; 2\pi]$

g) $\cos^2(x) + \cos(x) - 2 = 0;\ x \in [0; 2\pi]$

h) $\sin^2(x) + 4\sin(x) + 3 = 0;\ x \in [0; 2\pi]$

i) $(x^2 - 4) \cdot \sin\left(x - \frac{\pi}{2}\right) = 0;\ x \in [0; 2\pi]$

3.6 Ungleichungen ☐

Tipps ab Seite 76, Lösungen ab Seite 116

Bei Ungleichungen kommen nicht einzelne Zahlen als Lösung in Betracht, sondern es geht darum, alle möglichen Zahlen zu finden, die die angegebene Ungleichung erfüllen. Die zugehörige Lösung kann entweder als geschlossenes oder offenes Intervall angegeben werden.

Beispiel:
Gesucht ist die Lösungsmenge der Ungleichung $3x > x^2$. Diese kann man umformen zur Ungleichung $0 > x^2 - 3x$.

Die Lösungsmenge der Ungleichung $0 > x^2 - 3x$ kann man sich anhand des Graphen der zugehörigen Funktion überlegen.
Die Funktion $f(x) = x^2 - 3x$ ist eine nach oben geöffnete Normalparabel.

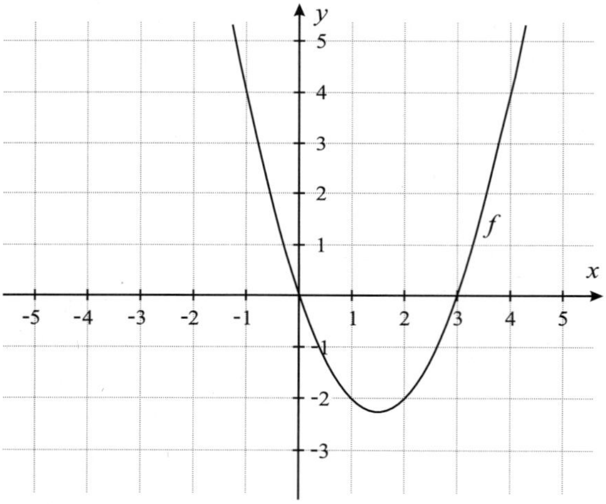

Die Lösungsmenge der Ungleichung $0 > x^2 - 3x$ sind alle x-Werte, für die die Parabel unterhalb der x-Achse verläuft. Die Nullstellen der Funktion erhält man durch Lösen der Gleichung:

$$x^2 - 3x = 0 \text{ bzw. } x \cdot (x-3) = 0$$

Mithilfe des Satzes vom Nullprodukt erhält man die Lösungen $x_1 = 0$ oder $x_2 = 3$.
Damit verläuft die Parabel für x-Werte zwischen 0 und 3 unterhalb der x-Achse.

Damit gilt für die Lösung der Ungleichung: $\mathrm{L} = \{x \in \mathbb{R} \mid 0 < x < 3\}$ oder $\mathrm{L} =]0;3[$.

Aufgaben:

Bestimmen Sie die Lösungsmenge folgender Ungleichungen:

a) $2x > x^2$
b) $4x < x^2$
c) $x^2 + 2x < 3$
d) $x^2 + 2x > 8$
e) $(x+2) \cdot e^{2x} > 0$
f) $(2x-2) \cdot e^{-2x} < 0$

4 Funktionen und Graphen ☐

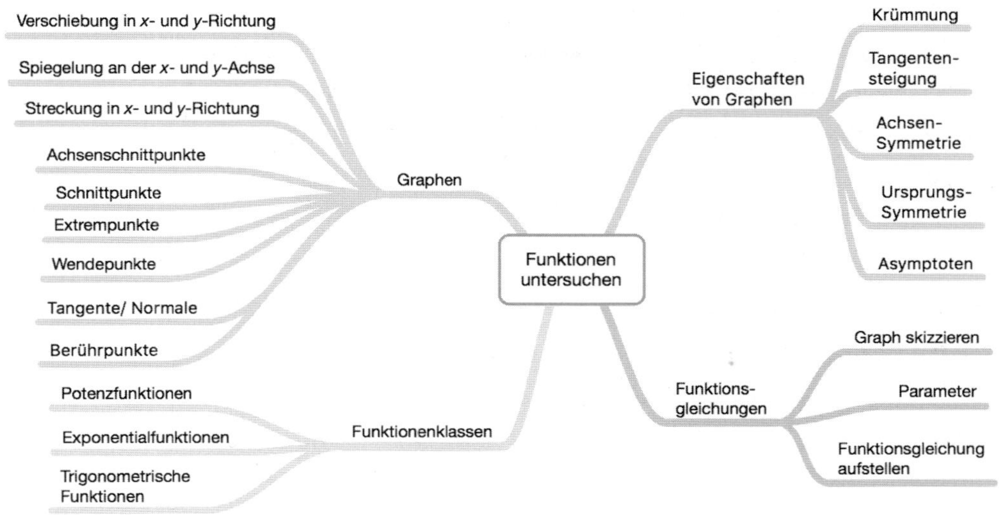

4.1 Von der Gleichung zur Kurve ☐

Tipps ab Seite 76, Lösungen ab Seite 119

In diesem Kapitel geht es um die Grundfunktionen und ihre Verschiebung, Streckung und Spiegelung. Dazu sollten Sie die Graphen der wichtigsten Grundfunktionen kennen:

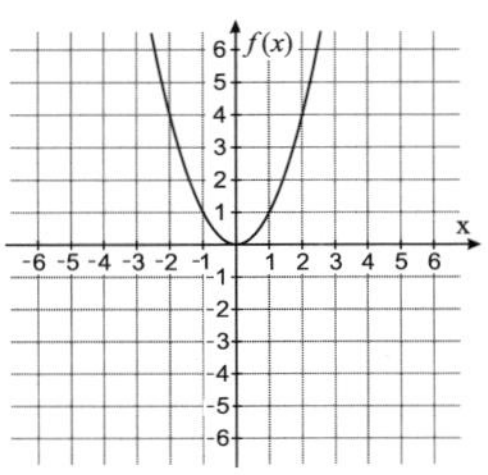

$f(x) = x^2$

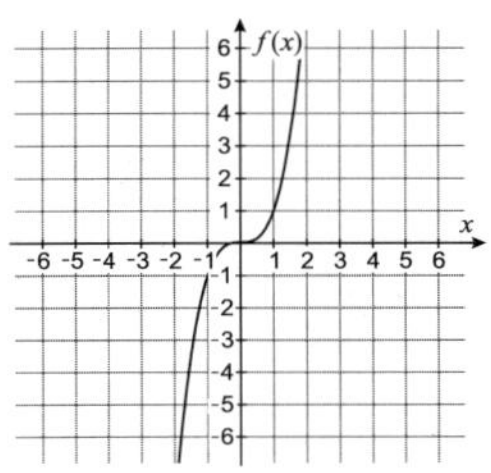

$f(x) = x^3$

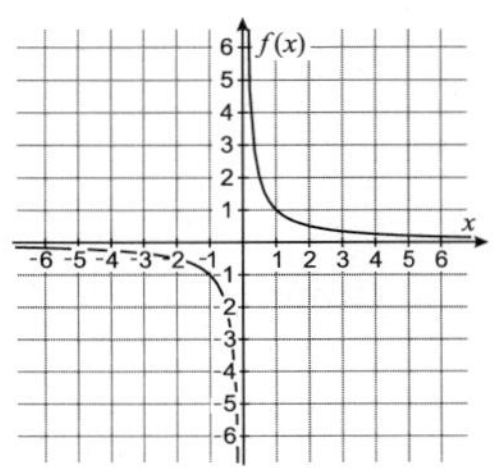

$f(x) = \frac{1}{x}$

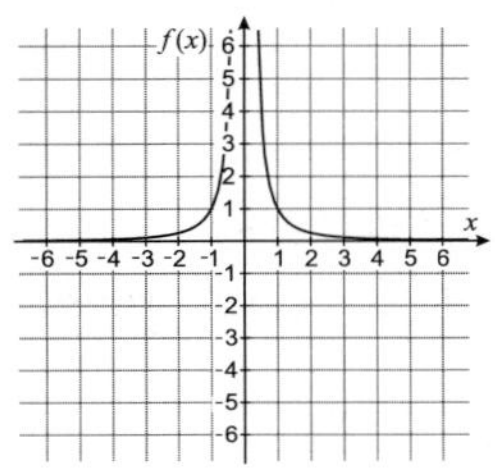

$f(x) = \frac{1}{x^2}$

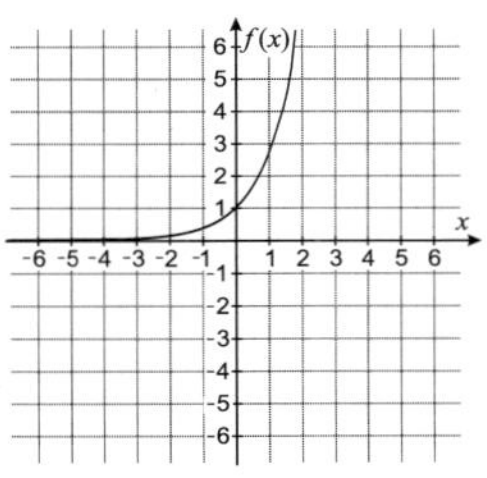

$f(x) = e^x$

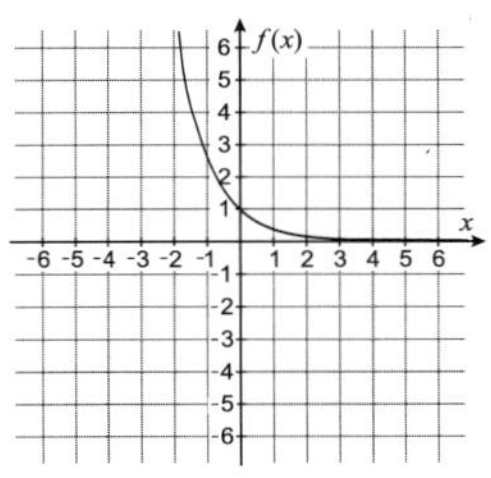

$f(x) = e^{-x}$

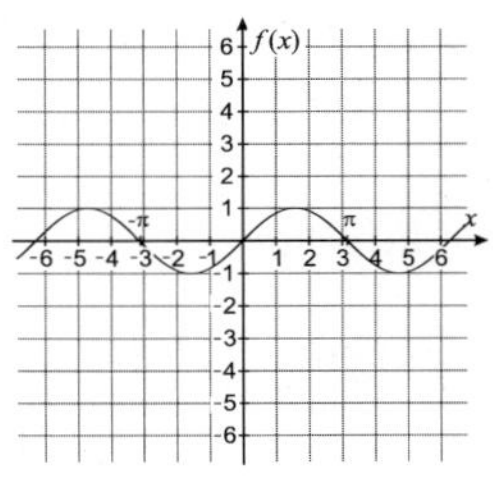

$f(x) = \sin(x)$

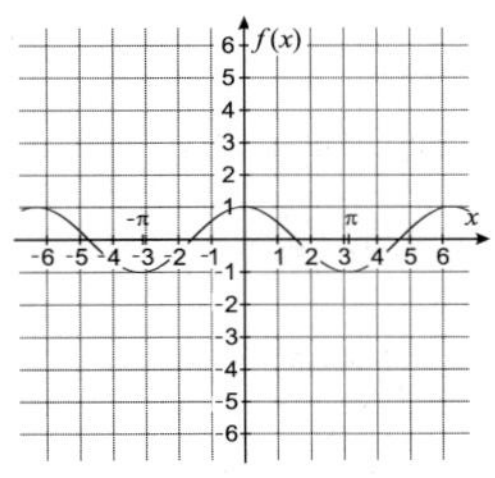

$f(x) = \cos(x)$

Diese Grundfunktionen lassen sich verschieben und strecken:

Beispiel:

Die Parabel $f(x) = x^2$

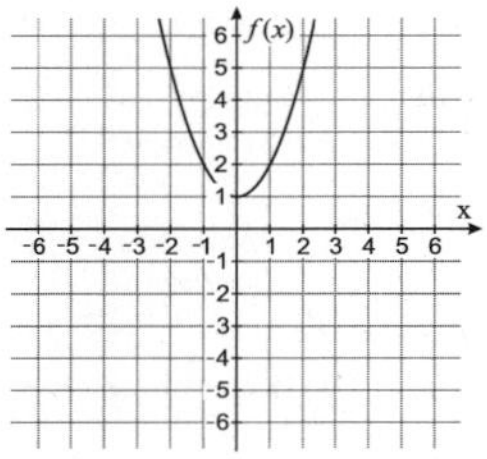

$f(x) = x^2 + 1$

Verschiebung um 1 LE in y-Richtung: das absolute Glied ist 1.

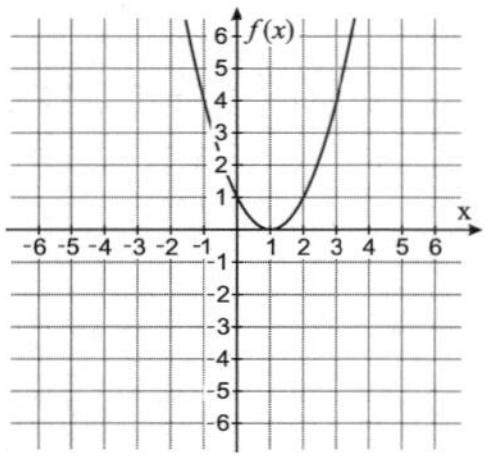

$f(x) = (x-1)^2$

Verschiebung um 1 LE in x-Richtung: x wird ersetzt durch $(x-1)$.

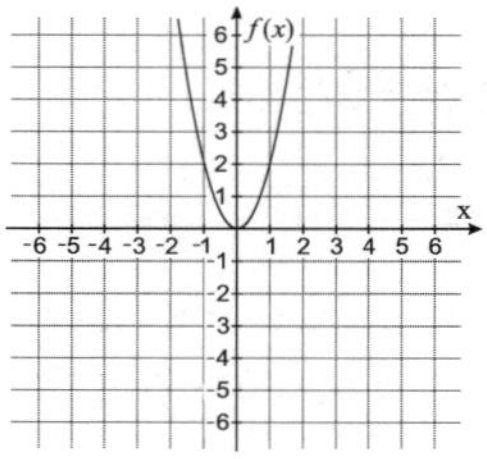

$f(x) = 2 \cdot x^2$

Streckung in y-Richtung um den Faktor 2. Die Funktionsgleichung wird mit 2 multipliziert.

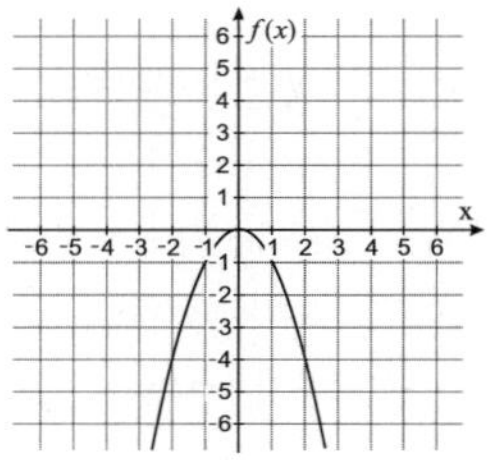

$f(x) = -x^2$

Spiegelung an der x-Achse: Die Funktionsgleichung wird mit -1 multipliziert.

Weitere Variationen:

- Spiegelung an der y-Achse: Hierzu wird x ersetzt durch $(-x)$
- Stauchen in x-Richtung: Hierzu wird x ersetzt durch $a \cdot x$. Der Graph wird bei einem Faktor, der größer als 1 ist, gestaucht, d.h. in x-Richtung «kürzer» und bei einem Faktor, der kleiner als 1 ist, gestreckt, d.h. in x-Richtung «länger».

Tipp: Skizzieren Sie zuerst den Graphen der zugehörigen Grundfunktion und anschließend schrittweise eine eventuelle Spiegelung, Streckung/Stauchung sowie die Verschiebungen in x- bzw. y-Richtung.

4.1.1 Ganzrationale Funktionen

Skizzieren Sie die Graphen folgender Funktionen und bestimmen Sie die Schnittpunkte mit den Koordinatenachsen.

a) $f(x) = \frac{1}{2}x + 1$ b) $f(x) = -\frac{3}{4}x$ c) $f(x) = (x-1)^2 - 4$

d) $f(x) = -x^2 + 4$ e) $f(x) = -\frac{1}{2}x^2 + 4{,}5$ f) $f(x) = (x-1)^3 + 1$

4.1.2 Trigonometrische Funktionen

Skizzieren Sie die Graphen folgender Funktionen und geben Sie jeweils die Periode an.

a) $f(x) = 2\sin(x)$ b) $f(x) = \frac{1}{2}\cos(x)$ c) $f(x) = \sin(2x)$

d) $f(x) = -\sin(2x) + 1$ e) $f(x) = \sin\left(\frac{1}{2}\pi(x+1)\right)$ f) $f(x) = \frac{1}{2}\sin(\frac{\pi}{4}x) + \frac{3}{2}$

4.1.3 Exponentialfunktionen ☐

Skizzieren Sie die Graphen folgender Funktionen und bestimmen Sie jeweils die Asymptote.

a) $f(x) = e^{x-1} + 1$ b) $f(x) = -e^{x-1} + 1$ c) $f(x) = e^{-(x-1)} + 2$

4.2 Aufstellen von Funktionen mit Randbedingungen ☐

Tipps ab Seite 77, Lösungen ab Seite 123

In diesem Abschnitt geht es darum, eine Funktion so aufzustellen, dass sie bestimmte vorgegebene Bedingungen erfüllt («Steckbriefaufgabe»). Dazu wird die gesuchte Funktion zuerst in ihrer allgemeinen Form aufgeschrieben. Aus dieser können Sie die Anzahl der benötigten Parameter ablesen. Für jeden dieser Parameter brauchen Sie eine «Information» aus der Aufgabenstellung. Aus jeder «Information» ergibt sich eine Gleichung. Damit erhalten Sie ein Gleichungssystem, welches Sie mit dem Gaußschen Eliminationsverfahren lösen können.

Beispiel

Gesucht ist die Gleichung einer Parabel mit Tiefpunkt $(1 \mid -4)$, die durch $(0 \mid -3)$ geht.

Die allgemeine Parabelgleichung lautet: $f(x) = ax^2 + bx + c$, die Ableitung ist $f'(x) = 2ax + b$. Es sind also drei Parameter zu bestimmen. Folgende Bedingungen müssen gelten:

- $f(1) = a \cdot 1^2 + b \cdot 1 + c = -4$,
- $f'(1) = 2a \cdot 1 + b = 0$ (weil es sich um einen Tiefpunkt mit Steigung Null handelt) und
- $f(0) = a \cdot 0^2 + b \cdot 0 + c = -3$.

Daraus ergibt sich folgendes Gleichungssystem:

$$\begin{array}{lrcrcrcr} \text{I} & a & + & b & + & c & = & -4 \\ \text{II} & 2a & + & b & & & = & 0 \\ \text{III} & & & & & c & = & -3 \end{array}$$

Aus Gleichung III liest man $c = -3$ ab. Damit erhält man:

$$\begin{array}{lrcrcrcr} \text{Ia} & a & + & b & & & = & -1 \\ \text{II} & 2a & + & b & & & = & 0 \\ \text{III} & & & & & c & = & -3 \end{array}$$

Subtrahiert man Gleichung Ia von Gleichung II, erhält man $a = 1$ und durch Einsetzen $b = -2$. Damit lautet die Gleichung der gesuchten Parabel $f(x) = x^2 - 2x - 3$.

Für andere Funktionenklassen (e-Funktionen, etc.) ist die Vorgehensweise analog: Immer müssen Sie zuerst die allgemeine Funktionsgleichung aufstellen, anschließend bestimmen Sie die Parameter. Zur konkreten Vorgehensweise können Sie im Tippteil nachsehen.

4.2.1 Ganzrationale Funktionen □

a) Eine Parabel geht durch $P_1(0 \mid 4)$, $P_2(1 \mid 0)$ und $P_3(2 \mid 18)$. Bestimmen Sie die Gleichung dieser Parabel.

b) Eine Parabel hat den Hochpunkt $M(1 \mid 3)$ und geht durch $Q(0 \mid 2)$. Bestimmen Sie die Gleichung der Parabel.

c) Eine zur y-Achse symmetrische Parabel hat in $P(1 \mid 6)$ die Steigung 2. Bestimmen Sie die Gleichung der Parabel.

d) Der Graph einer ganzrationalen Funktion 3. Grades hat den Wendepunkt $W(0 \mid 0)$ und den Hochpunkt $H(2 \mid 2)$. Bestimmen Sie die Gleichung der Funktion.

e) Eine Parabel dritten Grades hat im Punkt $P(0 \mid 1)$ die Steigung $m_P = -1$ und den Wendepunkt $W(-1 \mid 4)$. Bestimmen Sie die Gleichung dieser Parabel.

f) Bestimmen Sie a und b so, dass der Graph der Funktion f mit $f(x) = ax^4 + bx^2$ den Wendepunkt $W(1 \mid -2,5)$ hat.

4.2.2 Exponentialfunktionen □

Bestimmen Sie jeweils die zugehörige Funktionsgleichung:

a) Der Graph der Funktion $f(x) = a \cdot e^{kx}$ geht durch die Punkte $P(0 \mid 2)$ und $Q\left(4 \mid 2e^{12}\right)$.

b) Der Graph der Funktion $f(x) = a \cdot e^{kx}$ geht durch die Punkte $A(0 \mid 3)$ und $B\left(2 \mid 3e^{8}\right)$.

c) Bei der Funktion $f(x) = a \cdot e^{kx}$ gilt: $f'(0) = 6$ und $f(0) = 3$.

d) Bei der Funktion $f(x) = a \cdot e^{kx}$ gilt: $f'(0) = 4$ und $f(0) = 2$.

e) Der Graph der Funktion $g(x) = e^x$ wird an der x-Achse gespiegelt und um 2 LE nach rechts und 3 LE nach unten verschoben. Bestimmen Sie den Funktionsterm des neuen Graphen.

4.2.3 Trigonometrische Funktionen □

Tipp: Eine verallgemeinerte Sinusfunktion hat die Gleichung:
$f(x) = a \cdot \sin(b \cdot (x - c)) + d$.
Eine verallgemeinerte Kosinusfunktion hat die Gleichung:
$f(x) = a \cdot \cos(b \cdot (x - c)) + d$.

a) Der Graph der Sinusfunktion g mit $g(x) = \sin(x)$ ist um 3 LE nach oben verschoben und hat die Periode $p = \pi$. Bestimmen Sie die Funktionsgleichung der modifizierten Funktion.

b) Der Graph der Sinusfunktion g mit $g(x) = \sin(x)$ ist um den Faktor 2,5 in y-Richtung gestreckt, hat die Periode $p = \frac{\pi}{2}$ und ist um 3 LE nach rechts und sowie 1,5 LE nach unten verschoben. Bestimmen Sie die Funktionsgleichung der modifizierten Funktion.

c) Der Graph der Kosinusfunktion g mit $g(x) = \cos(x)$ ist um 2 LE nach links und um 4 LE nach oben verschoben, um den Faktor $0,8$ in y-Richtung gestaucht und der Abstand zwischen zwei Hochpunkten beträgt 3π LE. Bestimmen Sie die Funktionsgleichung der modifizierten Funktion.

d) Der Graph der Kosinusfunktion g mit $g(x) = \cos(x)$ ist um 1 LE nach rechts und um 2 LE nach unten verschoben, um den Faktor 1,7 in y-Richtung gestreckt und der Abstand zwischen zwei Wendepunkten beträgt $\frac{\pi}{2}$ LE. Bestimmen Sie die Funktionsgleichung der modifizierten Funktion.

4.3 Von der Kurve zur Gleichung □

Tipps ab Seite 78, Lösungen ab Seite 126

Wenn der Graph einer Funktion gegeben ist und die Funktionsgleichung gesucht ist, gibt es drei Möglichkeiten, diese aufzustellen:

1. Man kann besondere Punkte und ihre Steigungen sowie Asymptoten am gegebenen Graphen ablesen und mithilfe eines allgemeinen Ansatzes die Funktionsgleichung, analog wie im Kapitel «Aufstellen von Funktionen» beschrieben, bestimmen.
2. Sind alle Nullstellen bekannt, kann man bei ganzrationalen Funktionen den sogenannten «Linearfaktoren»-Ansatz wählen. Sind x_1, x_2, ..., x_n Nullstellen, so gilt: $f(x) = a \cdot (x - x_1) \cdot (x - x_2) \cdot \ldots \cdot (x - x_n)$; den Faktor a erhält man, indem man die Koordinaten eines gegebenen Punktes in die Funktionsgleichung einsetzt.
3. Man erkennt, dass es sich um den Graphen einer verschobenen, gestreckten, gestauchten oder gespiegelten Grundfunktion handelt.

4.3.1 Ganzrationale Funktionen □

Nachfolgend sind die Graphen einiger Funktionen angegeben. Bestimmen Sie einen möglichen Funktionsterm.

a)

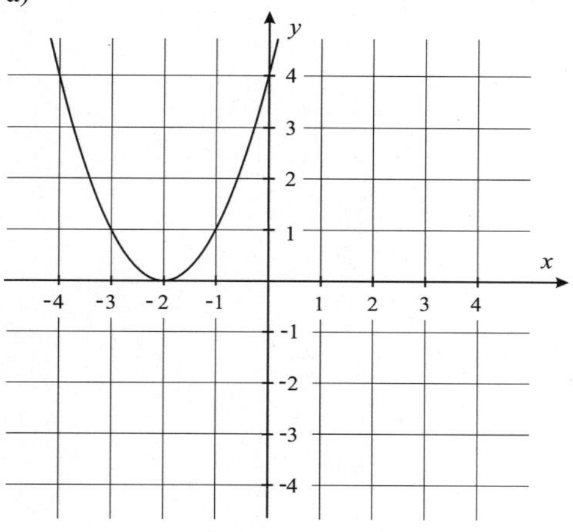

b)

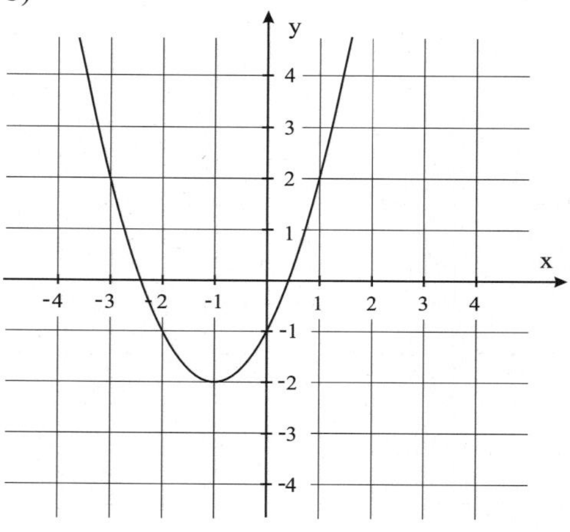

c)

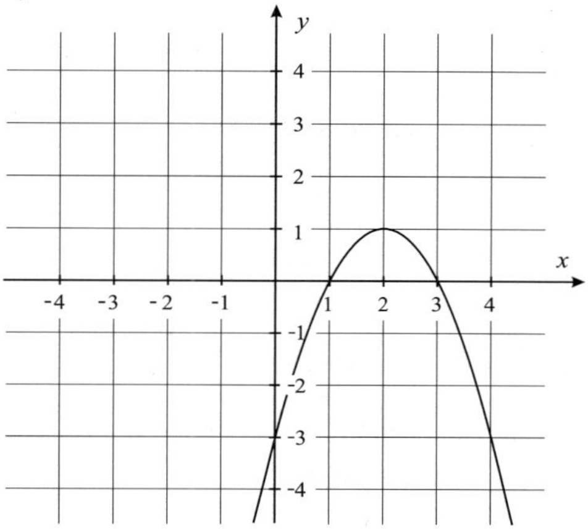

d)

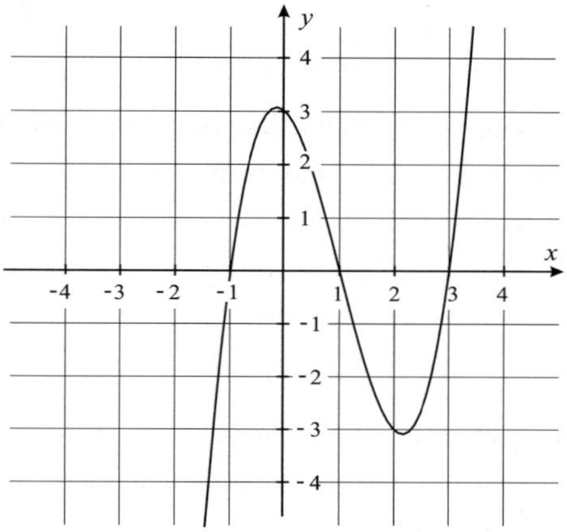

4.3.2 Trigonometrische Funktionen

☐

Bestimmen Sie einen möglichen Funktionsterm.

a)

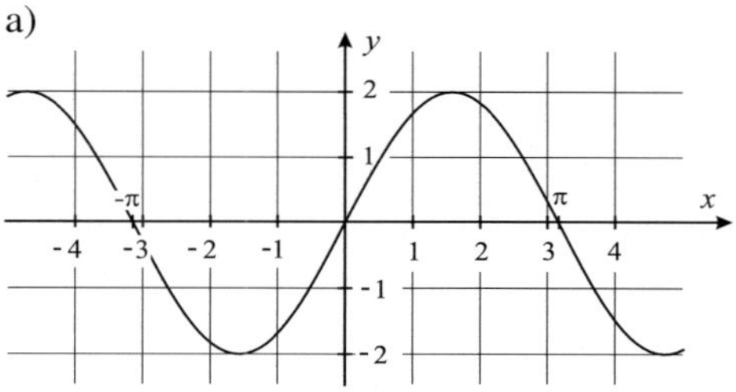

b)

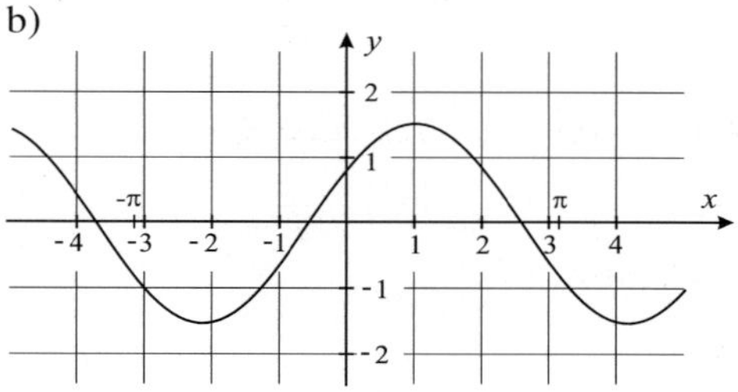

c)

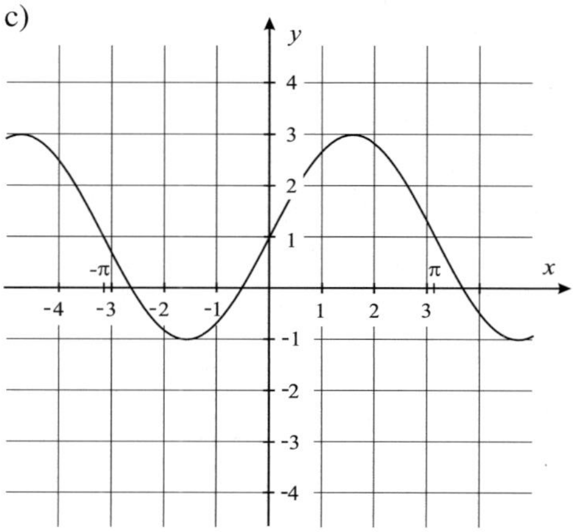

d)

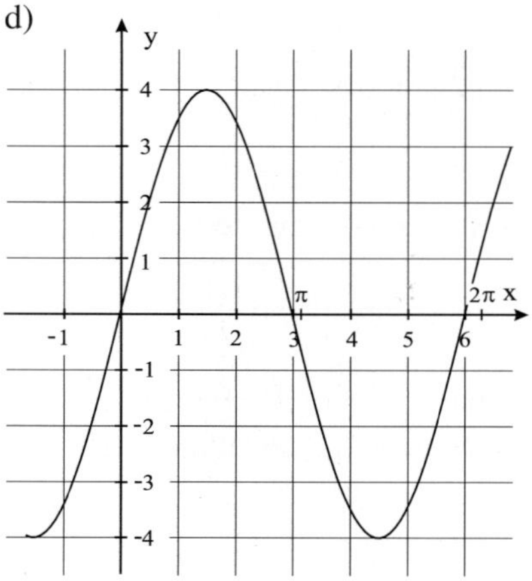

4.4 Graphen von f, f' und F □

Tipps ab Seite 79, Lösungen ab Seite 129

In diesem Kapitel geht es darum, Zusammenhänge zwischen den Graphen von f, f' und F zu erkennen und Aussagen zu beurteilen. Außerdem sollen die Graphen der Ableitungsfunktion oder der Integralfunktion skizziert werden, ohne dass der Funktionsterm bekannt sein muss.

4.4.1 Von f zu f' □

Man kann den Graphen einer Ableitungsfunktion zeichnen, ohne den Funktionsterm zu kennen.

Dabei gilt, dass die Steigungswerte der Tangente an f in jedem Punkt genau die Werte der Ableitung sind. Verläuft der Graph flach, sind die Werte der Ableitung nahe Null, verläuft es steil, besitzt die Ableitung große Funktionswerte.

Für die charakteristischen Punkte und Eigenschaften der Kurve gilt:

Funktion	**Ableitung**
Hochpunkt	Nullstelle mit VZW von + nach −
Tiefpunkt	Nullstelle mit VZW von − nach +
Wendepunkt	Extrempunkt
Sattelpunkt (Wendepunkt mit Steigung Null)	Nullstelle ohne VZW bzw. Extrempunkt, der die x-Achse berührt
monoton steigend	verläuft oberhalb oder auf der x-Achse
streng monoton steigend	verläuft stets oberhalb der x-Achse
monoton fallend	verläuft unterhalb oder auf der x-Achse
streng monoton fallend	verläuft stets unterhalb der x-Achse

Um den Graphen der Ableitungsfunktion zu skizzieren, ist es nötig, den wesentlichen Verlauf der Steigung des Graphen der Funktion zu erfassen. Dazu betrachten Sie z.B.

- Die Lage der Extrem- und Wendepunkte
- Das Monotonieverhalten
- Die «Steigungsentwicklung» für $x \to -\infty$ und $x \to +\infty$

Beispiel
Gesucht ist der Graph der Ableitungsfunktion der linken Kurve.
An der linken Zeichnung liest man ab:

- Hochpunkt bei $x = 1$, also Nullstelle der Ableitung mit VZW von + nach − bei $x = 1$.
- Wendepunkt bei $x \approx 2$ mit Krümmungsänderung von rechts nach links, also Tiefpunkt beim Graphen der Ableitungsfunktion bei $x \approx 2$.
- Für $x \to -\infty$ gehen die Funktionswerte gegen $-\infty$. Also werden die Steigungswerte immer größer, die Werte der Ableitung müssen also auch immer größer werden.
- Für und $x \to +\infty$ gehen die Funktionswerte gegen Null. Für $x > 1$ ist f monoton fallend, d.h. der Graph der Ableitungsfunktion verläuft unterhalb der x-Achse und nähert sich für $x \to +\infty$ der x-Achse an.

In der rechten Zeichnung ist der ungefähre Verlauf der Ableitungsfunktion gezeichnet.

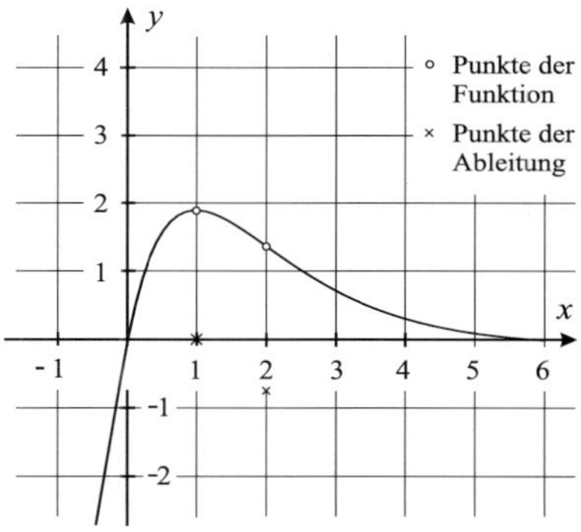

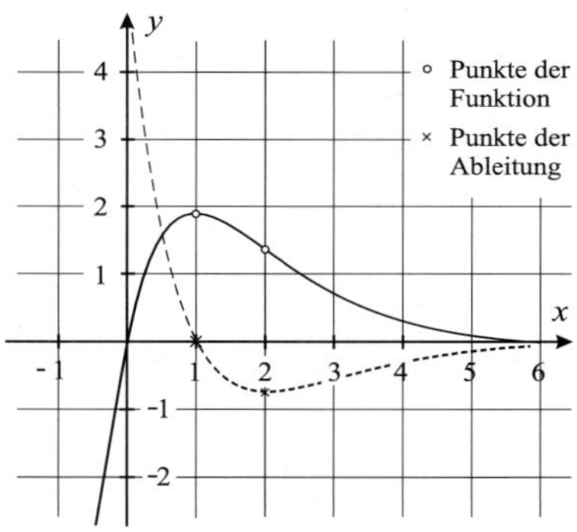

Aufgaben:

Bei den folgenden Aufgaben ist der Graph einer Funktion f gegeben. Zeichnen Sie die Graphen der ersten Ableitung und entscheiden Sie, ob die folgenden Aussagen richtig, falsch oder unentscheidbar sind. Begründen Sie dabei Ihre Entscheidung.

a)

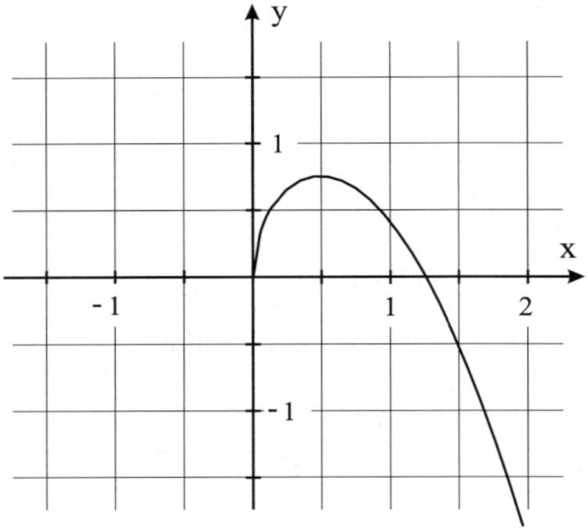

I) f' hat bei $x = 1$ ein relatives Maximum.

II) f' ist für $x > 0$ monoton fallend.

III) $f'(x) < 0$ für $x > 1$.

b)

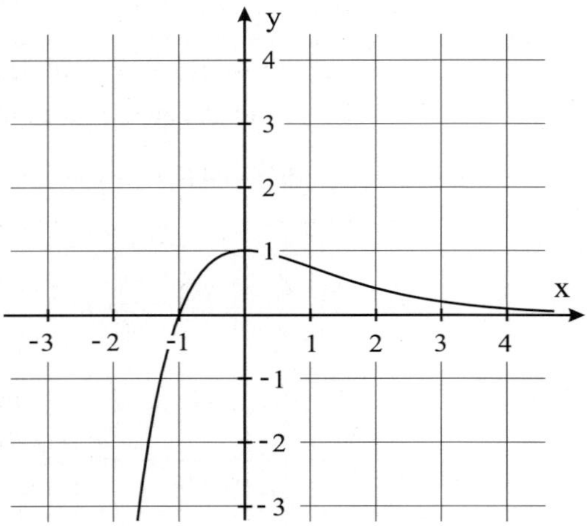

I) An der Stelle $x = 1$ besitzt der Graph von f' einen Extrempunkt.

II) Der Graphvon f' hat einen Wendepunkt.

III) f' ist für $x > 1$ negativ

c)

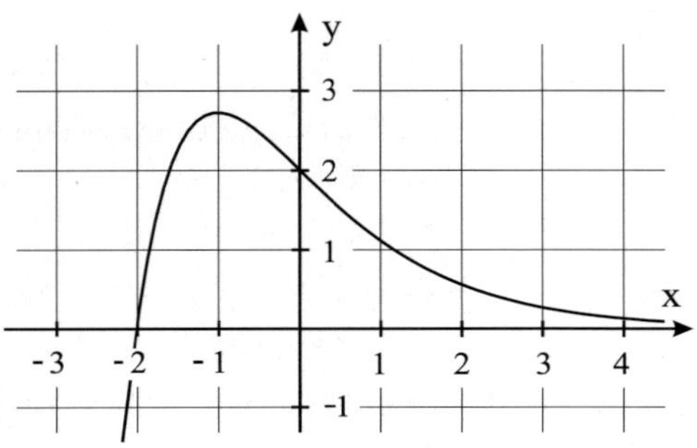

I) $f'(x) < 0$

II) $f''(0) = 0$

III) $f'(0) = f(-1)$

4.4.2 Von f' zu f

Die Vorgehensweise ist ähnlich wie bei der Bestimmung des Graphen der Ableitungsfunktion, nur gehen Sie umgekehrt vor: Hat der angegebene Graph der Ableitungsfunktion $f'(x)$ z.B. für $x = 1$ den Wert 0 mit Vorzeichenwechsel von + nach −, dann hat der Graph der Funktion f an dieser Stelle einen Hochpunkt usw.

Aufgaben:

Bei den folgenden Aufgaben ist der Graph der Ableitungsfunktion f' einer Funktion f gegeben. Entscheiden Sie, ob die folgenden Aussagen über f richtig, falsch oder unentscheidbar sind. Begründen Sie dabei Ihre Entscheidung.

a)

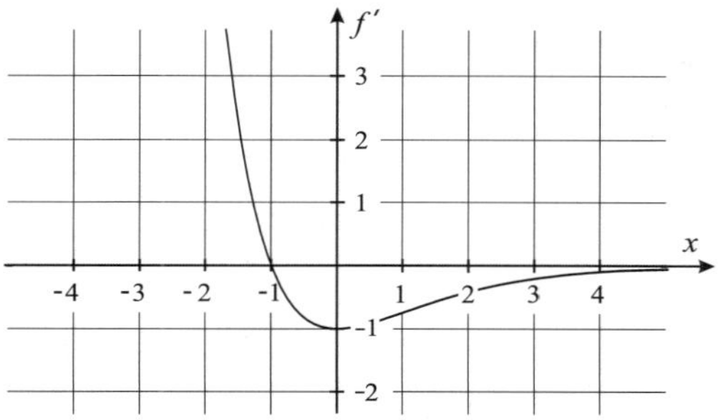

I) Bei $x = 0$ besitzt der Graph von f einen Extrempunkt.

II) Bei $x = -1$ besitzt der Graph von f eine waagerechte Tangente.

III) Der Graph der Funktion f besitzt keine Wendepunkte.

IV) $f(2) > f(0)$.

b)

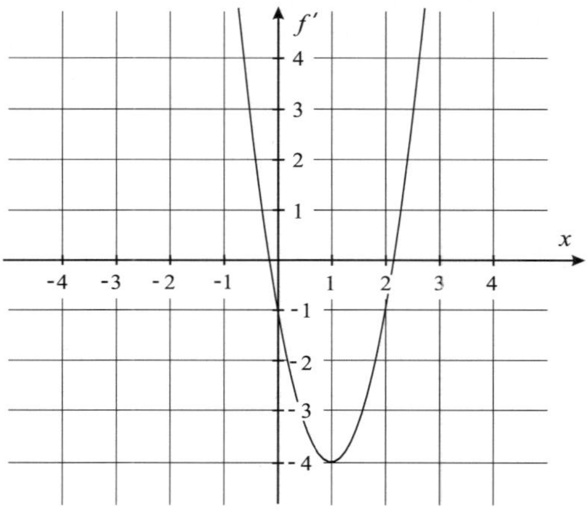

I) An der Stelle $x = 1$ besitzt der Graph von f einen Extrempunkt.

II) An der Stelle $x \approx -0,2$ hat der Graph von f einen Hochpunkt.

III) Der Grad von f ist mindestens gleich 2.

IV) Bei $x \approx 2,4$ besitzt der Graph der Funktion f eine Tangente, die parallel zur Geraden $y = 2x$ ist.

c)

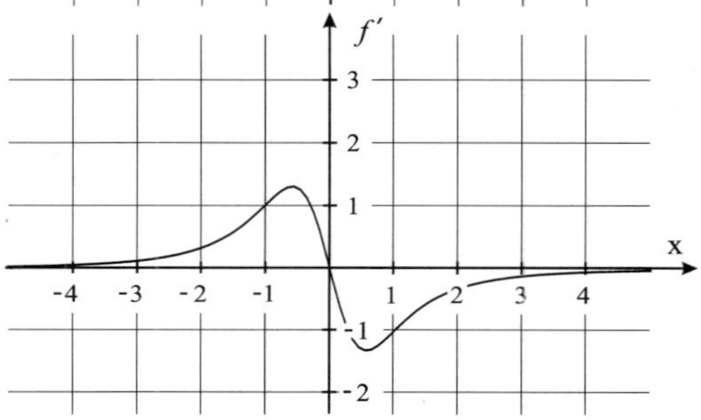

I) Der Graph von f ist achsensymmetrisch.

II) Der Graph von f ist für $x > 0$ streng monoton fallend.

III) Der Graph von f besitzt bei $x = 0$ einen Tiefpunkt.

IV) Der Graph von f besitzt 2 Extrempunkte.

4.4.3 Von f zu F ☐

Zu einer Funktion f gibt es unendlich viele Stammfunktionen F, die sich durch eine Konstante (das «absolute Glied») unterscheiden. Die Graphen dieser Stammfunktionen unterscheiden sich somit durch Verschiebung in y-Richtung. Erst wenn das absolute Glied gegeben ist, ist der Graph der Stammfunktion in Bezug auf diese Verschiebung festgelegt.

Aufgaben:

Gegeben ist der Graph einer Funktion f.

1. Skizzieren Sie den Graphen der Ableitungsfunktion f' und das Schaubild einer Stammfunktion F.

2. Es sind einige Aussagen zur Funktion f bzw. zur Ableitungsfunktion f' und zur Stammfunktion F gegeben. Begründen oder widerlegen Sie diese.

a)

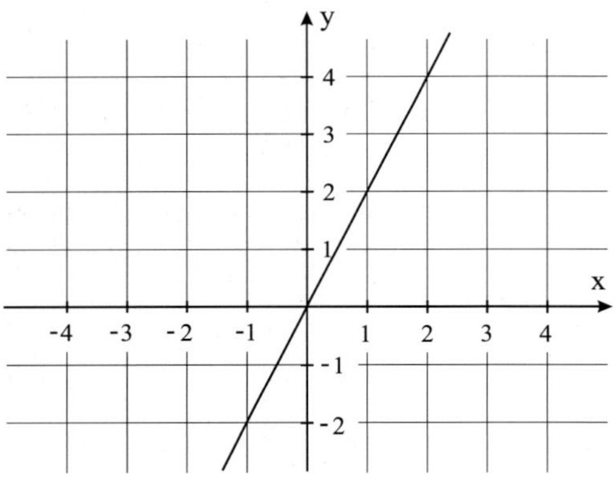

I) Der Graph der Ableitungsfunktion ist parallel zur Geraden $y = 1$.

II) Die Stammfunktion $F(x)$ hat an der Stelle $x = 1$ die Steigung 2.

III) Die Ableitungsfunktion f' ist streng monoton wachsend.

IV) Der Graph der Ableitungsfunktion ist y-achsensymmetrisch.

b)

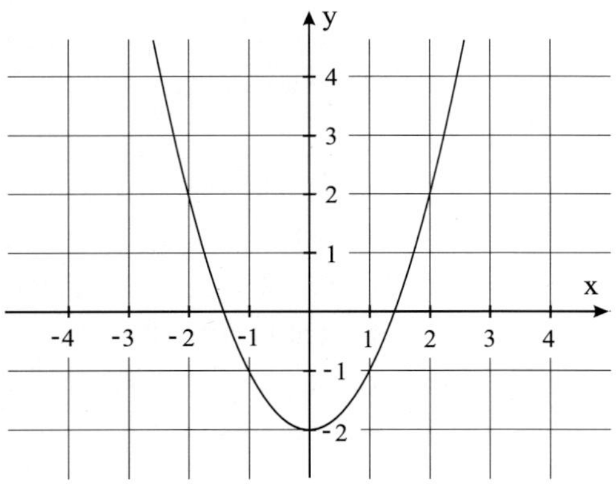

I) f' besitzt im Intervall $[-5;5]$ genau eine Nullstelle.

II) F ist im Intervall $[0;1]$ streng monoton wachsend .

III) F besitzt Extremstellen im Intervall $[-5;5]$.

4.4.4 Vermischte Aufgaben

a) Die Abbildung zeigt den Graphen der Ableitungsfunktion f' einer ganzrationalen Funktion f.
Entscheiden Sie, ob die folgenden Aussagen wahr oder falsch sind.
Begründen Sie jeweils Ihre Antwort.

I) Der Graph von f hat bei $x = -3$ einen Tiefpunkt.

II) $f(-2) < f(-1)$

III) $f''(-2) + f'(-2) < 1$

IV) Der Grad der Funktion f ist mindestens vier.

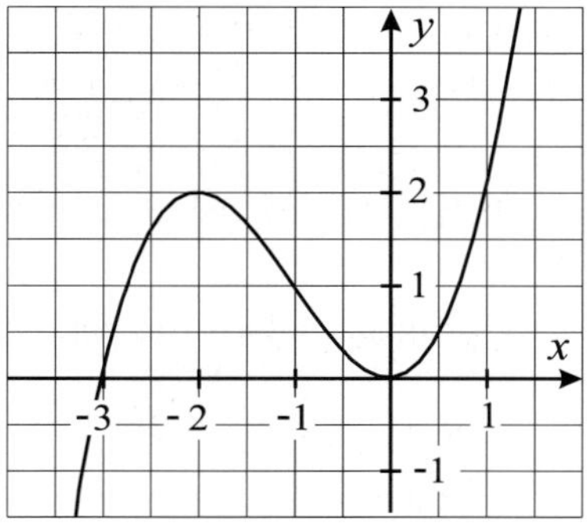

b) Die Abbildung zeigt den Graphen einer Stammfunktion F einer Funktion f.
Entscheiden Sie, ob folgende Aussagen wahr oder falsch sind.
Begründen Sie jeweils Ihre Entscheidung.

I) $f(1) = \mathrm{F}(1)$

II) $\int_0^2 f(x)\mathrm{d}x = 4$

III) f' besitzt im Bereich $-1 \leqslant x \leqslant 1$ eine Nullstelle.

IV) $f(\mathrm{F}(-2)) > 0$

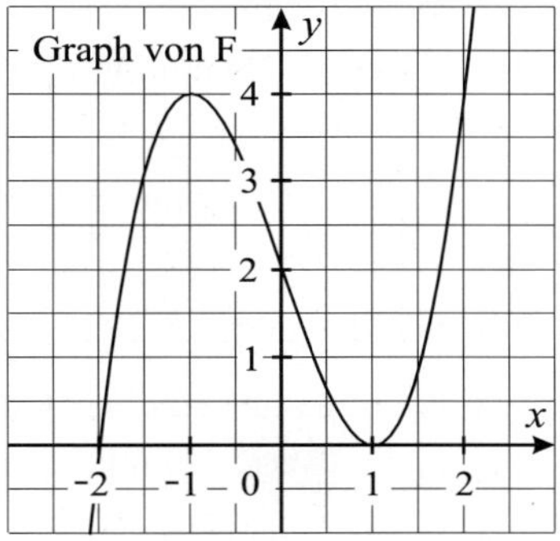

4.5 Kurven untersuchen ☐

Tipps ab Seite 82, Lösungen ab Seite 135

In diesem Kapitel geht es darum, Kurven auf bestimmte Eigenschaften zu prüfen. Meist geht es dabei um das Bestimmen von Extrem- und Wendepunkten, um Symmetrieuntersuchungen oder um das Verhalten der Funktion, wenn x gegen $\pm\infty$ strebt (waagerechte Asymptoten).

4.5.1 Eigenschaften von Kurven ☐

Die wichtigsten Eigenschaften von Kurven sind:

- Schnittpunkte mit der x-Achse: $f(x) = 0$
- Schnittpunkte mit der y-Achse: $x = 0$ in die Funktionsgleichung einsetzen
- (Lokales) Minimum: $f'(x) = 0$ und $f''(x) > 0$ oder $f'(x) = 0$ und Vorzeichenwechsel von $f'(x)$ von $-$ nach +
- (Lokales) Maximum: $f'(x) = 0$ und $f''(x) < 0$ oder $f'(x) = 0$ und Vorzeichenwechsel von $f'(x)$ von + nach $-$
- Wendepunkt: $f''(x) = 0$ und $f'''(x) \neq 0$ oder $f''(x) = 0$ und Vorzeichenwechsel von $f''(x)$
- Krümmungsverhalten: Graph von f ist in einem Intervall linksgekrümmt, falls $f''(x) > 0$ und rechtsgekrümmt, falls $f''(x) < 0$ in diesem Intervall gilt.
- Bei Potenzfunktionen kann es noch Definitionslücken und Polstellen geben. Eine Definitionslücke tritt auf, wenn der Nenner gleich Null ist. Ist an dieser Stelle auch der Zähler gleich Null, kann es sich um eine hebbare Lücke handeln; ist der Zähler an dieser Stelle nicht gleich Null, handelt es sich um eine Polstelle.
- Bei der Untersuchung für $x \to \pm\infty$ müssen Sie untersuchen, wie sich die Funktionswerte verhalten, wenn die Werte für x gegen $+\infty$ oder $-\infty$ gehen, bzw. ob Asymptoten existieren.

Aufgaben

a) Prüfen Sie, ob der Graph von $f(x) = \frac{1}{4}x^4 - x^3 + 4x - 2;\ x \in \mathbb{R}$ an der Stelle $x = 2$ einen Tiefpunkt hat.

b) Gegeben sind die Funktionen f und g mit $f(x) = \frac{1}{x}$ und $g(x) = x^2 + 1$. Berechnen Sie $f(g(2))$ und $g(f(2))$. Für welche Werte von x ist $f(g(x)) = 0{,}1$?

c) Für welche Werte von x verläuft der Graph der Funktion f mit $f(x) = (x+3)\cdot(x-1)$ oberhalb der x-Achse ?

d) Für eine ganzrationale Funktion 3. Grades gilt: $f(1) = 4$, $f'(1) = 0$, $f''(1) < 0$, $f(0) = 2$, $f''(0) = 0$ und $f'''(0) \neq 0$.
Welche Aussagen lassen sich damit über den Graphen von f machen ?

e) Zeigen Sie, dass der Graph von f mit $f(x) = x^2 \cdot e^x$; $x \in \mathbb{R}$ bei $x = 0$ einen Tiefpunkt besitzt.

f) Für welche Werte von x verläuft der Graph der Funktion f mit $f(x) = -x^2 + 3x + 7$ oberhalb der Geraden mit der Gleichung $y = 3$?

g) Gegeben ist die Funktion f mit $f(x) = -x \cdot e^{-2x}$. Für welche Werte von x ist der Graph der Funktion f streng monoton fallend?

h) Zeigen Sie, dass der Graph von $f(x) = 3x^3 + 4$; $x \in \mathbb{R}$ an der Stelle $x = 0$ einen Sattelpunkt besitzt.

i) Zeigen Sie, dass der Graph der Funktion f mit $f(x) = x \cdot e^{-x}$ genau einen Wendepunkt hat.

j) Gegeben ist eine Funktion f und ihre Ableitung $f'(x) = (x-2)^3$. Prüfen Sie, ob der Graph von f einen Tiefpunkt besitzt.

k) Zeigen Sie, dass der Graph der Funktion f mit $f(x) = 2 \cdot \sin\left(x - \frac{\pi}{2}\right)$ im Punkt $P(\pi \mid 2)$ eine waagrechte Tangente hat.

l) Weisen Sie nach, dass der Graph der Funktion f mit $f(x) = \frac{1}{2} \cdot \sin(2x - \pi)$ an der Stelle $x = \pi$ einen Wendepunkt hat.

m) Zeigen Sie, dass der Graph von f mit $f(x) = x^2 - 6x + 1$ linksgekrümmt ist.

4.5.2 Symmetrie ☐

Graphen von Funktionen können achsen- oder punktsymmetrisch sein. Handelt es sich bei der Achse um die y-Achse, so spricht man von y-Achsensymmetrie; handelt es sich beim Punkt, zu dem die Funktion symmetrisch ist, um den Ursprung, spricht man von Ursprungssymmetrie.

- Für y-Achsensymmetrie gilt: $f(-x) = f(x)$.
- Für Ursprungssymmetrie gilt: $f(-x) = -f(x)$.

Sie können die Symmetrie zeigen, indem Sie $(-x)$ für x einsetzen und dann umformen. Dabei ist zu beachten, dass gilt: $(-x)^2 = x^2$ und $(-x)^3 = -x^3$.

Aufgaben

a) Begründen Sie, dass der Graph von $f(x) = \frac{1}{x^2} + 3$; $x \in \mathbb{R} \setminus \{0\}$ achsensymmetrisch zur y-Achse ist.

b) Begründen Sie, dass der Graph von $f(x) = 3x^5 - 7{,}2x^3 + x$; $x \in \mathbb{R}$ punktsymmetrisch zum Ursprung ist.

c) Zeigen Sie, dass der Graph der Funktion f mit $f(x) = 2 \cdot e^{x^2+2} + 3$; $x \in \mathbb{R}$ achsensymmetrisch zur y-Achse ist.

d) Weisen Sie nach, dass der Graph der Funktion f mit $f(x) = -\frac{4}{x}$; $x \in \mathbb{R} \setminus \{0\}$ punktsymmetrisch zum Ursprung ist.

4.5.3 Tangenten und Normalen ☐

Um die Gleichung einer Tangente t an eine Kurve in einem Punkt $P(u \mid f(u))$ zu bestimmen, verwendet man die Tangentengleichung

$$t: y = f'(u) \cdot (x-u) + f(u)$$

Die Normale steht senkrecht auf der Tangente; für die Steigungen gilt $m_n \cdot m_t = -1$ bzw. $m_n = -\frac{1}{m_t}$. Damit ergibt sich für die Gleichung der Normalen n in P:

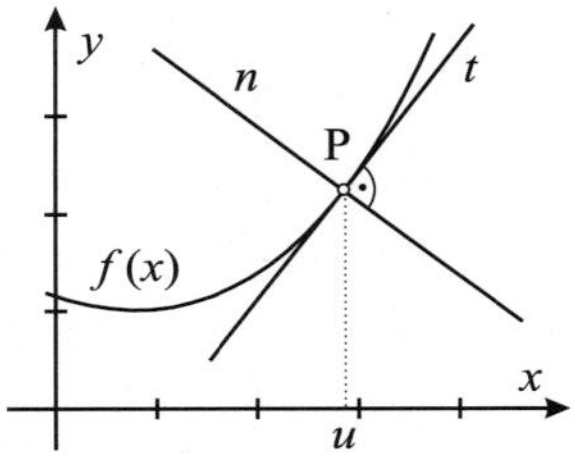

$$n: y = -\frac{1}{f'(u)} \cdot (x-u) + f(u)$$

Aufgaben:

a) Bestimmen Sie die Gleichung der Tangente und der Normalen im Punkt $P(1 \mid -1)$ an den Graphen der Funktion f mit $f(x) = x^2 - 4x + 2$.

b) Bestimmen Sie die Gleichung der Tangente und der Normalen im Wendepunkt an den Graphen der Funktion f mit $f(x) = x^3 + x + 1$.

c) Gegeben ist die Funktion f mit $f(x) = x^2 + 4x - 3$. Gesucht ist:

   I) Die Gleichung der Tangente mit Steigung $m = -2$.

   II) Die Gleichung der Tangente, welche orthogonal ist zur Geraden mit der Gleichung $y = -\frac{1}{3}x + 4$.

   III) Die Gleichung der Tangente, welche parallel ist zur Geraden $y = 4x - \frac{7}{2}$.

d) Gegeben ist die Funktion f mit $f(x) = x^2 - 2x + 3$.
Vom Punkt $P(0 \mid -6)$, welcher nicht auf dem Graphen von f liegt, werden Tangenten an den Graphen von f gelegt. Bestimmen Sie die Koordinaten der Berührpunkte sowie die Tangentengleichungen.

4.5.4 Berührpunkte zweier Graphen ☐

Wenn sich zwei Kurven schneiden, dann müssen ihre Funktionswerte im Schnittpunkt gleich sein. Wenn sie sich berühren, dann müssen nicht nur die Funktionswerte im Berührpunkt gleich sein, sondern auch die Steigungen. Für einen Berührpunkt $B(x_B \mid y_B)$ muss also gelten:

1. B ist ein gemeinsamer Punkt beider Kurven: $f(x_B) = g(x_B)$.

2. Im Punkt B haben die Graphen eine gemeinsame Tangente, also die gleiche Tangentensteigung: $f'(x_B) = g'(x_B)$.

Aufgaben:

a) Zeigen Sie, dass sich die Graphen der Funktion f mit $f(x) = \frac{1}{5}x^3 - 2x^2 + 5x + 3$ und der Funktion g mit $g(x) = -x^2 + 5x + 3$ im Punkt B $(0 \mid 3)$ berühren.

b) Zeigen Sie, dass sich die Graphen der Funktion f mit $f(x) = x^2 + \frac{1}{2}$ und der Funktion g mit $g(x) = -4x^4 + 4x^3 + \frac{1}{2}$ im Punkt B $\left(\frac{1}{2} \mid \frac{3}{4}\right)$ berühren.

c) Berechnen Sie den Berührpunkt der Graphen der Funktion f mit $f(x) = \frac{1}{3}x^3 - 2x^2 + 3x + 4$ und der Funktion g mit $g(x) = -x^2 + 3x + 4$.

d) Berechnen Sie die Berührpunkte der Graphen der Funktion f mit $f(x) = x^2 + 1$ und der Funktion g mit $g(x) = -\frac{1}{4}x^4 + x^3 + 1$.

4.5.5 Funktionen mit Parameter

☐

a) Gegeben ist die Funktion $f_t(x) = tx - 2t$ mit $t \in \mathbb{R}$.

I) Skizzieren Sie die Graphen für einige Werte von t. Beschreiben Sie die Veränderung der Graphen bei der Variation von t.

II) Bestimmen Sie die Werte des Parameters t so, dass der Graph von f_t durch $P_1(3 \mid 2)$ bzw. durch $P_2(1 \mid \frac{1}{2})$ geht.

b) Gegeben ist die Funktion $f_t(x) = tx^2$ mit $t \in \mathbb{R}$.

I) Skizzieren Sie die Graphen für einige Werte von t. Beschreiben Sie die Veränderung der Graphen bei der Variation von t.

II) Bestimmen Sie die Werte des Parameters t so, dass der Graph von f_t durch $P_1(2 \mid 2)$ bzw. durch $P_2(-1 \mid -2)$ geht.

c) Gegeben sind die Funktionen $f(x) = -x^2 + 2$ und $g_t(x) = tx^2 - 1$ mit $t \in \mathbb{R}$.
Berechnen Sie den Wert von t so, dass die Graphen der beiden Funktionen in ihrem Schnittpunkt senkrecht aufeinander stehen.

d) Gegeben ist die Funktion f_t mit $f_t(x) = (2x + t) \cdot e^{-x}$ mit $x \in \mathbb{R}$ und $t \geqslant 0$.
Ordnen Sie den abgebildeten Graphen von f_t die zugehörigen Parameter t zu.

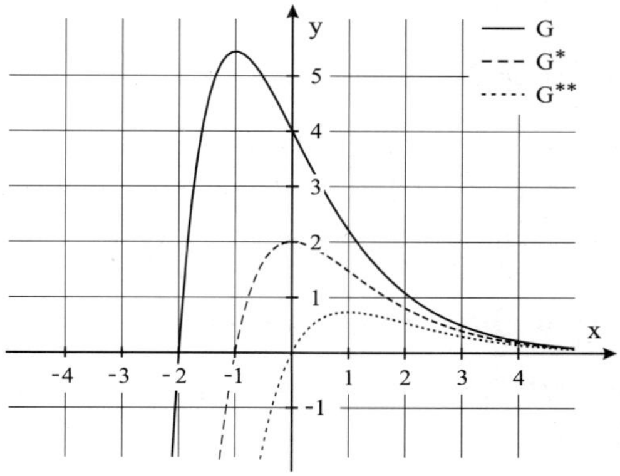

4.6 Verständnis von Zusammenhängen

Tipps ab Seite 84, Lösungen ab Seite 142

Bei diesen Aufgaben geht es darum, Methoden und Verfahren zu beschreiben und das Verständnis von Zusammenhängen zu dokumentieren. Rechnungen werden in der Regel nicht verlangt, es genügen Skizzen sowie Ansätze für die Rechenwege.

a) Gegeben sind die Funktionen $f(x) = 9 - x^2$ und $g(x) = x^2 - 9$.
Erläutern Sie, was durch folgende Rechenschritte bestimmt wird:

(1) $9 - x^2 = x^2 - 9 \Rightarrow x_1 = -3$ und $x_2 = 3$

(2) $\int_{-3}^{3} \left(9 - x^2 - \left(x^2 - 9\right)\right) \mathrm{d}x = 72$

b) Gegeben ist die Funktion f durch $f(x) = \frac{1}{2}x^3 - 3x + 3$.
Erläutern Sie folgende Rechenschritte:

(1) $f(2) = 1$

(2) $f'(x) = \frac{3}{2}x^2 - 3$; $f'(2) = 3$

(3) $y - 1 = 3 \cdot (x - 2) \Rightarrow y = 3x - 5$

c) Gibt es eine ganzrationale Funktion vierten Grades, deren Graph drei Wendepunkte besitzt? Begründen Sie Ihre Antwort.

d) Gegeben sind die Funktionen f und g mit $f(x) = \frac{1}{4}x^3 - 3x^2 + 9x + 2$ und $g(x) = x + 2$.
Die Graphen von f und g zeigt folgende Abbildung:

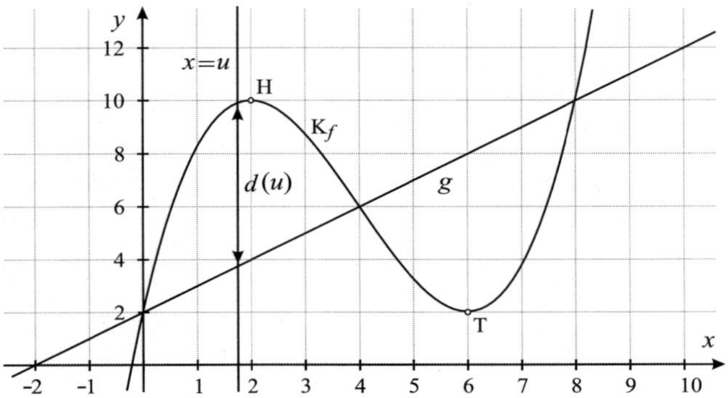

Erläutern Sie folgende Rechenschritte und ihre Bedeutung:

(1) $d(u) = f(u) - g(u) = \frac{1}{4}u^3 - 3u^2 + 8u$; $0 \leqslant u \leqslant 4$

(2) $d'(u) = 0 \Rightarrow u_1 \approx 6{,}31$; $u_2 \approx 1{,}69$

(3) $d''(1{,}69) < 0$

e) Gegeben ist die Funktion f mit $f(x) = x^2$. Ihr Graph sei K_f.
Erläutern Sie folgende Rechenschritte und ihre Bedeutung:

(1) $P \in K_f \Rightarrow P\left(x \mid x^2\right)$

(2) $\sqrt{(x-0)^2 + (x^2-0)^2} = \sqrt{20}$

(3) $x_{1,2} = \pm 2 \Rightarrow P_1(-2 \mid 4)$ und $P_2(2 \mid 4)$

Geometrie

5 Punkte, Geraden und Ebenen

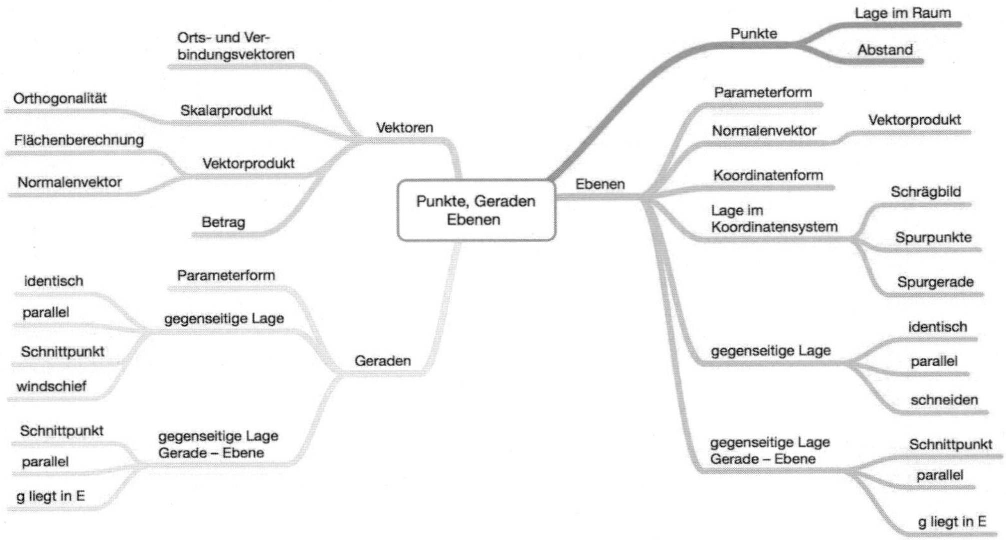

5.1 Rechnen mit Vektoren

Tipps ab Seite 85, Lösungen ab Seite 144

In diesem Kapitel geht es darum, die Grundkenntnisse des Rechnens mit Vektoren zu wiederholen. Dazu gehören die Addition und Subtraktion von Vektoren. Neben diesen Rechenoperationen ist es wichtig, das Skalarprodukt zu kennen und zu wissen, dass es genau dann gleich Null ist, wenn zwei Vektoren senkrecht aufeinander stehen.

Da mit Vektoren geometrische Objekte wie Dreiecke, Parallelogramme und verschiedene Körper beschrieben werden können, sollten Sie die grundlegenden Eigenschaften dieser Objekte kennen. Rechenregeln für das Rechnen mit Vektoren finden Sie bei den Tipps auf Seite 85. Wenn nicht anders angegeben gilt für alle Parameter: $r, s, t, \ldots \in \mathbb{R}$.

5.1.1 Rechenregeln

Gegeben sind die Vektoren $\vec{a} = \begin{pmatrix} -1 \\ 2 \\ 4 \end{pmatrix}$ und $\vec{b} = \begin{pmatrix} 3 \\ 1 \\ 2 \end{pmatrix}$. Berechnen Sie:

a) $\vec{a}+\vec{b}$ b) $\vec{a}-\vec{b}$ c) $2\cdot\vec{a}$ d) $-\vec{a}$ e) $2\vec{a}+3\vec{b}$

f) $\vec{a}\cdot\vec{b}$ g) $|\vec{a}|$ h) $|\vec{b}|$ i) $|\vec{a}+\vec{b}|$ j) $\vec{a}\times\vec{b}$

5.1.2 Orts- und Verbindungsvektoren □

Tipp: Fertigen Sie eine Skizze an und stellen Sie Vektorketten auf.

a) Gegeben sind die Punkte $A(2 \mid 3 \mid 2)$, $B(7 \mid 4 \mid 3)$ und $C(1 \mid 5 \mid -2)$.
Bestimmen Sie die Ortsvektoren $\vec{a}$, $\vec{b}$ und $\vec{c}$, die Verbindungsvektoren $\overrightarrow{AB}$, $\overrightarrow{AC}$ und $\overrightarrow{BC}$ und zeigen Sie, dass das Dreieck ABC nicht gleichschenklig ist.

b) Prüfen Sie, ob das Dreieck ABC gleichschenklig ist:

I) $A(3 \mid 7 \mid 2)$, $B(-1 \mid 5 \mid 1)$, $C(2 \mid 3 \mid 0)$

II) $A(-5 \mid 2 \mid -1)$, $B(0 \mid 5 \mid -3)$, $C(-1 \mid 6 \mid -3)$

c) I) Bestimmen Sie den Mittelpunkt M von $A(4 \mid 1 \mid 3)$ und $B(-2 \mid 5 \mid -5)$.

II) Bestimmen Sie die Koordinaten des Punktes P so, dass $B(4 \mid 2 \mid 5)$ der Mittelpunkt von $A(3 \mid -1 \mid -4)$ und P ist.

d) Gegeben sind die Punkte $A(4 \mid 2 \mid 3)$, $B(1 \mid 8 \mid 5)$ und $C(-2 \mid 1 \mid -3)$.
Bestimmen Sie den Punkt D so, dass das Viereck ABCD ein Parallelogramm ist.

e) Von einem Spat (Körper mit jeweils 4 parallelen Kanten) sind die Punkte $A(3 \mid 1 \mid 4)$, $B(-2 \mid 1 \mid -3)$, $C(5 \mid -2 \mid 3)$ und $F(9 \mid 2 \mid 6)$ gegeben.

I) Bestimmen Sie die Koordinaten der übrigen Punkte des Spats.

II) Berechnen Sie die Länge der Raumdiagonalen AG.

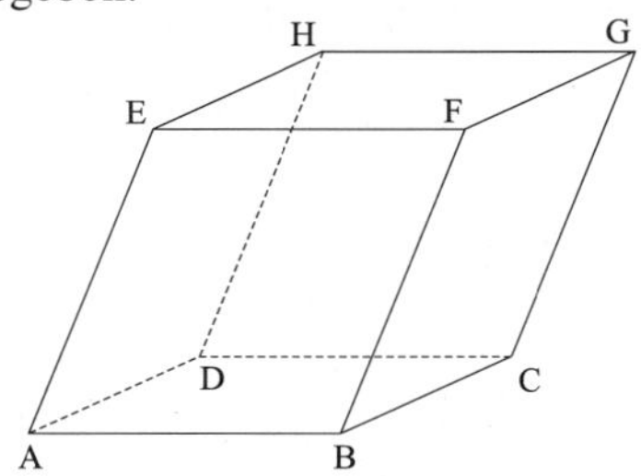

f) Ein schiefes Dreiecksprisma ist gegeben durch die Punkte $A(4 \mid 1 \mid -3)$, $B(5 \mid -2 \mid -1)$, $C(-1 \mid 3 \mid -2)$ und $D(7 \mid 4 \mid 2)$.
Bestimmen Sie die Koordinaten der Punkte E und F sowie die Länge der Kante EF.

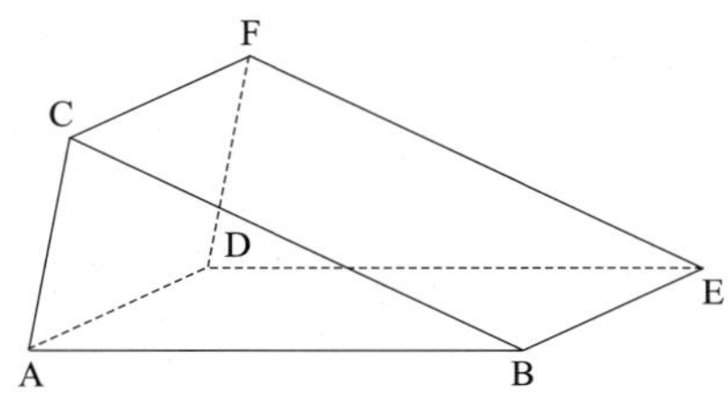

5.1.3 Orthogonalität von Vektoren

a) Prüfen Sie, ob folgende Vektoren senkrecht (orthogonal) aufeinander stehen.

I) $\vec{a} = \begin{pmatrix} -1 \\ 0 \\ 1 \end{pmatrix}$, $\vec{b} = \begin{pmatrix} 2 \\ 2 \\ 0 \end{pmatrix}$ II) $\vec{r} = \begin{pmatrix} 5 \\ -1 \\ 3 \end{pmatrix}$, $\vec{n} = \begin{pmatrix} 2 \\ 1 \\ -3 \end{pmatrix}$

III) $\vec{z} = \begin{pmatrix} 2 \\ -2 \\ 4 \end{pmatrix}$, $\vec{w} = \begin{pmatrix} 1 \\ 3 \\ 1 \end{pmatrix}$

b) Geben Sie verschiedene Vektoren an, die zu $\vec{n} = \begin{pmatrix} 1 \\ 2 \\ -3 \end{pmatrix}$ orthogonal sind.

c) Prüfen Sie, ob das Dreieck ABC rechtwinklig ist:
$A(5 \mid 1 \mid 0)$, $B(1 \mid 5 \mid 2)$, $C(-1 \mid 1 \mid 6)$

5.2 Geraden

Tipps ab Seite 86, Lösungen ab Seite 148

Die Parameterform der Geradengleichung in der vektoriellen Geometrie lautet:

$$g: \vec{x} = \vec{p} + t \cdot \vec{u} \text{ mit } t \in \mathbb{R}$$

Dabei wird der Vektor $\vec{p}$ als Stützvektor bezeichnet, weil er die Gerade «stützt», entsprechend ist der Punkt P der «Stützpunkt». Der Vektor $\vec{u}$ ist der Richtungsvektor der Geraden, da er die Richtung der Geraden angibt. t ist der Parameter, der angibt, mit welchem Faktor der Richtungsvektor vervielfacht wird.

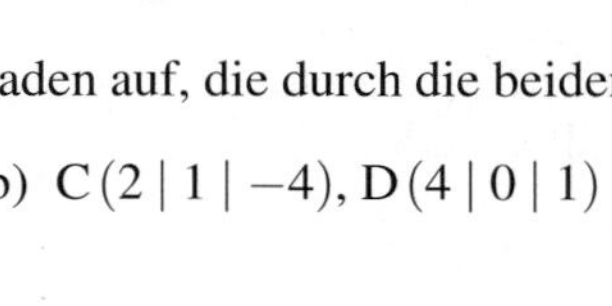

5.2.1 Aufstellen von Geradengleichungen

Stellen Sie eine Gleichung der Geraden auf, die durch die beiden Punkte geht:

a) $A(1 \mid 0 \mid 2), B(3 \mid 1 \mid 3)$ b) $C(2 \mid 1 \mid -4), D(4 \mid 0 \mid 1)$ c) $E(1 \mid 1 \mid 0), F(0 \mid 0 \mid 1)$

5.2.2 Punktprobe

Liegen die gegebenen Punkte A, B, C auf der Geraden $g: \vec{x} = \begin{pmatrix} 1 \\ 3 \\ -2 \end{pmatrix} + r \cdot \begin{pmatrix} 1 \\ 4 \\ 2 \end{pmatrix}$?

a) $A(2 \mid 7 \mid 0)$ b) $B(3 \mid 11 \mid 3)$ c) $C(-2 \mid -9 \mid -8)$

5.2.3 Gegenseitige Lage von Geraden □

Zwei Geraden können auf vier verschiedene Weise zueinander liegen: Sie können parallel liegen, identisch sein, sich schneiden oder windschief sein. Die genauen Rechenwege zur Bestimmung der gegenseitigen Lage sind in den Tipps auf Seite 86 beschrieben.

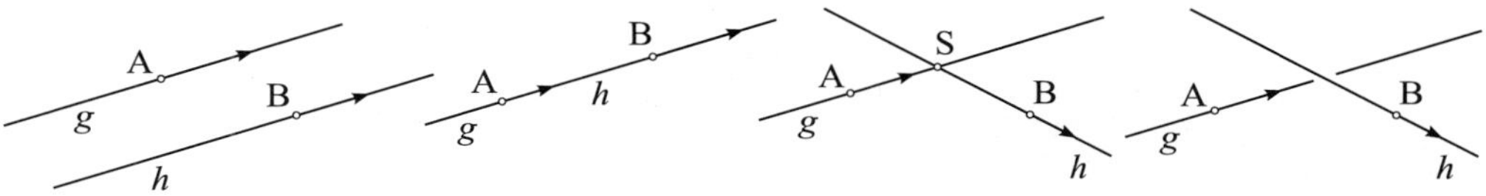

parallel | identisch | Schnittpunkt | windschief

Bestimmen Sie die gegenseitige Lage der beiden gegebenen Geraden:

a) $g_1: \vec{x} = \begin{pmatrix} 4 \\ 2 \\ 5 \end{pmatrix} + t \cdot \begin{pmatrix} 1 \\ 1 \\ 2 \end{pmatrix}$ $\quad g_2: \vec{x} = \begin{pmatrix} 5 \\ -4 \\ -1 \end{pmatrix} + r \cdot \begin{pmatrix} -3 \\ 4 \\ 2 \end{pmatrix}$

b) $g_1: \vec{x} = \begin{pmatrix} -4 \\ 0 \\ 4 \end{pmatrix} + r \cdot \begin{pmatrix} -2 \\ 1 \\ 3 \end{pmatrix}$ $\quad g_2: \vec{x} = \begin{pmatrix} 3 \\ 2 \\ 3 \end{pmatrix} + t \cdot \begin{pmatrix} 3 \\ 4 \\ 5 \end{pmatrix}$

c) $g: \vec{x} = \begin{pmatrix} 1 \\ -3 \\ 5 \end{pmatrix} + s \cdot \begin{pmatrix} 2 \\ 1 \\ -3 \end{pmatrix}$ $\quad h: \vec{x} = \begin{pmatrix} 5 \\ 1 \\ -3 \end{pmatrix} + t \cdot \begin{pmatrix} 4 \\ -5 \\ -1 \end{pmatrix}$

d) $g: \vec{x} = \begin{pmatrix} 1 \\ 2 \\ 1 \end{pmatrix} + t \cdot \begin{pmatrix} 2 \\ 0 \\ 1 \end{pmatrix}$ $\quad h: \vec{x} = \begin{pmatrix} 2 \\ 3 \\ 4 \end{pmatrix} + r \cdot \begin{pmatrix} 0 \\ 1 \\ -1 \end{pmatrix}$

e) $g: \vec{x} = \begin{pmatrix} 4 \\ 0 \\ 1 \end{pmatrix} + s \cdot \begin{pmatrix} 2 \\ -1 \\ 3 \end{pmatrix}$ $\quad h: \vec{x} = \begin{pmatrix} 6 \\ -1 \\ 4 \end{pmatrix} + t \cdot \begin{pmatrix} -2 \\ 1 \\ -3 \end{pmatrix}$

f) $g: \vec{x} = \begin{pmatrix} 1 \\ 2 \\ 3 \end{pmatrix} + r \cdot \begin{pmatrix} 1 \\ -1 \\ 2 \end{pmatrix}$ $\quad h: \vec{x} = \begin{pmatrix} -1 \\ 4 \\ -1 \end{pmatrix} + s \cdot \begin{pmatrix} -3 \\ 3 \\ -6 \end{pmatrix}$

g) $g: \vec{x} = \begin{pmatrix} 1 \\ 4 \\ -2 \end{pmatrix} + t \cdot \begin{pmatrix} -2 \\ -1 \\ 3 \end{pmatrix}$ $\quad h: \vec{x} = \begin{pmatrix} -1 \\ 3 \\ -1 \end{pmatrix} + r \cdot \begin{pmatrix} 4 \\ 2 \\ -6 \end{pmatrix}$

h) $g: \vec{x} = \begin{pmatrix} 0 \\ 1 \\ 4 \end{pmatrix} + s \cdot \begin{pmatrix} 4 \\ 6 \\ -8 \end{pmatrix}$ $\quad h: \vec{x} = \begin{pmatrix} 4 \\ 8 \\ -4 \end{pmatrix} + t \cdot \begin{pmatrix} 2 \\ 3 \\ -4 \end{pmatrix}$

5.3 Ebenen

Tipps ab Seite 87, Lösungen ab Seite 152

Um eine Ebene zu beschreiben, gibt es verschiedene Gleichungen: Ähnlich wie für die Gerade gibt es eine *Parametergleichung*, diese lautet:

$$\text{E: } \vec{x} = \vec{p} + r \cdot \vec{u} + s \cdot \vec{v}$$

Der Vektor $\vec{p}$ ist auch hier der Stützvektor, die Vektoren $\vec{u}$ und $\vec{v}$ sind die Spannvektoren, da sie die Ebene «aufspannen».

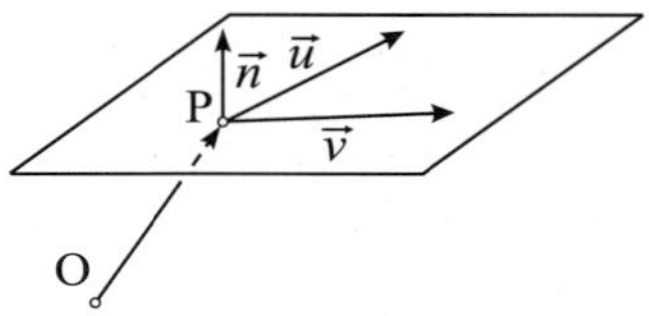

Parameterform

Die Koordinatenform einer Ebene lautet:

$$\text{E: } a \cdot x_1 + b \cdot x_2 + c \cdot x_3 = d$$

Dabei sind a, b und c die Komponenten des Normalenvektors: $\vec{n} = \begin{pmatrix} a \\ b \\ c \end{pmatrix}$.

Die Zahl d erhält man, indem man einen gegebenen Punkt der Ebene, z.B. den Punkt P, in die Koordinatenform einsetzt.

Ist eine Ebene in Parameterform gegeben und sucht man die Koordinatenform, so ist zuerst ein Normalenvektor gesucht, der senkrecht auf den beiden Spannvektoren $\vec{u}$ und $\vec{v}$ stehen muss. Diesen kann man mithilfe des Vektorprodukts berechnen (siehe nächste Seite). Anschließend kann man einen gegebenen Punkt in den Ansatz der Koordinatenform einsetzen und d bestimmen.

5.3.1 Parameterform der Ebenengleichung

Im Folgenden sind jeweils drei Punkte bzw. eine Gerade und ein Punkt gegeben, die eine Ebene festlegen. Geben Sie zu diesen Ebenen jeweils eine Ebenengleichung in Parameterform an.

a) $A(1 \mid 4 \mid 3)$, $B(2 \mid 7 \mid -3)$, $C(3 \mid 5 \mid 1)$

b) $P(3 \mid 1 \mid 2)$, $Q(4 \mid 7 \mid 3)$, $R(4 \mid 0 \mid -1)$

c) $A(1 \mid 3 \mid 6)$, $g\colon \vec{x} = \begin{pmatrix} -1 \\ 2 \\ 4 \end{pmatrix} + t \cdot \begin{pmatrix} 3 \\ 6 \\ -1 \end{pmatrix}$

d) $B(0 \mid 1 \mid 2)$, $g\colon \vec{x} = \begin{pmatrix} 7 \\ 3 \\ 2 \end{pmatrix} + t \cdot \begin{pmatrix} 1 \\ 2 \\ 1 \end{pmatrix}$

Tipp: Wenn man einen Vektor $\vec{n}$ sucht, der senkrecht auf zwei gegebenen Vektoren $\vec{a}$ und $\vec{b}$ steht, geschieht dies einfach und schnell mit dem **Vektorprodukt**:

$$\vec{n} = \left(\vec{a} \times \vec{b}\right) = \begin{pmatrix} a_2b_3 & - & a_3b_2 \\ a_3b_1 & - & a_1b_3 \\ a_1b_2 & - & a_2b_1 \end{pmatrix}$$

Die Merkhilfe dazu:

1. Beide Vektoren werden je zweimal untereinander geschrieben, dann werden die erste und die letzte Zeile gestrichen.
2. Anschließend wird «über Kreuz» multipliziert. Dabei erhalten die abwärts gerichteten Pfeile ein positives und die aufwärts gerichteten Pfeile ein negatives Vorzeichen.
3. Die einzelnen Komponenten werden subtrahiert – fertig!

$$\begin{array}{cc} \cancel{a_1} & \cancel{b_1} \\ a_2 & b_2 \\ a_3 & b_3 \\ a_1 & b_1 \\ a_2 & b_2 \\ \cancel{a_3} & \cancel{b_3} \end{array} \Rightarrow \begin{array}{cc} a_2 & b_2 \\ a_3 & b_3 \\ a_1 & b_1 \\ a_2 & b_2 \end{array} \Rightarrow \begin{pmatrix} a_2b_3 - a_3b_2 \\ a_3b_1 - a_1b_3 \\ a_1b_2 - a_2b_1 \end{pmatrix}$$

Beispiel:

Sind $\vec{a} = \begin{pmatrix} 1 \\ 3 \\ 2 \end{pmatrix}$ und $\vec{b} = \begin{pmatrix} -1 \\ 4 \\ 0 \end{pmatrix}$, ergibt sich für den gesuchten Vektor:

$$\begin{array}{cc} \cancel{1} & \cancel{-1} \\ 3 & 4 \\ 2 & 0 \\ 1 & -1 \\ 3 & 4 \\ \cancel{2} & \cancel{0} \end{array} \Rightarrow \begin{array}{cc} 3 & 4 \\ 2 & 0 \\ 1 & -1 \\ 3 & 4 \end{array} \Rightarrow \begin{pmatrix} 3 \cdot 0 - 2 \cdot 4 \\ 2 \cdot (-1) - 1 \cdot 0 \\ 1 \cdot 4 - 3 \cdot (-1) \end{pmatrix} = \begin{pmatrix} -8 \\ -2 \\ 7 \end{pmatrix}$$

Anmerkung:
Mithilfe des Vektorprodukts lässt sich die Fläche des Dreiecks ABC direkt ausrechnen. Es ist

$$A_{\triangle} = \frac{1}{2} \left| \overrightarrow{AB} \times \overrightarrow{AC} \right|$$

5.3.2 Koordinatengleichung einer Ebene

☐

Bestimmen Sie eine Koordinatengleichung der Ebene E. Es sind entweder ein Punkt und ein Normalenvektor, drei Punkte, ein Punkt und eine Gerade oder zwei Geraden, die in der Ebene liegen, gegeben.

a) $P(3 \mid 1 \mid 2),\ \vec{n} = \begin{pmatrix} 2 \\ 3 \\ 1 \end{pmatrix}$

b) $Q(-5 \mid 4 \mid -1),\ \vec{n} = \begin{pmatrix} 2 \\ -1 \\ 3 \end{pmatrix}$

c) $A(2 \mid 2 \mid 2), B(4 \mid 1 \mid 3), C(8 \mid 4 \mid 5)$

d) $P(1 \mid 3 \mid 5), Q(2 \mid 7 \mid 3), R(5 \mid 1 \mid 3)$

e) $A(4 \mid 1 \mid 2),\ g: \vec{x} = \begin{pmatrix} 3 \\ 5 \\ 7 \end{pmatrix} + t \cdot \begin{pmatrix} 1 \\ 1 \\ 1 \end{pmatrix}$

f) $C(4 \mid 3 \mid 4),\ g: \vec{x} = \begin{pmatrix} 7 \\ 2 \\ 3 \end{pmatrix} + t \cdot \begin{pmatrix} 1 \\ -3 \\ -3 \end{pmatrix}$

g) $g_1: \vec{x} = \begin{pmatrix} 1 \\ 2 \\ 3 \end{pmatrix} + t \cdot \begin{pmatrix} 1 \\ 3 \\ 4 \end{pmatrix}$ $\quad g_2: \vec{x} = \begin{pmatrix} 1 \\ 2 \\ 3 \end{pmatrix} + s \cdot \begin{pmatrix} 2 \\ -1 \\ 3 \end{pmatrix}$

h) $g_1: \vec{x} = \begin{pmatrix} 1 \\ 2 \\ 4 \end{pmatrix} + s \cdot \begin{pmatrix} 1 \\ 3 \\ 2 \end{pmatrix}$ $\quad g_2: \vec{x} = \begin{pmatrix} 3 \\ 3 \\ 7 \end{pmatrix} + t \cdot \begin{pmatrix} 2 \\ 1 \\ 3 \end{pmatrix}$

i) $g_1: \vec{x} = \begin{pmatrix} 3 \\ 1 \\ 6 \end{pmatrix} + s \cdot \begin{pmatrix} 2 \\ 1 \\ 4 \end{pmatrix}$ $\quad g_2: \vec{x} = \begin{pmatrix} -1 \\ -8 \\ 4 \end{pmatrix} + t \cdot \begin{pmatrix} 1 \\ 4 \\ -1 \end{pmatrix}$

j) $g_1: \vec{x} = \begin{pmatrix} 1 \\ 0 \\ 2 \end{pmatrix} + s \cdot \begin{pmatrix} 3 \\ 1 \\ 2 \end{pmatrix}$ $\quad g_2: \vec{x} = \begin{pmatrix} 4 \\ 1 \\ 1 \end{pmatrix} + t \cdot \begin{pmatrix} 6 \\ 2 \\ 4 \end{pmatrix}$

k) $g: \vec{x} = \begin{pmatrix} 0 \\ 1 \\ 0 \end{pmatrix} + s \cdot \begin{pmatrix} 2 \\ 1 \\ 2 \end{pmatrix}$ $\quad h: \vec{x} = \begin{pmatrix} 2 \\ 0 \\ 2 \end{pmatrix} + t \cdot \begin{pmatrix} -4 \\ -2 \\ -4 \end{pmatrix}$

l) Die Ebene E ist Spiegelebene zwischen $A(1 \mid 4 \mid 7)$ und $A^*(3 \mid 2 \mid 3)$.

m) Prüfen Sie, ob die vier Punkte $A(2 \mid 1 \mid 2)$, $B(4 \mid 3 \mid 4)$, $C(7 \mid 2 \mid 3)$ und $D(8 \mid -1 \mid 0)$ in einer Ebene liegen.

5.3.3 Punktprobe

Prüfen Sie, ob die gegebenen Punkte A, B, C in den Ebenen

$$E:\ \vec{x} = \begin{pmatrix} 1 \\ 2 \\ -1 \end{pmatrix} + s \cdot \begin{pmatrix} 2 \\ 1 \\ 0 \end{pmatrix} + t \cdot \begin{pmatrix} -1 \\ 0 \\ 3 \end{pmatrix}$$

und

$$F:\ 4x_1 + 2x_2 - 3x_3 = -4$$

liegen.

a) $A(1\,|\,3\,|\,5)$ b) $B(0\,|\,1\,|\,2)$ c) $C(5\,|\,4\,|\,-1)$

5.3.4 Spurpunkte

Es sind verschiedene Ebenen angegeben. Zeichnen Sie diese mithilfe ihrer Spurpunkte bzw. Spurgeraden in ein kartesisches Koordinatensystem ein:

Tipp: Spurpunkte sind die Punkte, in denen die Ebene die Koordinatenachsen schneidet. Somit sind jeweils Koordinaten gleich Null.

a) $E:\ 3x_1 + 4x_2 + 3x_3 = 12$
b) $E:\ 4x_1 - 8x_2 + 4x_3 = 16$
c) $E:\ 3x_1 - 3x_2 - 3x_3 = 9$
d) $E:\ 2x_1 + 4x_2 = 8$
e) $E:\ x_1 + 2x_3 = 4$
f) $E:\ 3x_2 + x_3 = 3$
g) $E:\ x_2 = 3$
h) $E:\ x_1 - x_2 = 0$

5.3.5 Bestimmen von Geraden und Ebenen in einem Quader

In der Abbildung ist ein Quader dargestellt, M und N seien die Mittelpunkte der beiden Kanten $\overline{BE}$ bzw. $\overline{CF}$.

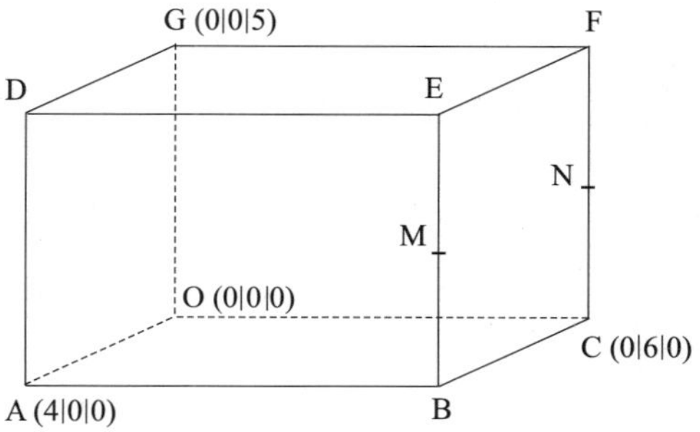

a) Bestimmen Sie die Koordinaten der übrigen Punkte.

b) Geben Sie eine Koordinatengleichung der Ebene durch B, E und F an.

c) Geben Sie je eine Geradengleichung der Geraden durch A und N sowie G und M an.

d) Bestimmen Sie die Koordinatengleichung der Ebene durch A, O, E und F.

5.4 Gegenseitige Lage von Geraden und Ebenen □

Tipps ab Seite 88, Lösungen ab Seite 162

Eine Gerade und eine Ebene können auf drei verschiedene Weisen zueinander liegen: Die Gerade kann die Ebene schneiden, sie kann echt parallel zu ihr liegen und sie kann in der Ebene liegen. Liegt die Ebene in der Koordinatenform vor, schreibt man die Gerade als «allgemeinen Punkt» um und setzt diesen in die Ebenengleichung ein.

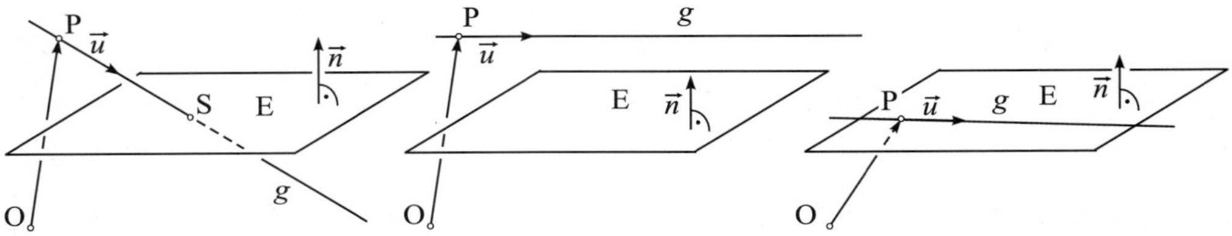

g schneidet E | g ist parallel zu E | g liegt in E

5.4.1 Gegenseitige Lage □

Bestimmen Sie die gegenseitige Lage der Gerade und der Ebene:

a) $g: \vec{x} = \begin{pmatrix} 4 \\ 6 \\ 2 \end{pmatrix} + t \cdot \begin{pmatrix} 1 \\ 2 \\ 3 \end{pmatrix}$ E: $2x_1 + 4x_2 + 6x_3 + 12 = 0$

b) $g: \vec{x} = \begin{pmatrix} 3 \\ 2 \\ 2 \end{pmatrix} + s \cdot \begin{pmatrix} 2 \\ 5 \\ 7 \end{pmatrix}$ E: $2x_1 + x_2 - 3x_3 = 4$

c) $g: \vec{x} = \begin{pmatrix} 4 \\ 1 \\ 3 \end{pmatrix} + t \cdot \begin{pmatrix} 2 \\ -1 \\ 1 \end{pmatrix}$ E: $x_1 - 3x_2 - 5x_3 = 17$

d) $g: \vec{x} = \begin{pmatrix} 3 \\ 4 \\ 7 \end{pmatrix} + t \cdot \begin{pmatrix} 1 \\ 0 \\ 1 \end{pmatrix}$ E: $-x_1 + 6x_2 - 5x_3 = -8$

e) $g: \vec{x} = \begin{pmatrix} 1 \\ -2 \\ 3 \end{pmatrix} + s \cdot \begin{pmatrix} 2 \\ 1 \\ 2 \end{pmatrix}$ E: $x_1 - x_3 = 0$

f) $g: \vec{x} = \begin{pmatrix} 1 \\ 2 \\ 3 \end{pmatrix} + t \cdot \begin{pmatrix} 1 \\ 3 \\ 4 \end{pmatrix}$ E: $13x_1 + 5x_2 - 7x_3 - 2 = 0$

5.4.2 Vermischte Aufgaben

a) Gegeben ist die Ebene $E: 2x_1 + x_2 - 2x_3 = 12$. Bestimmen Sie die Gleichung einer Geraden, welche parallel zu E ist und durch den Punkt $P(4 \mid 9 \mid 7)$ verläuft.

b) Die Ebene E hat die Gleichung $E: 4x_1 - 3x_2 + 5x_3 = 17$. Bestimmen Sie die Gleichung der Geraden, die orthogonal zu E ist und durch den Punkt $Q(4 \mid -1 \mid 3)$ verläuft.

c) Zeigen Sie, dass die Gerade $g: \vec{x} = \begin{pmatrix} 4 \\ 6 \\ 8 \end{pmatrix} + t \cdot \begin{pmatrix} 1 \\ 2 \\ 2 \end{pmatrix}$ und die Ebene $E: 4x_1 - 3x_2 + x_3 = 7$ keine gemeinsamen Punkte haben.

d) Zeigen Sie, dass die Ebene $E: 4x_1 - 2x_2 = 4$ die Gerade $g: \vec{x} = \begin{pmatrix} 4 \\ 6 \\ 8 \end{pmatrix} + t \cdot \begin{pmatrix} 1 \\ 2 \\ 3 \end{pmatrix}$ enthält.

5.5 Gegenseitige Lage von Ebenen

Tipps ab Seite 89, Lösungen ab Seite 164

Zwei Ebenen können auf drei verschiedene Arten zueinander liegen: Die beiden Ebenen können sich schneiden, sie können identisch sein oder parallel zueinander liegen. Wenn sich die beiden Ebenen schneiden, entsteht eine Schnittgerade s.

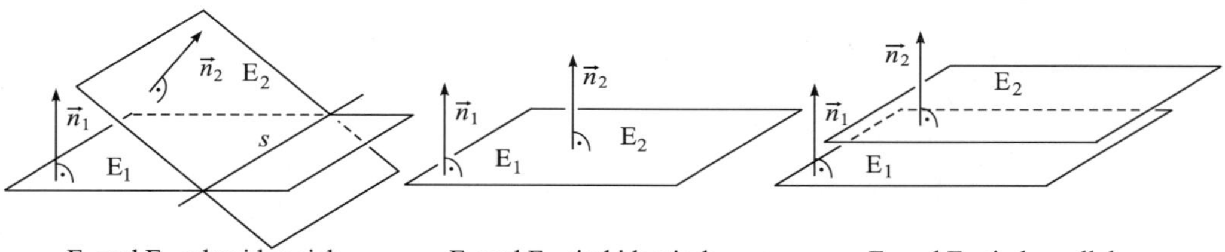

E_1 und E_2 schneiden sich — E_1 und E_2 sind identisch — E_1 und E_2 sind parallel

5.5.1 Schnittgerade von zwei Ebenen

Zeigen Sie, dass die angegebene Gerade s die Schnittgerade der beiden Ebenen ist:

a) $E_1: 2x_2 + 4x_3 = 8$ $\quad$ $E_2: 2x_1 + x_2 = -2$ $\quad$ $s: \vec{x} = \begin{pmatrix} -3 \\ 4 \\ 0 \end{pmatrix} + t \cdot \begin{pmatrix} 1 \\ -2 \\ 1 \end{pmatrix}$

b) $E_1: 4x_2 = 8$ $\quad$ $E_2: 2x_1 + 6x_3 = 0$ $\quad$ $s: \vec{x} = \begin{pmatrix} 0 \\ 2 \\ 0 \end{pmatrix} + t \cdot \begin{pmatrix} -3 \\ 0 \\ 1 \end{pmatrix}$

5.5.2 Parallele Ebenen ☐

Zeigen Sie, dass die beiden Ebenen echt parallel sind bzw. keine gemeinsamen Punkte haben:

a) E: $4x_1 + 3x_2 - 2x_3 = -7$
F: $8x_1 + 6x_2 - 4x_3 = -15$

b) E: $-x_1 + x_2 + 2x_3 = 0$
F: $2x_1 - 2x_2 - 4x_3 = 10$

c) E: $3x_1 + 6x_2 = 5$
F: $-x_1 - 2x_2 + 7 = 0$

5.5.3 Orthogonale Ebenen ☐

a) Zeigen Sie, dass die Ebene E: $3x_1 + 4x_2 - 2x_3 = 7$ orthogonal zur Ebene F: $2x_1 + x_2 + 5x_3 = 9$ ist.

b) Prüfen Sie, ob die Ebenen E: $2x_1 - 4x_2 - 2x_3 = 7$ und F: $3x_1 + 2x_2 + x_3 = 9$ orthogonal zueinander sind.

c) Prüfen Sie, ob die Ebene E: $2x_1 - x_2 - 4x_3 = 7$ orthogonal ist zur Ebene F: $-x_1 - 2x_2 = -7$.

5.5.4 Lineare Gleichungssysteme ☐

Prüfen Sie, ob folgende lineare Gleichungssysteme lösbar sind und geben Sie gegebenenfalls die eindeutige Lösung an.

a)
$$\begin{aligned} 4x_1 + x_2 - 2x_3 &= 9 \\ -2x_1 + 3x_2 + 3x_3 &= 4 \\ x_1 - 2x_2 - x_3 &= -4 \end{aligned}$$

b)
$$\begin{aligned} x_1 + 2x_2 - 2x_3 &= 7 \\ 2x_1 + x_3 &= 8 \\ -3x_1 + x_2 + 2x_3 &= -1 \end{aligned}$$

c)
$$\begin{aligned} x_1 + x_2 + 7x_3 &= 2 \\ 2x_1 - x_2 - 3x_3 &= -5 \\ - x_2 + 4x_3 &= -3 \end{aligned}$$

d)
$$\begin{aligned} x_1 + 2x_2 - x_3 &= 4 \\ -x_1 + 2x_2 - 3x_3 &= 6 \\ 2x_1 + 2x_3 &= -2 \end{aligned}$$

e)
$$\begin{aligned} 2x_1 + x_2 + x_3 &= 4 \\ 2x_2 - 6x_3 &= 4 \\ -3x_1 - 6x_3 &= -3 \end{aligned}$$

f)
$$\begin{aligned} x_1 + 2x_2 + x_3 &= 4 \\ -x_1 - 4x_2 + x_3 &= 7 \\ 2x_1 + 8x_2 - 2x_3 &= 18 \end{aligned}$$

6 Abstände, Winkel und Spiegelungen □

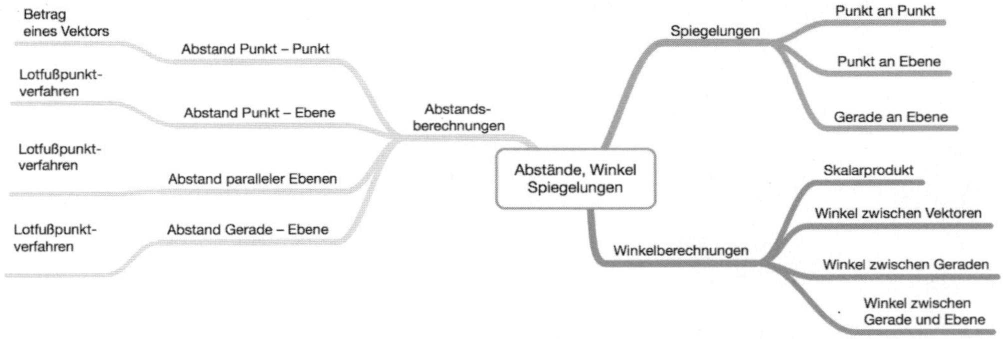

6.1 Abstandsberechnungen □

Tipps ab Seite 90, Lösungen ab Seite 169

Die verschiedenen Aufgaben der Abstandsberechnungen lassen sich oft auf die Berechnung des Abstands eines Punktes zu einem Punkt oder eines Punktes zu einer Ebene zurückführen.
Den Abstand eines Punktes zu einer Ebene berechnet man mit Hilfe des Lotfußpunktverfahrens oder der sog. Abstandsformel.

6.1.1 Abstand Punkt – Punkt

a) Berechnen Sie den Abstand der Punkte $A(3 \mid -2 \mid 4)$ und $B(2 \mid 0 \mid 2)$.

b) Bestimmen Sie diejenigen Werte von c, für die der Punkt $C(2 \mid 1 \mid c)$ vom Punkt $A(5 \mid 1 \mid 3)$ den Abstand 5 LE hat.

c) Bestimmen Sie diejenigen Punkte auf $g: \ \vec{x} = \begin{pmatrix} 1 \\ 0 \\ 2 \end{pmatrix} + t \cdot \begin{pmatrix} 2 \\ 1 \\ 2 \end{pmatrix}$, welche von $A(3 \mid 1 \mid 4)$ die Entfernung 3 LE haben.

6.1.2 Abstand Punkt – Ebene □

Berechnen Sie jeweils den Abstand des Punktes von der Ebene:

a) $P(2 \mid 4 \mid -1)$, $E: \ 2x_1 - x_2 + 2x_3 = 1$ b) $Q(7 \mid 4 \mid 3)$, $E: \ x_1 + 2x_2 + 2x_3 = 3$

c) $T(8 \mid 1 \mid 1)$, $E: \ x_1 - 4x_2 - 4x_3 = 0$

d) $R(6 \mid 9 \mid 4)$, $E: \ \vec{x} = \begin{pmatrix} 7 \\ 5 \\ 2 \end{pmatrix} + r \cdot \begin{pmatrix} 3 \\ -2 \\ -2 \end{pmatrix} + s \cdot \begin{pmatrix} 1 \\ 1 \\ -4 \end{pmatrix}$

6.1.3 Abstand Gerade – Ebene

a) Zeigen Sie, dass $g: \vec{x} = \begin{pmatrix} 1 \\ 2 \\ 3 \end{pmatrix} + t \cdot \begin{pmatrix} 2 \\ -1 \\ 3 \end{pmatrix}$ parallel zur Ebene E mit
E: $4x_1 - x_2 - 3x_3 = 19$ ist und berechnen Sie den Abstand von g zu E.

b) Zeigen Sie, dass $g: \vec{x} = \begin{pmatrix} 1 \\ 8 \\ 1 \end{pmatrix} + t \cdot \begin{pmatrix} -2 \\ 1 \\ -1 \end{pmatrix}$ parallel zur Ebene E mit
E: $2x_1 + x_2 - 3x_3 = 14$ ist und berechnen Sie den Abstand von g zu E.

6.1.4 Abstand paralleler Ebenen

a) Zeigen Sie, dass die Ebene $E_1: \; 2x_1 - 3x_2 + x_3 = 4$ parallel ist zu
$E_2: \; -2x_1 + 3x_2 - x_3 = -7$ und berechnen Sie den Abstand von E_1 zu E_2.

b) Zeigen Sie, dass die Ebene E: $-x_1 + x_2 + 2x_3 = 0$ parallel ist zur Ebene F, welche durch A$(5 \mid 2 \mid -1)$ geht und den Normalenvektor $\vec{n} = \begin{pmatrix} 2 \\ -2 \\ -4 \end{pmatrix}$ hat und berechnen Sie den Abstand von F zu E.

6.2 Winkelberechnungen

Tipps ab Seite 91, Lösungen ab Seite 174

Die verschiedenen Aufgaben der Winkelberechnungen lassen sich auf die Berechnung des Winkels φ zwischen zwei Vektoren $\vec{a}$ und $\vec{b}$ zurückführen, den man mithilfe der Formel
$\cos(\varphi) = \frac{\vec{a} \cdot \vec{b}}{|\vec{a}||\vec{b}|}$ bestimmen kann.
Will man den spitzen Winkel φ zwischen zwei Geraden oder zwei Ebenen berechnen, verwendet man die Formel $\cos(\varphi) = \frac{|\vec{u}_1 \cdot \vec{u}_2|}{|\vec{u}_1||\vec{u}_2|}$ bzw. $\cos(\varphi) = \frac{|\vec{n}_1 \cdot \vec{n}_2|}{|\vec{n}_1||\vec{n}_2|}$, wobei $\vec{u}_1$ und $\vec{u}_2$ die beiden Richtungsvektoren der Geraden bzw. $\vec{n}_1$ und $\vec{n}_2$ die beiden Normalenvektoren der Ebenen sind.
Will man den spitzen Winkel φ zwischen einer Geraden und einer Ebene berechnen, verwendet man die Formel $\sin(\varphi) = \frac{|\vec{u} \cdot \vec{n}|}{|\vec{u}||\vec{n}|}$, wobei $\vec{u}$ der Richtungsvektor der Geraden und $\vec{n}$ der Normalenvektor der Ebene ist.
Ohne Taschenrechner lässt sich der Winkel in der Regel nur dann bestimmen, wenn es sich um einen rechten Winkel handelt, ansonsten kann man nur einen Rechenausdruck angeben.

6.2.1 Winkel zwischen Vektoren und zwischen Geraden ☐

Tipp: Machen Sie eine Skizze. Überlegen Sie, welche Vektoren der Geraden den Winkel einschließen.

a) Berechnen Sie die Innenwinkel des Dreiecks ABC: $A(6\,|\,-1\,|\,1)$, $B(4\,|\,3\,|\,-3)$, $C(0\,|\,5\,|\,1)$.

b) Berechnen Sie den Winkel zwischen den beiden Geraden oder bestimmen Sie einen Rechenausdruck:

I) $g:\ \vec{x} = \begin{pmatrix} 2 \\ 1 \\ -1 \end{pmatrix} + s \cdot \begin{pmatrix} -1 \\ 3 \\ 5 \end{pmatrix}$ $\qquad h:\ \vec{x} = \begin{pmatrix} 2 \\ 1 \\ -1 \end{pmatrix} + t \cdot \begin{pmatrix} 7 \\ -1 \\ 2 \end{pmatrix}$

II) $g:\ \vec{x} = \begin{pmatrix} 4 \\ 0 \\ 1 \end{pmatrix} + s \cdot \begin{pmatrix} 2 \\ -6 \\ 10 \end{pmatrix}$ $\qquad h:\ \vec{x} = \begin{pmatrix} 4 \\ 0 \\ 1 \end{pmatrix} + t \cdot \begin{pmatrix} 2 \\ 3 \\ 5 \end{pmatrix}$

6.2.2 Winkel zwischen Ebenen ☐

Berechnen Sie den Winkel zwischen den Ebenen oder bestimmen Sie einen Rechenausdruck:

a) $E_1:\ x_1 - x_2 + 2x_3 = 7$
$E_2:\ 6x_1 + x_2 - x_3 + 7 = 0$

b) $E_1:\ 4x_2 = 5$
$E_2:\ 6x_1 + 5x_3 = 0$

6.2.3 Winkel zwischen Gerade und Ebene ☐

Berechnen Sie den Winkel für den Winkel zwischen der Gerade und der Ebene oder bestimmen Sie einen Rechenausdruck:

a) $g:\ \vec{x} = \begin{pmatrix} 3 \\ 7 \\ -4 \end{pmatrix} + t \cdot \begin{pmatrix} 1 \\ 2 \\ -1 \end{pmatrix}$ $\qquad E:\ 3x_1 + 5x_2 - 2x_3 - 7 = 0$

b) $g:\ x_2$-Achse $\qquad E:\ 6x_1 + 10x_2 - 4x_3 = 14$

c) $g:\ \vec{x} = \begin{pmatrix} 4 \\ 6 \\ 2 \end{pmatrix} + t \cdot \begin{pmatrix} 1 \\ 2 \\ 3 \end{pmatrix}$ $\qquad E:\ x_1$-x_2-Ebene

6.3 Spiegelungen

Tipps ab Seite 91, Lösungen ab Seite 176

Die Aufgaben der Spiegelungen lassen sich oft auf die Spiegelung eines Punktes an einem Punkt zurückführen. Hierzu stellt man eine geeignete Vektorkette mithilfe des Ursprungs auf.
Um einen Punkt an einer Ebene zu spiegeln, schneidet man zuerst die Lotgerade durch diesen Punkt mit der Ebene und spiegelt anschließend den Punkt am Schnittpunkt.

6.3.1 Punkt an Punkt

Spiegeln Sie den Punkt $P(3 \mid 4 \mid 5)$ jeweils an dem angegebenen Punkt:

a) $Q(2 \mid 1 \mid 2)$ b) $R(0 \mid 3 \mid -2)$ c) $S(-3 \mid 1 \mid 4)$

6.3.2 Punkt an Ebene

Spiegeln Sie jeweils den Punkt an der Ebene:

a) $A(1 \mid 4 \mid 7)$
$E:\ x_1 - x_2 - 2x_3 + 11 = 0$

b) $S(-1 \mid -4 \mid -9)$
$E:\ 2x_1 - 2x_2 + x_3 = 6$

c) $P(2 \mid 3 \mid 4)$
$E:\ 4x_1 + x_2 - x_3 = 3$

6.3.3 Gerade an Ebene

Spiegeln Sie jeweils die Gerade an der Ebene:

a) $E:\ x_1 - x_2 = 0,\qquad g:\ \vec{x} = \begin{pmatrix} 6 \\ 2 \\ 0 \end{pmatrix} + t \cdot \begin{pmatrix} 3 \\ 1 \\ 5 \end{pmatrix}$

b) $E: x_1 + 2x_2 + 2x_3 = 5,\qquad g:\ \vec{x} = \begin{pmatrix} 4 \\ 9 \\ 5 \end{pmatrix} + t \cdot \begin{pmatrix} 4 \\ -1 \\ -1 \end{pmatrix}$

6.4 Verständnis von Zusammenhängen

Tipps ab Seite 91, Lösungen ab Seite 179

Bei diesen Aufgaben geht es darum, Methoden und Verfahren zu beschreiben und das Verständnis von Zusammenhängen zu dokumentieren. Rechnungen werden in der Regel nicht verlangt, es genügen Skizzen sowie Ansätze für die Rechenwege.

a) Gegeben sind eine Ebene E und eine Gerade g, die in E liegt.
Beschreiben Sie ein Verfahren, mit dem man eine Gleichung einer Geraden h ermitteln kann, die orthogonal zu g ist und ebenfalls in E liegt.

b) Gegeben sind die Vektoren $\vec{u}$ und $\vec{v}$ mit $|\vec{u}| = 1$, $|\vec{v}| = 2$ und $\vec{u} \cdot \vec{v} = 0$.
Alle Punkte X mit den Ortsvektoren $\vec{x} = r \cdot \vec{u} + s \cdot \vec{v}$ mit $0 \leqslant r, s \leqslant 1$ bilden eine geometrische Figur.
Skizzieren Sie diese Figur und geben Sie den Flächeninhalt der Figur an.

c) Die Gerade g und die Ebene E schneiden sich im Punkt S.
Die Gerade g' ist das Bild von g bei der Spiegelung an der Ebene E.
Beschreiben Sie ein Verfahren, um eine Gleichung der Geraden g' zu ermitteln.

d) Gegeben sind der Mittelpunkt einer Kugel sowie eine Ebene.
Die Kugel berührt diese Ebene.
Beschreiben Sie, wie man den Kugelradius und den Berührpunkt bestimmen kann.

6.5 Flächen- und Volumenberechnungen ☐

Tipps ab Seite 92, Lösungen ab Seite 180

a) Berechnen Sie den Flächeninhalt des Parallelogramms ABCD, welches durch die Punkte $A(4 \mid 2 \mid -1)$, $B(6 \mid 3 \mid 1)$, $C(-1 \mid 0 \mid 3)$ und $D(-3 \mid -1 \mid 1)$ gegeben ist.

b) Berechnen Sie den Flächeninhalt des Dreiecks ABC mit $A(2 \mid 1 \mid -3)$, $B(0 \mid 4 \mid 1)$ und $C(-1 \mid 2 \mid 2)$.

c) Bestimmen Sie die Spurpunkte der Ebene $E\colon\ 2x_1 + 3x_2 + 4x_3 = 12$ und bestimmen Sie das Volumen der Pyramide, welche von den Spurpunkten und dem Ursprung gebildet wird.

d) Gegeben sind die Punkte $A(2 \mid 3 \mid 0)$, $B(1 \mid 2 \mid -2)$ und $C(3 \mid 1 \mid 2)$ sowie $S(1 \mid 3 \mid 5)$.
Berechnen Sie den Flächeninhalt der Grundfläche ABC und das Volumen der Pyramide ABCS.

Stochastik

7 Wahrscheinlichkeitsrechnung

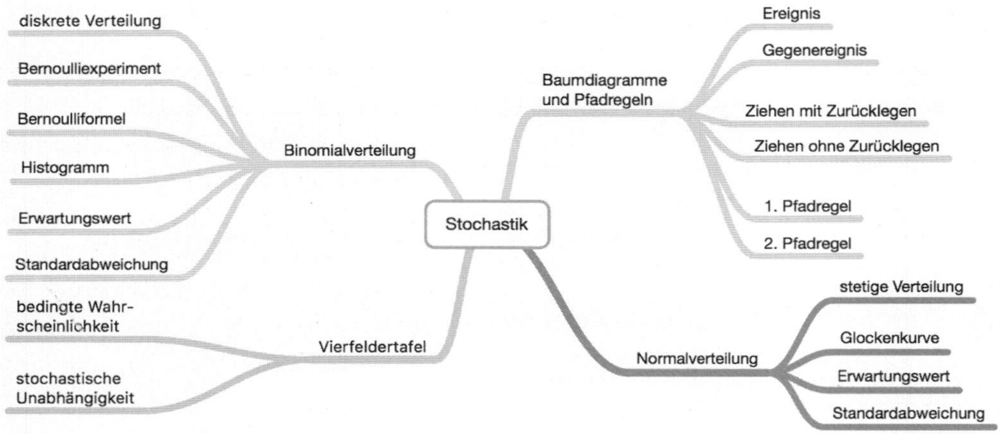

7.1 Baumdiagramme und Pfadregeln

Tipps ab Seite 93, Lösungen ab Seite 183

In diesem Kapitel geht es darum, mithilfe bereits bekannter Wahrscheinlichkeiten von einzelnen Ergebnissen die Wahrscheinlichkeiten weiterer, oft «komplizierterer» Ereignisse zu bestimmen. Ein wichtiges Hilfsmittel zur Veranschaulichung hierfür sind *Baumdiagramme*. Sie sind insbesondere bei mehrstufigen Zufallsexperimenten hilfreich. Eine Verzweigung entspricht dabei den möglichen Versuchausgängen der jeweiligen Stufe; längs der «Äste» werden die zugehörigen Wahrscheinlichkeiten notiert.

Bei mehrstufigen Zufallsexperimenten unterscheidet man *geordnete Stichproben* (d.h. Beachtung der Reihenfolge) von *ungeordneten Stichproben*; beide Stichprobenarten können *mit oder ohne Zurücklegen* durchgeführt werden. Bei der Erstellung des Baumdiagrammes muss man darauf achten, dass sich bei Stichproben ohne Zurücklegen die Wahrscheinlichkeiten bei jeder Stufe ändern.

Manchmal ist es auch geschickt oder hilfreich die Wahrscheinlichkeit eines Ereignisses A mit der Wahrscheinlichkeit des Gegenereignisses $\bar{A}$ zu berechnen; dies ist vor allem (aber nicht immer) bei den Signalwörtern «mindestens» oder «höchstens» der Fall. Es gilt dann für die entsprechenden Wahrscheinlichkeiten:

$$P(A) = 1 - P(\bar{A})$$

1. Beispiel: Ziehen mit Zurücklegen

Ein Gefäß enthält 4 blaue und 6 rote Kugeln. Es werden 2 Kugeln mit Zurücklegen gezogen.
Da 4 blaue und 6 rote, also insgesamt 10 Kugeln in der Urne sind, beträgt die Wahrscheinlichkeit bei jedem Ziehen für die Ergebnisse blau (b): $\frac{4}{10}$ und für rot (r): $\frac{6}{10}$.
Damit erhält man folgendes Baumdiagramm:

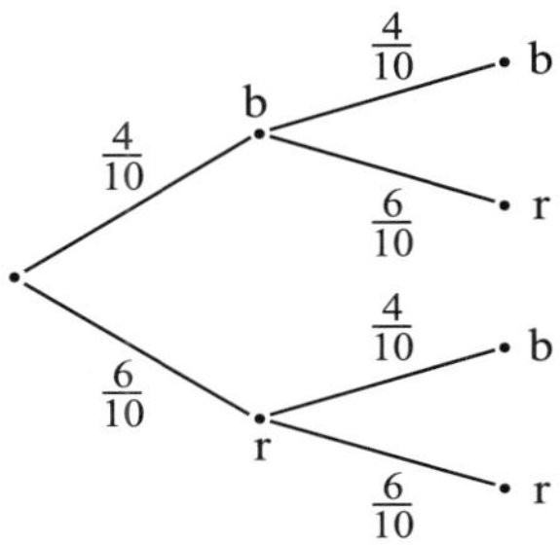

Wichtige Rechenregeln für Baumdiagramme sind die *1. Pfadregel* und die *2. Pfadregel*:
Die 1. Pfadregel (Produktregel) besagt, dass man die Wahrscheinlichkeit längs eines Pfades berechnet, indem man die Wahrscheinlichkeiten der zugehörigen Äste miteinander multipliziert.
Mit der 2. Pfadregel (Summenregel) kann man die Wahrscheinlichkeit eines Ereignisses berechnen, indem man die Wahrscheinlichkeiten aller zugehörigen Pfade addiert.

Will man beispielsweise die Wahrscheinlichkeit berechnen, dass beide Kugeln rot sind, so ergibt sich mithilfe der 1. Pfadregel:

$$P(\text{«beide Kugeln rot»}) = P(rr) = \frac{6}{10} \cdot \frac{6}{10} = \frac{36}{100} = 0{,}36$$

Will man die Wahrscheinlichkeit berechnen, dass beide Kugeln gleichfarbig sind, so ergibt sich mithilfe der 1. und 2. Pfadregel:

$$P(\text{«beide Kugeln gleichfarbig»}) = P(rr) + P(bb) = \frac{6}{10} \cdot \frac{6}{10} + \frac{4}{10} \cdot \frac{4}{10} = \frac{36}{100} + \frac{16}{100} = \frac{52}{100} = 0{,}52$$

2. Beispiel: Ziehen ohne Zurücklegen

Eine Urne enthält 2 rote und 9 schwarze Kugeln. Es werden 2 Kugeln gleichzeitig gezogen.
Das gleichzeitige Ziehen entspricht dem Ziehen ohne Zurücklegen. Man erhält folgendes Baumdiagramm:

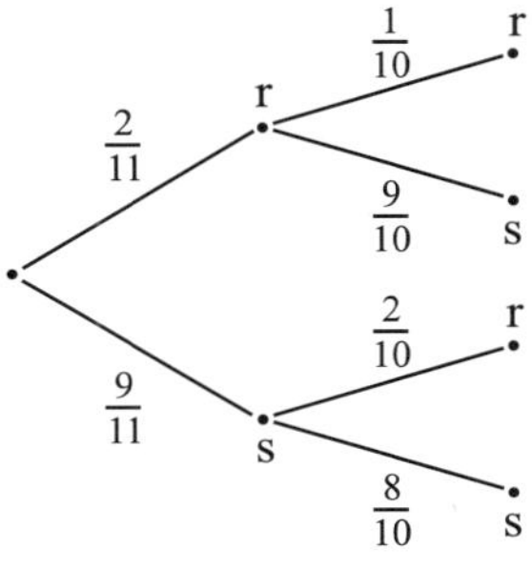

Da 2 rote und 9 schwarze, also insgesamt 11 Kugeln in der Urne sind, beträgt die Wahrscheinlichkeit beim 1. Ziehen für rot (r): $\frac{2}{11}$ und für schwarz (s): $\frac{9}{11}$.

Beim 2. Ziehen sind nur noch 10 Kugeln vorhanden und die Wahrscheinlichkeiten hängen davon ab, welche Farbe schon gezogen wurde.

Will man beispielsweise die Wahrscheinlichkeit berechnen, dass genau eine Kugel schwarz ist, ergibt sich mithilfe der 1. und 2. Pfadregel (Produkt- und Summenregel):

$$P(\text{«genau eine schwarze Kugel»}) = P(rs) + P(sr) = \frac{2}{11} \cdot \frac{9}{10} + \frac{9}{11} \cdot \frac{2}{10} = \frac{9}{55} + \frac{9}{55} = \frac{18}{55}$$

Will man die Wahrscheinlichkeit berechnen, dass mindestens eine der beiden Kugeln schwarz ist, erhält man mithilfe des Gegenereignisses:

$$\begin{aligned} P(\text{«mindestens eine schwarze Kugel»}) &= 1 - P(\text{«keine schwarze Kugel»}) \\ &= 1 - P(rr) \\ &= 1 - \frac{2}{11} \cdot \frac{1}{10} \\ &= 1 - \frac{1}{55} \\ &= \frac{54}{55} \end{aligned}$$

7.1.1 Ziehen mit Zurücklegen ☐

a) Eine Urne enthält 4 rote, 3 weiße und 2 gelbe Kugeln. Es werden 2 Kugeln mit Zurücklegen gezogen.
Berechnen Sie die Wahrscheinlichkeit folgender Ereignisse:
A: Es werden eine weiße und eine gelbe Kugel gezogen.
B: Es wird keine weiße Kugel gezogen.

b) Ein Gefäß enthält 8 rote, 4 blaue und 2 weiße Kugeln. Es werden 2 Kugeln mit Zurücklegen gezogen.
Berechnen Sie die Wahrscheinlichkeit folgender Ereignisse:
A: Es wird keine rote Kugel gezogen.
B: Es wird höchstens eine rote Kugel gezogen.

c) In einem Behälter befinden sich 3 rote und 5 gelbe Kugeln. Es werden 2 Kugeln mit Zurücklegen gezogen.

   I) Berechnen Sie die Wahrscheinlichkeit, dass mindestens eine der beiden Kugeln gelb ist.

   II) Zeichnen Sie ein Baumdiagramm, wenn im Behälter 3 rote und eine unbekannte Anzahl gelber Kugeln vorhanden sind und zwei Kugeln mit Zurücklegen gezogen werden.

d) In einer Urne befinden sich rote und schwarze Kugeln. Es ergibt sich das nebenstehende Baumdiagramm.

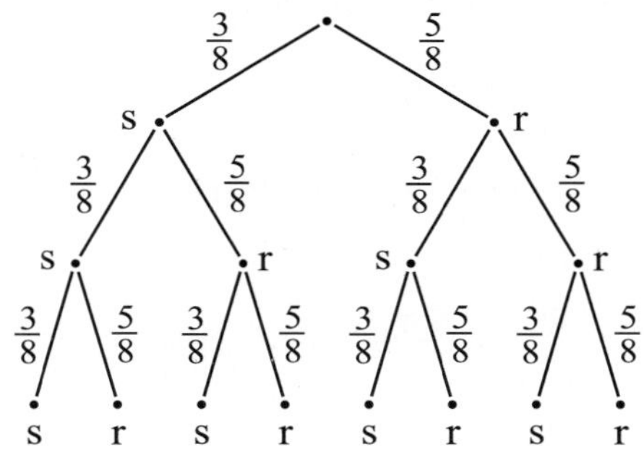

I) Beschreiben Sie eine Situation, die zu diesem Baumdiagramm passt.

II) Berechnen Sie die Wahrscheinlichkeit, dass mindestens eine Kugel rot ist.

7.1.2 Ziehen ohne Zurücklegen

☐

a) In einer Urne befinden sich 2 grüne, 3 rote und 5 blaue Kugeln. Es werden 2 Kugeln ohne Zurücklegen gezogen.
Berechnen Sie die Wahrscheinlichkeit folgender Ereignisse:
A: Es werden eine grüne und eine rote Kugel gezogen.
B: Es wird keine blaue Kugel gezogen.

b) In einer Urne befinden sich rote und schwarze Kugeln. Es ergibt sich folgendes Baumdiagramm:

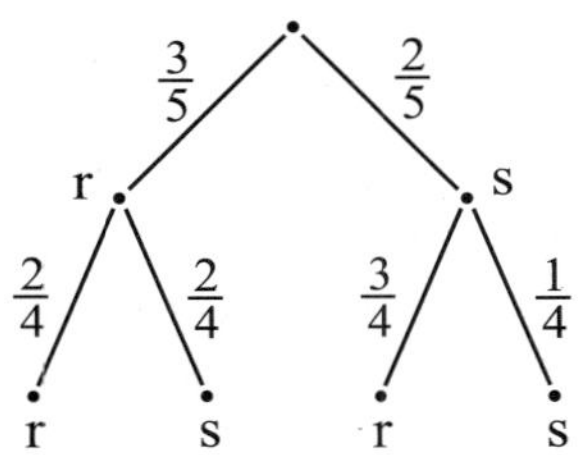

I) Beschreiben Sie eine Situation, die zu diesem Baumdiagramm passt.

II) Berechnen Sie die Wahrscheinlichkeit, dass beide Kugeln gleichfarbig sind.

c) In einer Urne sind 7 weiße, 5 schwarze und 3 rote Kugeln. Es werden 3 Kugeln gleichzeitig gezogen.
Berechnen Sie die Wahrscheinlichkeit folgender Ereignisse:
A: Es werden eine weiße und zwei schwarze Kugeln gezogen.
B: Es wird mindestens eine weiße Kugel gezogen.

d) In einer Lostrommel sind 3 Gewinne und 7 Nieten. Eine Person kauft 3 Lose.

I) Berechnen Sie die Wahrscheinlichkeit, dass genau 2 Gewinne gezogen werden.

II) Berechnen Sie die Wahrscheinlichkeit, dass ein Gewinn erst beim dritten Zug gezogen wird.

7.2 Vierfeldertafel

Tipps ab Seite 94, Lösungen ab Seite 189

7.2.1 Unabhängigkeit von Ereignissen ☐

Zwei Ereignisse A und B heißen *(stochastisch) unabhängig* genau dann, wenn der *spezielle Multiplikationssatz* gilt:

$$P(A \cap B) = P(A) \cdot P(B)$$

$A \cap B$ bedeutet: A und B treten ein

Ein wichtiges Hilfsmittel zur Darstellung und Prüfung der Unabhängigkeit zweier Ereignisse sind *Vierfeldertafeln*.

1. Beispiel:

In einer Eisdiele wurde über längere Zeit das Kaufverhalten der Kunden beobachtet. Bei Kunden, die genau zwei Kugeln Eis bestellten, konnte folgende Regelmäßigkeit festgestellt werden: Die Wahrscheinlichkeit, dass die 1. der genannten Sorten Vanille ist, liegt bei $p = 0,4$. Für die Wahrscheinlichkeit, dass die 2. genannte Sorte Schokolade ist, gilt $p = 0,3$.

Mit A bezeichnet man das Ereignis «Die 1. bestellte Sorte ist Vanille», mit $\overline{A}$ entsprechend «Die 1. bestellte Sorte ist nicht Vanille». Mit B bezeichnet man das Ereignis « Die 2. Sorte ist Schokolade»:

Zuerst werden die Werte in den Randspalten bzw. Zeilen eingetragen, also $P(A) = 0,4$ und $P(B) = 0,3$ sowie die Differenz zu 1. Da die Ereignisse A und B unabhängig sind, ergeben sich die Werte in der Mitte durch Multiplikation der Randwerte, z.B.
$P\left(A \cap \overline{B}\right) = P(A) \cdot P\left(\overline{B}\right) = 0,4 \cdot 0,7 = 0,28.$

	A	$\overline{A}$	
B	0,12	0,18	0,3
$\overline{B}$	0,28	0,42	0,7
	0,4	0,6	1

2. Beispiel:

Die Wahrscheinlichkeit, an einer bestimmten Infektion zu erkranken, beträgt 60 %. Die Wahrscheinlichkeit, einen Mann oder eine Frau anzutreffen, beträgt jeweils 50 %. Bezeichnet man mit M: Mann und mit K: Krank, so ist für die Wahrscheinlichkeit der Infizierung von Männern und Frauen folgende Vierfeldertafel gegeben:

	M	$\overline{M}$	
K	0,25	0,35	0,6
$\overline{K}$	0,25	0,15	0,4
	0,5	0,5	1

Anhand der Vierfeldertafel kann man beispielsweise ablesen, wie groß die Wahrscheinlichkeit ist, dass man eine gesunde Frau trifft:

$$P\left(\overline{K} \cap \overline{M}\right) = 0,15 = 15\%$$

Um zu prüfen, ob die beiden Ereignisse K und M unabhängig voneinander sind, verwendet man den Multiplikationssatz:

Es ist $P(K \cap M) = 0,25$ und $P(K) \cdot P(M) = 0,6 \cdot 0,5 = 0,3$.
Wegen $P(K \cap M) \neq P(K) \cdot P(M)$ sind die Ereignisse K und M nicht unabhängig voneinander.

Aufgaben:

a) Vervollständigen Sie die folgenden Vierfeldertafeln unter der Bedingung, dass A und B unabhängige Ereignisse sind.

I)

	A	$\overline{A}$	
B			0,4
$\overline{B}$			
	0,8		

II)

	A	$\overline{A}$	
B	$\frac{3}{5}$		
$\overline{B}$			
		$\frac{1}{10}$	

III)

	A	$\overline{A}$	
B	$\frac{1}{20}$		
$\overline{B}$			
	$\frac{1}{5}$		

b) Ein Fragebogen enthält die Zeilen

männlich ☐ weiblich ☐

Raucher ☐ Nichtraucher ☐

Von 200 befragten Personen waren 90 männlich (m), 80 waren Raucher (R). Es gab 36 männliche Raucher. Ist auf Grund der Umfrage zu schließen, dass Geschlecht und Rauchverhalten der befragten Personen unabhängig voneinander sind?

c) Ergänzen Sie die folgenden Vierfeldertafeln und prüfen Sie, ob A und B unabhängig voneinander sind:

I)

	A	$\overline{A}$	
B	0,3		
$\overline{B}$		0,1	
	0,8		

II)

	A	$\overline{A}$	
B			
$\overline{B}$	$\frac{1}{4}$		$\frac{3}{8}$
		$\frac{5}{8}$	

d) In einer Schule begeistern sich 70 % der Schüler für Fußball, 60 % für Schwimmen, 10 % mögen keine der beiden Sportarten.
Stellen Sie eine Vierfeldertafel auf und bestimmen Sie daraus den Anteil der Schüler, die sich für beide Sportarten begeistern.

7.2.2 Bedingte Wahrscheinlichkeit

□

Die *bedingte Wahrscheinlichkeit* $P_B(A)$ ist die Wahrscheinlichkeit dafür, dass das Ereignis A eintritt, unter der Bedingung, dass B bereits eingetreten ist. Dafür gilt:

$$P_B(A) = \frac{P(A \cap B)}{P(B)}$$

Beispiel:

Die Wahrscheinlichkeit, an einer gewissen Infektion zu erkranken, ist für Männer und Frauen unterschiedlich (die Merkmale «Geschlecht» und «Infektion positiv/negativ» sind also *nicht* unabhängig). Die Wahrscheinlichkeit, eine infizierte Person anzutreffen, liegt bei 2 %. Trifft man auf eine infizierte Person, so beträgt die Wahrscheinlichkeit, dass es sich dabei um einen Mann handelt, etwa 53 %. Bezeichne A die Merkmalsausprägung «Mann», und bezeichne «B» die Merkmalsausprägung «Infektion positiv». Es ist damit $P(B) = 0{,}02$ und $P_B(A) = 0{,}53$.
Die Wahrscheinlichkeit, eine infizierte männliche Person zu treffen, erhält man mit der bedingten Wahrscheinlichkeit:

$$P_B(A) = \frac{P(A \cap B)}{P(B)} \quad \Rightarrow \quad P(A \cap B) = P(B) \cdot P_B(A) = 0{,}02 \cdot 0{,}53 = 0{,}0106 = 1{,}06\,\%$$

Aufgaben:

a) Eine Frauenzeitschrift machte eine Umfrage unter 100 Frauen. 60 Frauen waren über 40 Jahre alt. Insgesamt gaben 40 Frauen an, die Zeitschrift zu lesen. Unter den Leserinnen waren 25 Frauen über 40 Jahre alt.

   I) Wie groß war der Anteil der Leserinnen unter den über 40-jährigen?

   II) Wie groß war der Anteil der Nicht-Leserinnen unter den jüngeren Befragten (bis 40 Jahre)?

b) In einer Stadt sind 20 % der Bevölkerung an Aids erkrankt. Von einem Aids-Test weiß man, dass er nicht ganz sicher ist. Es können zwei Fehler auftreten:

   1. Bei 95 % der Erkrankten fällt der Test positiv aus, beim Rest wird die Krankheit nicht erkannt.
   2. Bei 90 % der Gesunden fällt der Test negativ aus, beim Rest wird fälschlicherweise ein Aidsverdacht ausgesprochen.

   I) Wie groß ist die Wahrscheinlichkeit, dass eine Person, bei der der Test positiv ausfällt, wirklich an Aids erkrankt ist?

   II) Wie groß ist die Wahrscheinlichkeit, dass eine Person, bei der der Test negativ ausfällt, wirklich gesund ist?

c) In einem Stadtteil sind 30 % der Einwohner über 70 Jahre alt, davon sind 40 % Männer. Unter den jüngeren Einwohnern (bis 70 Jahre) beträgt der Anteil der Männer 50 %.

   I) Welcher Anteil der Männer ist höchstens 70 Jahre alt?

   II) Welcher Anteil der Frauen ist über 70 Jahre alt?

7.3 Binomialverteilung □

Tipps ab Seite 96, Lösungen ab Seite 192

Ein Zufallsexperiment, das genau zwei mögliche Ausgänge hat (z.B. Münzwurf mit Ausgängen «Kopf» und «Zahl», Wurf eines Würfels mit Ausgängen «Zahl gerade» und «Zahl ungerade» oder «1» und «Zahl größer als 1», Ziehen einer Kugel mit den Ausgängen «rot» und «nicht rot») heißt *Bernoulliexperiment*. *Bernoulliketten* sind Versuchsreihen, bei denen das gleiche Bernoulliexperiment mehrmals durchgeführt wird. Bernoulliketten sind charakterisiert durch ihre *Länge* n («Anzahl der Versuche/ Beobachtungen») und durch die sog. *Trefferwahrscheinlichkeit* p.

Eine *Wahrscheinlichkeitsverteilung* gibt an, mit welchen Wahrscheinlichkeiten eine Zufallsgröße X die möglichen Werte annimmt. Immer dann, wenn das einer Zufallsgröße zugrunde liegende Zufallsexperiment eine *Bernoullikette* ist, liegt eine Binomialverteilung vor.

Ist X Zufallsgröße für die «Anzahl der Treffer» in insgesamt n Bernoulliversuchen, so wird die Wahrscheinlichkeit P eines Ereignisses mit genau k Treffern ($0 \leqslant k \leqslant n$) mit der Trefferwahrscheinlichkeit p und der Kettenlänge n (Anzahl der Durchführungen des Experiments) mit folgender Formel berechnet:

$$P(X=k)=\binom{n}{k}\cdot p^k\cdot(1-p)^{n-k}$$

Beispiel 1:
Eine verbeulte Münze mit P(«Zahl») $=\frac{1}{3}$ wird fünfmal geworfen. Um die Wahrscheinlichkeit, dass genau zweimal «Zahl» erscheint, zu berechnen, bestimmt man die Kettenlänge $n=5$ und die Trefferwahrscheinlichkeit $p=\frac{1}{3}$. Damit gilt:

$$P(X=2)=\binom{5}{2}\cdot\left(\frac{1}{3}\right)^2\cdot\left(\frac{2}{3}\right)^3$$

Beispiel 2:
Eine verbeulte Münze mit P(«Zahl») $=\frac{1}{3}$ wird viermal geworfen. Um die Wahrscheinlichkeit, dass mindestens einmal «Zahl» erscheint, zu berechnen, bestimmt man die Kettenlänge $n=4$ und die Trefferwahrscheinlichkeit $p=\frac{1}{3}$. Damit erhält man mithilfe des Gegenereignisses:

$$P(\text{«mindestens einmal Zahl»})=1-P(\text{«keine Zahl»})$$
$$P(X\geqslant 1)=1-P(X=0)$$
$$=1-\binom{4}{0}\cdot\left(\frac{1}{3}\right)^0\cdot\left(\frac{2}{3}\right)^4$$

Oft ist auch von Interesse, mit welcher Wahrscheinlichkeit eine Zufallsgröße einen Wert kleiner oder größer als ein vorgegebenes k erzielt. Dafür müssen die einzelnen Wahrscheinlichkeiten addiert werden:

$$P(X\leqslant k)=P(X=0)+P(X=1)+P(X=2)+\ldots+P(X=k)$$

bzw.

$$P(X>k)=1-P(X\leqslant k)=1-\left[P(X=0)+P(X=1)+P(X=2)+\ldots+P(X=k)\right]$$

Beispiel 3:

Eine verbeulte Münze mit $P(\text{«Zahl»}) = \frac{2}{3}$ wird viermal geworfen. Um die Wahrscheinlichkeit, dass höchstens zweimal «Zahl» erscheint, zu berechnen, bestimmt man die Kettenlänge $n = 4$ und die Trefferwahrscheinlichkeit $p = \frac{2}{3}$. Damit gilt:

$$P(\text{«höchst. zweimal Zahl»}) = P(\text{«keine Zahl»}) + P(\text{«einmal Zahl»}) + P(\text{«zweimal Zahl»})$$

$$P(X \leqslant 2) = P(X = 0) + P(X = 1) + P(X = 2)$$

$$= \underbrace{\binom{4}{0} \cdot \left(\frac{2}{3}\right)^0 \cdot \left(\frac{1}{3}\right)^4}_{\text{keine Zahl}} + \underbrace{\binom{4}{1} \cdot \left(\frac{2}{3}\right)^1 \cdot \left(\frac{1}{3}\right)^3}_{\text{einmal Zahl}} + \underbrace{\binom{4}{2} \cdot \left(\frac{2}{3}\right)^2 \cdot \left(\frac{1}{3}\right)^2}_{\text{zweimal Zahl}}$$

Aufgaben ohne WTR

a) Ein Basketballer hat eine Trefferwahrscheinlichkeit von 90%. Er wirft 10 Mal.

   I) Bestimmen Sie einen Rechenausdruck für die Wahrscheinlichkeit, dass er genau 9 Mal trifft.

   II) Bestimmen Sie einen Rechenausdruck für die Wahrscheinlichkeit, dass er höchstens einen Fehlwurf hat.

b) Von einer großen Ladung Apfelsinen sind 20% verdorben. Es wird eine Stichprobe von 5 Stück entnommen.

   I) Berechnen Sie die Wahrscheinlichkeit, dass in der Stichprobe genau eine Apfelsine verdorben ist.

   II) Geben Sie ein Ereignis A und ein Ereignis B an, so dass gilt:

$$P(A) = \binom{5}{3} \cdot 0{,}2^3 \cdot 0{,}8^2$$

   und

$$P(B) = 1 - 0{,}2^5$$

c) Die Zufallsgröße X ist binomialverteilt mit $n = 20$ und $p = 0{,}2$.

   I) Bestimmen Sie einen Rechenausdruck für $P(X = 2)$.

   II) Bestimmen Sie einen Rechenausdruck für $P(X < 2)$ sowie für $P(X \neq 1)$.

d) Eine Blumenzwiebel keimt mit einer Wahrscheinlichkeit von 90%. Es werden 20 Zwiebeln gekauft.

   I) Berechnen Sie die Wahrscheinlichkeit, dass alle 20 Zwiebeln keimen.

II) Geben Sie ein Ereignis A und ein Ereignis B an, so dass gilt:

$$P(A) = \binom{20}{18} \cdot 0,9^{18} \cdot 0,1^2 + \binom{20}{19} \cdot 0,9^{19} \cdot 0,1^1 + 0,9^{20}$$

und

$$P(B) = 1 - 0,1^{20}$$

e) Die Zufallsgröße X ist binomialverteilt mit $n = 10$ und $p = 0,4$.

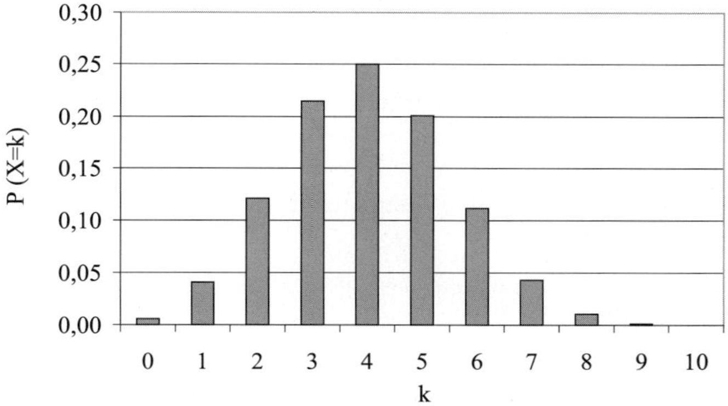

I) Bestimmen Sie einen Rechenausdruck für $P(X = 1)$.

II) Bestimmen Sie mithilfe der Abbildung näherungsweise $P(3 < X < 6)$ und $P(X > 6)$.

f) Eine Zufallsgröße X ist binomialverteilt mit der Trefferwahrscheinlichkeit p und dem Stichprobenumfang $n = 2$.

I) Bestimmen Sie für $p = 0,4$ einen Rechenausdruck für die Wahrscheinlichk. $P(X \leqslant 1)$.

II) Zeigen Sie, dass für jeden Wert von p gilt:

$$P(X \neq 0) + P(X \neq 1) + P(X \neq 2) = 2$$

Aufgaben mit WTR

g) Ein idealer Würfel wird 50-mal geworfen.
Bestimmen Sie die Wahrscheinlichkeit für folgende Ereignisse:
A: Man wirft mindestens 10 «Sechsen»
B: Man wirft mehr als 3 und weniger als 14 «Sechsen»

h) Ein Fernsehsender strahlt mehrmals am Tag Nachrichtensendungen aus. Der Anteil derjenigen Personen in der Bevölkerung, die diese Sendungen kennen, beträgt 25%.
Ein Reporter des Senders befragt Personen auf der Straße, ob ihnen die Sendungen bekannt sind oder nicht. Bestimmen Sie die Wahrscheinlichkeit dafür, dass von 20 befragten Personen

A: genau 14 die Sendungen nicht kennen,
B: höchstens 10 Personen die Sendungen bekannt sind.

i) Äpfel können durch zu langes Lagern matschig werden. Diese Eigenschaft ist äußerlich nicht zu erkennen.
Eine Apfelsorte enthält nach der Lagerzeit von einem Monat etwa 20% matschige Früchte. Bestimmen Sie für Äpfel dieser Sorte mit einer entsprechenden Lagerzeit die Wahrscheinlichkeit folgender Ereignisse:
A: Unter 7 Äpfeln befinden sich genau 2 matschige,
B: Unter 20 Äpfeln befinden sich mindestens 2 matschige,
C: Unter 100 Äpfeln befinden sich mindestens 15, aber höchstens 25 matschige.

j) Für eine Busfahrt wird ein doppelstöckiger Reisebus mit 90 Sitzplätzen verwendet. Erfahrungsgemäß treten 6% der erwarteten Passagiere, die schon ein Ticket gebucht haben, eine Busfahrt nicht an.
Bestimmen Sie die Wahrscheinlichkeit, dass mehr als 85 Sitzplätze belegt sind, wenn 90 Tickets verkauft wurden.

k) Ein Autohersteller bezieht von einem Lieferanten ein bestimmtes Bauteil. Erfahrungsgemäß sind 10% der gelieferten Bauteile defekt.
Berechnen Sie die Wahrscheinlichkeit, dass von 300 Bauteilen mindestens 270 einwandfrei sind.

7.4 Erwartungswert und Standardabweichung

Tipps ab Seite 97, Lösungen ab Seite 197

In diesem Kapitel geht es um den Erwartungswert und die Standardabweichung von *Zufallsgrößen*. Bei Zufallsgrößen handelt es sich um Funktionen. Eine Zufallsgröße ordnet den konkreten Beobachtungen eines Zufallsexperiments Werte zu.

Beispiel:
Bei der Ziehung von 4 Kugeln aus einer Urne mit 15 grünen und 5 gelben Kugeln kann man X definieren als Zufallsgröße für die Anzahl der gezogenen gelben Kugeln. Für den Versuchsausgang $\omega = \{\text{grün; gelb; gelb; gelb}\}$ gilt dann $X(\omega) = 3$, weil gelb drei Mal gezogen wurde. Eine weitere Zufallsgröße Y kann beispielsweise definiert werden für die Anzahl der gezogenen grünen Kugeln. Es ist dann $Y(\omega) = 1$.
Der *Erwartungswert* μ bzw. $E(X)$ einer Zufallsgröße X wird häufig für die Gewinnerwartung eines Spiels oder für die Beurteilung der «Fairness» eines Spiels herangezogen. Anschaulich ergibt sich der Erwartungswert einer Zufallsgröße X bei genügend häufiger Wiederholung eines Zufallsexperiments als Mittelwert der Realisierungen von X.

Kann eine Zufallsgröße X bei jeder Durchführung des Zufallsexperiments k verschiedene Werte x_1; x_2; ...; x_n annehmen und sind die zugehörigen Wahrscheinlichkeiten

$$P(X = x_1);\ P(X = x_2);\ ...;\ P(X = x_n)$$

so ergibt sich als Erwartungswert μ von X:

$$\mu = E[X] = x_1 \cdot P(X = x_1) + x_2 \cdot P(X = x_2) + ... + x_n \cdot P(X = x_n)$$

Ist die Zufallsgröße X binomialverteilt mit Kettenlänge n und Trefferwahrscheinlichkeit p, so gilt:

$$\mu = E(X) = n \cdot p$$

Die *Varianz* und *Standardabweichung* einer Zufallsgröße sind Maße für die Streuung der Zufallsgröße, das heißt, Maße für die mittlere quadratische Abweichung der Zufallsgröße von ihrem Erwartungswert. Ist μ der Erwartungswert der Zufallsgröße X, so gilt für die zugehörige Varianz:

$$V(X) = \sum_{i=1}^{n} \left[(x_i - \mu)^2 \cdot P(x_i) \right]$$

Die Quadratwurzel der Varianz wird als Standardabweichung σ bezeichnet. Es ist:

$$\sigma = \sqrt{V(X)}$$

Ist die Zufallsgröße X binomialverteilt mit Kettenlänge n und Trefferwahrscheinlichkeit p, so gilt:

$$V(X) = n \cdot p \cdot (1 - p)$$
$$\sigma = \sqrt{n \cdot p \cdot (1 - p)}$$

1. Beispiel:

Bei einem Spiel mit einem fairen Würfel erhält der Spieler die von ihm erwürfelte Augenzahl in Euro ausgezahlt. Die Zufallsgröße X, die die Höhe des Gewinns beschreibt, kann also die Werte 1; 2; ...; 6 annehmen. Da die Wahrscheinlichkeit bei jedem Wurf $p = \frac{1}{6}$ ist, beträgt der zu erwartende Gewinn:

$$E[X] = 1 \cdot \frac{1}{6} + 2 \cdot \frac{1}{6} + 3 \cdot \frac{1}{6} + 4 \cdot \frac{1}{6} + 5 \cdot \frac{1}{6} + 6 \cdot \frac{1}{6} = \frac{1}{6} + \frac{2}{6} + \frac{3}{6} + \frac{4}{6} + \frac{5}{6} + \frac{6}{6} = \frac{21}{6} = \frac{7}{2}$$

Ein Spieler hat also mit einem durchschnittlichen Gewinn von 3,50 Euro zu rechnen. Soll das Spiel fair sein, so müsste der Einsatz des Spielers ebenfalls 3,50 Euro betragen. Zahlt er einen höheren Einsatz, so begünstigt das Spiel die Bank; zahlt er einen geringeren Einsatz, so wird der Spieler begünstigt.

2. Beispiel:

Bei einem Glücksspiel zieht ein Spieler eine von insgesamt 30 Kugeln (mit Zurücklegen) aus einer Urne. 18 dieser Kugeln sind mit dem Wert 1, die übrigen 12 sind mit dem Wert -2 beschriftet. Im ersten Fall bekommt der Spieler einen Euro von der Bank, im zweiten Fall muss er zwei Euro an die Bank zahlen. Die Zufallsgröße X für den «Gewinn» des Spielers kann die Werte 1 und -2 annehmen. Es ist $P(X=1)=\frac{18}{30}=\frac{3}{5}$ und $P(X=-2)=\frac{12}{30}=\frac{2}{5}$.
Der Erwartungswert von X ist:

$$\mu = E[X] = 1\cdot\frac{3}{5} - 2\cdot\frac{2}{5} = \frac{3}{5} - \frac{4}{5} = -\frac{1}{5}$$

Das Spiel ist also nicht fair; die Bank wird bevorzugt, da der Spieler durchschnittlich 0,20 Euro pro Spiel verliert.
Für die zugehörige Varianz ergibt sich:

$$\begin{aligned}V(X) &= \sum_{i=1}^{2}\left[\left(x_i-\left(-\frac{1}{5}\right)\right)^2\cdot P(x_i)\right] = \sum_{i=1}^{2}\left[\left(x_i+\frac{1}{5}\right)^2\cdot P(x_i)\right]\\ &= \left(1+\frac{1}{5}\right)^2\cdot\frac{3}{5} + \left(-2+\frac{1}{5}\right)^2\cdot\frac{2}{5}\\ &= \frac{36}{25}\cdot\frac{3}{5} + \frac{81}{25}\cdot\frac{2}{5} = \frac{270}{125} = \frac{54}{25}\end{aligned}$$

Die Varianz von X beträgt demnach $V(X)=\frac{54}{25}$.
Als Standardabweichung von X erhält man damit direkt:

$$\sigma = \sqrt{V(X)} = \sqrt{\frac{54}{25}} \approx 1,47$$

Aufgaben □

a) Bei einem Glücksspiel sind in einer Urne 10 Kugeln: 1 weiße, 1 rote und 8 schwarze. Es wird eine Kugel gezogen. Bei «weiß» erhält man 4 Euro, bei «rot» 8 Euro und bei «schwarz» nichts.
Bestimmen Sie den Erwartungswert sowie die Standardabweichung für den Gewinn.

b) Die Zufallsgröße X sei binomialverteilt.
   I) Bestimmen Sie den Erwartungswert und die Standardabweichung von X für $n=80$ und $p=0,3$.
   II) Berechnen Sie die Trefferwahrscheinlichkeit p für $n=50$ und Erwartungswert $E(X)=20$ sowie die zugehörige Standardabweichung.
   III) Bestimmen Sie die Kettenlänge n für $p=0,6$ und Erwartungswert $E(X)=12$ sowie die zugehörige Standardabweichung.

c) Bei einem Glücksspiel wird das abgebildete Glücksrad verwendet.
Die Mittelpunktswinkel betragen 180°, 120° und 60°.
Als Einsatz bezahlt man zwei Euro. Das Glücksrad wird einmal gedreht.
Man erhält den Betrag ausbezahlt, in dessen Sektor der Zeiger zu stehen kommt.
Berechnen Sie den Erwartungswert für den Gewinn.

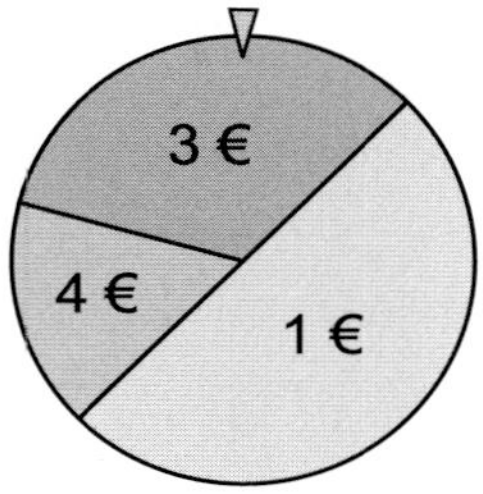

d) Ein Händler behauptet, dass höchstens 4 % der von ihm gelieferten Glühbirnen defekt sind. Berechnen Sie, wie viele defekte Glühbirnen man bei einer Entnahme von 150 Glühbirnen durchschnittlich erwarten kann. Bestimmen Sie die zugehörige Standardabweichung.

e) In einer Urne sind 10 Kugeln: 4 weiße, 4 rote und 2 schwarze. Es wird eine Kugel gezogen. Der Einsatz beträgt 1 Euro. Man erhält bei «weiß» 1 Euro, bei «rot» 2 Euro und bei «schwarz» nichts.
Bestimmen Sie den Erwartungswert für den Gewinn. Beurteilen Sie, ob das Spiel fair ist.

f) Von einer großen Ladung Tomaten sind 20 % verdorben. Berechnen Sie, wie viele verdorbene Tomaten man bei einer Entnahme von 30 kg erwarten kann. Bestimmen Sie die zugehörige Standardabweichung.

g) Ein Glücksrad hat die Sektoren A, B und C mit folgender Wahrscheinlichkeitsverteilung:

Sektor	A	B	C
Wahrscheinlichkeit	0,3	0,5	0,2

Das Glücksrad wird für folgendes Glücksspiel verwendet:
Der Spieler zahlt einen Einsatz von 4 Euro. Dann wird das Glücksrad zweimal gedreht. Sind die zwei ermittelten Buchstaben gleich, erhält der Spieler 10 Euro. Sonst erhält er nichts. Prüfen Sie, ob das Spiel fair ist.

h) Die Zufallsgröße X hat folgende Wahrscheinlichkeitsverteilung:

x_i	-5	-1	0	3
$P(x_i)$	0,1	a	b	0,3

Der Erwartungswert von X beträgt $0,3$.
Berechnen Sie a und b.

i) Die Zufallsgröße X kann die Werte 0, 1, 2 und 3 annehmen. Die Tabelle zeigt die Wahrscheinlichkeitsverteilung von X mit $p_1,\ p_2 \in [0;\ 1]$.

k	0	1	2	3
$P(X=k)$	p_1	$\frac{3}{10}$	$\frac{1}{5}$	p_2

Zeigen Sie, dass der Erwartungswert von X nicht größer als $2,2$ sein kann.

7.5 Verständnis von Zusammenhängen

Tipps ab Seite 98, Lösungen ab Seite 201

Bei diesen Aufgaben geht es darum, Methoden und Verfahren zu beschreiben und das Verständnis von Zusammenhängen zu dokumentieren. Rechnungen werden in der Regel nicht verlangt, es genügen Skizzen sowie Ansätze für die Rechenwege.

a) Zur Premiere eines Films bringt eine Schokoladenfirma Überraschungseier mit Filmfiguren auf den Markt. Die Firma wirbt damit, dass sich in jedem 5. Überraschungsei eine Filmfigur befindet.
Für einen Kindergeburtstag werden 20 Überraschungseier gekauft, wobei man davon ausgehen kann, dass die Verteilung der Figuren zufällig ist.
Erklären Sie, welche Bedeutung in diesem Zusammenhang die folgende Rechnung hat:

$$\binom{20}{2} \cdot \left(\frac{1}{5}\right)^2 \cdot \left(\frac{4}{5}\right)^{18} \approx 0,137.$$

b) Laut Verpackungsangabe kommt es bei sachgerechter Pflanzung einer Tulpenzwiebel im nächsten Frühjahr mit einer Wahrscheinlichkeit von 98 % zu einer Blüte. Erklären Sie die Ungleichungen (I) und (II) im Kasten und interpretieren Sie das Ergebnis im Sachzusammenhang.

$$0,98^n > 0,75 \quad \text{(I)}$$
$$n < 14,24 \quad \text{(II)}$$

c) Zehn Raucher entschließen sich zu einer Entwöhnungskur. Zwei von ihnen sind starke Raucher, d.h. ihr Zigarettenkonsum übersteigt 20 Zigaretten pro Tag. Die Erfolgschancen

der Behandlung liegen bei einem starken Raucher bei 60 %, bei einem nicht starken Raucher bei 70 %.
Wählen Sie die beiden Terme aus, welche die Wahrscheinlichkeit beschreiben, dass bei genau fünf der acht nicht starken Raucher die Entwöhnung erfolgreich ist. Begründen Sie kurz.

(i) $\binom{8}{3} \cdot 0,3^3 \cdot 0,7^5$ (ii) $0,7^5 \cdot 0,3^3$ (iii) $1 - \binom{8}{3} \cdot 0,3^3 \cdot 0,7^5$

(iv) $\binom{8}{5} \cdot 0,3^5 \cdot 0,7^3$ (v) $\binom{8}{5} \cdot 0,7^5 \cdot 0,3^3$ (vi) $\binom{8}{3} \cdot 0,7^3 \cdot 0,3^5$

d) Bei der Herstellung von Tassen werden erfahrungsgemäß 80% fehlerfrei glasiert. Man entnimmt der laufenden Produktion rein zufällig 10 Tassen.

I) Bestimmen Sie einen Term zur Berechnung der Wahrscheinlichkeit des Ereignisses A: «Von den entnommenen Tassen ist nur die 8. nicht fehlerfrei glasiert».

II) Beschreiben Sie in Worten ein Ereignis B, dessen Wahrscheinlichkeit folgendermaßen berechnet wird:

$$P(B) = 0,8^{10} + 10 \cdot 0,8^9 \cdot 0,2^1 + \binom{10}{2} \cdot 0,8^8 \cdot 0,2^2$$

7.6 Normalverteilung □

Tipps ab Seite 99, Lösungen ab Seite 203

In diesem Kapitel geht es um eine weitere Wahrscheinlichkeitsverteilung, die sogenannte *Normalverteilung*. Viele naturwissenschaftliche Vorgänge lassen sich in guter Näherung durch normalverteilte Zufallsgrößen beschreiben. Im Gegensatz zur Binomialverteilung, die nur ganzzahlige Werte annehmen kann (diskrete Verteilung), sind bei der Normalverteilung alle Werte möglich (stetige Verteilung). Die zur Normalverteilung zugehörige Kurve ist sehr bekannt und wird oft als *Gaußsche Glockenkurve* bezeichnet. Eine normalverteilte Zufallsgröße X mit dem Erwartungswert μ und der Standardabweichung σ hat folgende Glockenkurve:

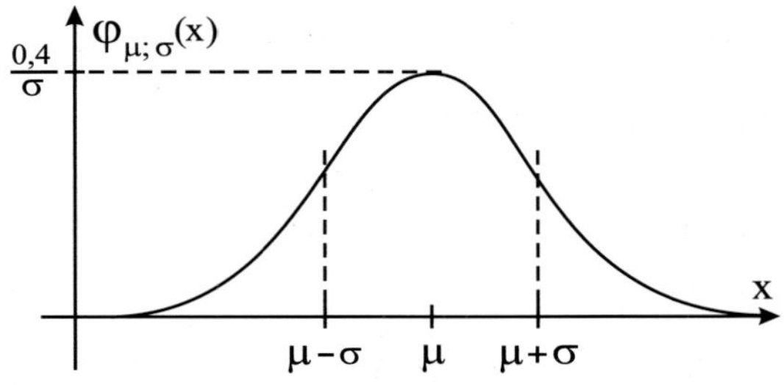

Sie hat folgende besondere Eigenschaften:

- Das Maximum der Kurve liegt bei $x = \mu$.
- Der Maximalwert beträgt $\varphi_{\mu;\sigma}(\mu) = \frac{0,4}{\sigma}$.
- Die Wendestellen sind bei $x_1 = \mu - \sigma$ und $x_2 = \mu + \sigma$.
- Der Flächeninhalt zwischen Kurve und x-Achse beträgt 1.
- Die Wahrscheinlichkeit, dass X in einem Intervall $[x_1 ; x_2]$ liegt, erhält man mithilfe eines Integrals:
$$P(x_1 \leqslant X \leqslant x_2) = \int_{x_1}^{x_2} \varphi_{\mu;\sigma}(x)\,dx$$
und damit erhält man die Wahrscheinlichkeit mithilfe der zugehörigen Fläche unter der Kurve im Intervall $[x_1 ; x_2]$.
- Die Wahrscheinlichkeit, dass X einen konkreten Wert k annimmt (wie beispielsweise bei der Binomialverteilung), beträgt Null, da $\int_{k}^{k} \varphi_{\mu;\sigma}(x)\,dx = 0$.

Aufgaben:

a) Das Gewicht von Hühnereiern ist normalverteilt mit dem Erwartungswert 60 und der Standardabweichung 10 (alle Angaben in Gramm).
Berechnen Sie die Wahrscheinlichkeit folgender Ereignisse:
A: Ein Hühnerei wiegt weniger als 53 Gramm.
B: Ein Hühnerei wiegt mehr als 73 Gramm.

b) Die Brenndauer B einer Kerze ist normalverteilt mit dem Erwartungswert 10 und der Standardabweichung 2,5 (alle Angaben in Stunden).
Bestimmen Sie die Wahrscheinlichkeit folgender Ereignisse:
A: Die Brenndauer einer Kerze beträgt weniger als 6 Stunden.
B: Die Brenndauer einer Kerze beträgt mehr als 8,5 und höchstens 12 Stunden.

c) Man geht davon aus, dass die Länge von Schrauben normalverteilt ist mit $\mu = 100$ und $\sigma = 1,5$ (alle Angaben in mm).
Bestimmen Sie die Wahrscheinlichkeit folgender Ereignisse:
A: Eine Schraube ist mindestens 98,5 mm lang.
B: Die Länge einer Schraube weicht um weniger als 1% vom Erwartungswert ab.

d) Eine normalverteilte Zufallsgröße X hat den Erwartungswert $\mu = 6$ und die Standardabweichung $\sigma = 2$.
Skizzieren Sie die zugehörige Glockenkurve.

e) Eine normalverteilte Zufallsgröße X hat folgende Glockenkurve:

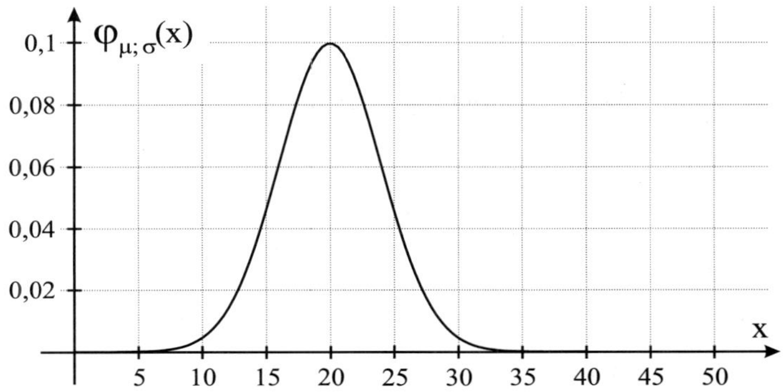

Bestimmen Sie den zugehörigen Erwartungswert und die Standardabweichung.

f) Eine normalverteilte Zufallsgröße X hat folgende Glockenkurve:

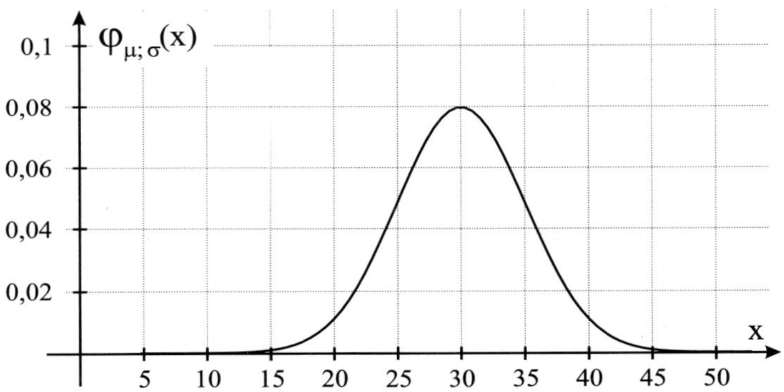

Erläutern Sie anhand der Glockenkurve, wie man folgende Wahrscheinlichkeiten bestimmen kann:

I) $P(X < 20)$ II) $P(30 \leqslant X < 35)$ III) $P(X > 40)$ IV) $P(X = 37)$

g) Die normalverteilte Zufallsgröße X hat den Erwartungswert $\mu_1 = 12$ und die Standardabweichung $\sigma_1 = 2$, die normalverteilte Zufallsgröße Y hat ebenfalls den Erwartungswert $\mu_2 = 12$, aber die Standardabweichung $\sigma_2 = 4$.
Erläutern Sie anhand einer Skizze, wie sich die zugehörigen Glockenkurven voneinander unterscheiden.

Tipps – Analysis

1 Ableiten

1.1 Potenzfunktionen

a) - c) Verwenden Sie die Potenzregel $(a \cdot x^r)' = a \cdot r \cdot x^{r-1}$. Ein Bruch ist eine Potenz mit negativer Hochzahl.

d) - f) Wenden Sie die Kettenregel an: $(u\,(v(x)))\,' = u'\,(v(x)) \cdot v'(x)$ (äußere Ableitung mal innere Ableitung).

g) - h) Wenden Sie die Produktregel $(u(x) \cdot v(x))\,' = u'(x) \cdot v(x) + u(x) \cdot v'(x)$ und die Kettenregel (äußere Ableitung mal innere Ableitung) an.

1.2 Exponentialfunktionen

a) - b) Verwenden Sie die Kettenregel.

c) - f) Verwenden Sie zuerst die Produktregel und dann die Kettenregel.

1.3 Trigonometrische Funktionen

a) - b) Verwenden Sie die Kettenregel.

c) - e) Verwenden Sie die Produktregel und teilweise die Kettenregel.

2 Stammfunktionen und Integrale

2.1 Stammfunktionen

2.1.1 Potenzfunktionen mit natürlichen Exponenten

a) - c) Benutzen Sie die Integrationsregel für Potenzfunktionen: Besitzt f die Form $f(x) = a \cdot x^r$, dann ist $\mathrm{F}(x) = a \cdot \frac{1}{r+1} x^{r+1} + c$; $r \neq -1$ eine Stammfunktion.

d) - f) Für verkettete (verschachtelte) Funktionen mit innerem *linearen* Ausdruck gilt die Integrationsregel für lineare Integration:
«Äußere Stammfunktion geteilt durch innere Ableitung»

2.1.2 Potenzfunktionen mit negativen Exponenten

a) - c) Schreiben Sie ggf. den Bruch als Potenz mit negativem Exponenten und verwenden Sie die Integrationsregel für Potenzfunktionen.

2.1.3 Exponentialfunktionen

a) - d) Für verkettete (verschachtelte) Funktionen mit innerem *linearen* Ausdruck gilt die Integrationsregel für lineare Integration:
«Äußere Stammfunktion geteilt durch innere Ableitung».
Bei einer e-Funktion mit $f(x) = a \cdot e^{k \cdot x + b}$ ist $e^{(\dots)}$ die äußere Funktion und $k \cdot x + b$ die innere Funktion. Der Parameter a verändert sich nicht beim Integrieren.

e) Schreiben Sie den Bruch als Potenz mit negativem Exponenten und verwenden Sie die Integrationsregeln für Potenzfunktionen bzw. lineare Integration.

2.1.4 Trigonometrische Funktionen

a) - e) Beachten Sie, dass $\sin(x)$ eine Stammfunktion von $\cos(x)$ und $-\cos(x)$ eine Stammfunktion von $\sin(x)$ ist.
Auch bei diesen Aufgaben gilt die Regel für verkettete Funktionen mit innerem *linearen* Ausdruck:
«Äußere Stammfunktion geteilt durch innere Ableitung».
Ist $f(x) = a \cdot \sin(kx + b)$, so ist $\sin(\dots)$ die äußere Funktion und $kx + b$ die innere Funktion. Der Parameter a verändert sich nicht beim Integrieren.

2.2 Integrale

a) - h) Verwenden Sie den Hauptsatz der Differential- und Integralrechnung
$\int_a^b f(x)dx = \mathrm{F}(b) - \mathrm{F}(a)$, wobei F eine Stammfunktion von f ist.
Verwenden Sie die Regeln für die Stammfunktionen (siehe die Tipps zu 2.1).

2.3 Integralgleichungen

a) - c) Verwenden Sie den Hauptsatz der Differential- und Integralrechnung
$\int_a^b f(x)dx = \mathrm{F}(b) - \mathrm{F}(a)$, wobei F eine Stammfunktion von f ist. Lösen Sie die entstandene Gleichung durch Wurzelziehen oder Logarithmieren nach u auf.

2.4 Flächeninhalt zwischen zwei Kurven

a) - e) Bestimmen Sie jeweils die Integrationsgrenzen durch Gleichsetzen der Funktionsterme. Prüfen Sie, welche Kurve die obere Kurve ist, z.B. indem sie die x-Werte einer Stelle zwischen den beiden Schnittstellen in beide Funktionen einsetzen und die Funktionswerte berechnen. Stellen Sie nun ein Integral auf und wenden Sie den Hauptsatz der Differential- und Integralrechnung an: $\int_a^b f(x)dx = \mathrm{F}(b) - \mathrm{F}(a)$.

f) Den Inhalt A der markierten Fläche erhalten Sie, indem Sie die markierte Fläche in zwei Teilflächen A_1 und A_2 aufteilen. Die Teilfläche A_1 ist ein Rechteck, dessen Flächeninhalt

Sie mit der Formel $A_1 = a \cdot b$ berechnen. Die Breite des Rechtecks wird durch die Nullstelle von f festgelegt. Die Fläche A_2 wird durch die Gerade und den Graphen von f begrenzt. Den Flächeninhalt von A_2 erhalten Sie mithilfe eines Integrals. Verwenden Sie den Hauptsatz der Differential- und Integralrechnung. Addieren Sie die beiden Flächeninhalte der Teilflächen.

2.5 Integrale interpretieren

a) I) Beachten Sie, dass der Graph von $g(x) = \cos(x)$ achsensymmetrisch zur y-Achse ist und die Fläche, die vom Graphen und der x-Achse begrenzt wird, durch die $y-$Achse halbiert wird. Interpretieren Sie das Integral als Flächeninhalt.

II) Überlegen Sie, wie der Graph von $f(x) = 2 \cdot \cos(x)$ aus dem Graphen von $g(x) = \cos(x)$ hervorgeht.

III) Skizzieren Sie den Graphen von $g(x) = \cos(x)$ im Intervall $[0; \pi]$. Beachten Sie, dass der Graph von $g(x) = \cos(x)$ punktsymmetrisch zu $P\left(\frac{\pi}{2} \mid 0\right)$ ist. Interpretieren Sie das Integral als Flächeninhalt und beachten Sie, dass der Graph einmal oberhalb und einmal unterhalb der x-Achse verläuft.

b) Interpretieren Sie das Integral als Flächeninhalt und schätzen Sie den Flächeninhalt mithilfe der Karos ab.

c) Skizzieren Sie den Graphen von $f(x) = \sin(x)$ im Intervall $\left[0; \frac{3}{2}\pi\right]$. Interpretieren Sie das Integral als Flächeninhalt und überlegen Sie, ob der Inhalt der Fläche oberhalb der x-Achse größer ist als der Inhalt der Fläche unterhalb der x-Achse.

d) Interpretieren Sie die Integrale als Flächeninhalte und schätzen Sie ab, welche Fläche größer ist.

2.6 Rekonstruierter Bestand

a) Überlegen Sie, welche Summe jeweils durch die Integrale gebildet wird.

b) Überlegen Sie, welche Summe durch das Integral bestimmt wird und welche Bedeutung die Integrationsgrenzen haben. Beachten Sie, dass ein Jahr 52 Wochen hat.

c) Überlegen Sie, welche Summe durch das Integral gebildet wird und welche Bedeutung das negative Ergebnis hat.

d) I) Überlegen Sie, welche Summe mithilfe des Integrals gebildet wird.

II) Die Anzahl A der Bakterien nach 15 Tagen erhalten Sie mithilfe eines Integrals, indem Sie zur Anfangsanzahl den gesamten Zuwachs addieren.

3 Gleichungen

3.1 Potenzgleichungen

a) - b) Verwenden Sie die pq- bzw. abc-Formel.

c) - d) Verwenden Sie den Satz vom Nullprodukt: Setzen Sie jeden einzelnen Faktor gleich Null und lösen Sie die entstandenen Gleichungen nach x auf.

e) - h) Klammern Sie x oder x^2 oder x^3 aus und bestimmen Sie die Lösungen mithilfe des Satzes vom Nullprodukt. Verwenden Sie die pq- oder abc-Formel.

i) - j) Es handelt sich um biquadratische Gleichungen. Substituieren Sie x^2 durch z. und lösen Sie die quadratische Gleichung mithilfe der pq- oder abc-Formel nach z auf. Anschließend resubstituieren Sie wieder und lösen die Gleichungen durch Wurzelziehen.

k) - l) Formen Sie die Gleichung um, so dass die Potenz durch Wurzelziehen gelöst werden kann.

3.2 Potenzgleichungen mit Parameter

a) - d) Verwenden Sie zur Lösung der quadratischen Gleichung die abc-Formel. Führen Sie eine Fallunterscheidung durch: Ist der Term unter der Wurzel negativ, gibt es keine Lösung, ist er Null, gibt es eine Lösung, ist er positiv, gibt es zwei Lösungen. Lösen Sie die entsprechenden Ungleichungen.

e) - f) Lösen Sie die Gleichungen durch Ausklammern von x. Beachten Sie, dass es keine Lösung gibt, wenn der Nenner gleich Null ist; ansonsten gibt es genau eine Lösung.

3.3 Exponentialgleichungen

a) Verwenden Sie den Satz vom Nullprodukt. Setzen Sie jeden einzelnen Faktor gleich Null und überlegen Sie, ob Lösungen existieren.

b) - c) Klammern Sie zuerst e^x bzw. e^{2x} aus und verwenden Sie dann den Satz vom Nullprodukt.

d) - e) Verwenden Sie den Satz vom Nullprodukt.

f) - g) Substituieren Sie $e^x = z$ bzw. $e^{2x} = z$ und lösen Sie dann die quadratische Gleichung mit der pq- oder abc-Formel. Durch anschließende Rücksubstitution von z können Sie x berechnen (Zahlen unter der Wurzel als Bruch schreiben).

h) Multiplizieren Sie die Gleichung mit e^x, substituieren Sie $e^x = z$ und lösen Sie dann die quadratische Gleichung mit der pq- oder abc-Formel, anschließend rücksubstituieren und x berechnen.

3.4 Bruchgleichungen

a) - e) Multiplizieren Sie mit einer Potenz oder einem Term so, dass kein Nenner mehr vorhanden ist. Lösen Sie anschließend die entstandene Potenzgleichung mithilfe von Substitution und pq- bzw. abc-Formel.

3.5 Trigonometrische Gleichungen

Skizzieren Sie den Verlauf von $\sin(x)$ bzw. $\cos(x)$. Achten Sie auf das Lösungsintervall.

a) - b) Substituieren Sie den Term in der Klammer durch z, lösen Sie die Gleichung und resubstituieren Sie wieder.

c) - f) Verwenden Sie den Satz vom Nullprodukt. Eventuell müssen Sie $\sin x$ ausklammern.

g) - h) Substituieren Sie $\sin(x) = z$ bzw. $\cos(x) = z$, lösen Sie mithilfe der pq- oder abc-Formel die entstandene quadratische Gleichung und resubstituieren Sie wieder.

i) Verwenden Sie den Satz vom Nullprodukt und substituieren Sie den Term in der Klammer durch z, lösen Sie die Gleichung und resubstituieren Sie wieder.

3.6 Ungleichungen

a) - d) Formen Sie die gegebene Ungleichung so um, dass Null auf einer Seite steht. Überlegen Sie, wie der Graph der zugehörigen Funktion aussieht und bestimmen Sie die Nullstellen der Funktion mithilfe des Satzes vom Nullprodukt oder der *abc*-Formel. Beachten Sie, ob die x-Werte gesucht sind, für die der Graph oberhalb oder unterhalb der x-Achse verläuft.

e) - f) Beachten Sie, dass e^{kx} stets größer als Null ist und überlegen Sie, was dann für den anderen Faktor des Produkts gelten muss.

4 Funktionen und Graphen

4.1 Von der Gleichung zur Kurve

4.1.1 Ganzrationale Funktionen

Den Schnittpunkt mit der y-Achse erhalten Sie durch Einsetzen von $x = 0$ in $f(x)$, die Schnittpunkte mit der x-Achse erhalten Sie durch Lösen der Gleichung $f(x) = 0$.
Zuerst wird gespiegelt und gestreckt, anschließend verschoben (Reihenfolge beachten!).

a) - b) Die Graphen sind Geraden. Hat eine Gerade die Gleichung $y = mx + b$, so ist b der y-Achsenabschnitt und m die Steigung der Geraden.

c) - f) Die Graphen sind Variationen der Graphen der beiden Grundfunktionen $f(x) = x^2$ (Parabel) oder $g(x) = x^3$ (kubische Parabel).

Ist $f(x) = a(x-b)^2 + c$ bzw. $g(x) = a(x-b)^3 + c$, so gibt es folgende Verwandlungen:
a: Streckfaktor in y-Richtung; $a < 0$: zusätzlich Spiegelung an der x-Achse.
$b > 0$ bzw. $b < 0$: Verschiebung nach rechts bzw. links.
$c > 0$ bzw. $c < 0$: Verschiebung nach oben bzw. unten.

4.1.2 Trigonometrische Funktionen

Die Graphen sind Variationen der Grundfunktionen $f(x) = \sin(x)$ bzw. $g(x) = \cos(x)$.
Ist $f(x) = a \cdot \sin(b \cdot (x-c)) + d$ bzw. $g(x) = a \cdot \cos(b \cdot (x-c)) + d$, so gibt es folgende Verwandlungen:
a: Streckfaktor in y-Richtung; $a < 0$: zusätzlich Spiegelung an der x-Achse.
b: Streckfaktor in x-Richtung.
$c > 0$ bzw. $c < 0$: Verschiebung nach rechts bzw. links.
$d > 0$ bzw. $d < 0$: Verschiebung nach oben bzw. unten.
Periode: $p = \frac{2\pi}{b}$.

4.1.3 Exponentialfunktionen

Zur Bestimmung der Asymptoten betrachten Sie $f(x)$ für $x \to \pm\infty$.
Die Graphen sind Variationen der Grundfunktionen $f(x) = e^x$ bzw. $g(x) = e^{-x}$.
Ist $f(x) = a \cdot e^{x-b} + c$ bzw. $g(x) = a \cdot e^{-(x-b)} + c$, so gibt es folgende Verwandlungen:
a: Streckfaktor in y-Richtung; $a < 0$: zusätzlich Spiegelung an der x-Achse.
$b > 0$ bzw. $b < 0$: Verschiebung nach rechts bzw. links.
$c > 0$ bzw. $c < 0$: Verschiebung nach oben bzw. unten.

4.2 Aufstellen von Funktionen mit Randbedingungen

4.2.1 Ganzrationale Funktionen

Für alle ganzrationalen Funktionen gilt:

- Parabel 2. Grades: $f(x) = ax^2 + bx + c$
- Zur y-Achse symmetrische Parabel 2. Grades: $f(x) = ax^2 + c$
- Parabel 3. Grades: $f(x) = ax^3 + bx^2 + cx + d$

Zu den gegebenen Aufgaben:

1. Bilden Sie die 1. und 2. Ableitung des jeweiligen Ansatzes (dies ist nicht nötig, falls es keine Angaben über die Steigung oder über die Extrempunkte gibt).

2. Verwenden Sie die Bedingungen der Kurvendiskussion:
   - Schnittpunkt mit der x-Achse: $f(x) = 0$
   - Schnittpunkt mit der y-Achse: $x = 0$
   - Extrempunkt: $f'(x) = 0$
   - Wendepunkt: $f''(x) = 0$

3. Sie brauchen so viele Gleichungen wie Unbekannte! Stellen Sie die Gleichungen auf und lösen Sie sie nach den Parametern (a, b, c, ...) auf.

4.2.2 Exponentialfunktionen

Stellen Sie zwei Gleichungen mit zwei Unbekannten auf und lösen Sie das Gleichungssystem; dazu müssen Sie eventuell noch ableiten. Verwenden Sie die Tipps aus dem vorgehenden Kapitel.

4.2.3 Trigonometrische Funktionen

Eine verallgemeinerte Sinusfunktion hat die Gleichung $f(x) = a \cdot \sin(b \cdot (x-c)) + d$, eine verallgemeinerte Kosinusfunktion die Gleichung $f(x) = a \cdot \cos(b \cdot (x-c)) + d$.
Die Eigenschaften des Graphen und die Koeffizienten a, b, c, d hängen dabei folgendermaßen zusammen:

- Streckfaktor in y-Richtung: a
- Streckfaktor in x-Richtung: b
- Verschiebung nach links bzw. rechts: $c < 0$ bzw. $c > 0$
- Verschiebung nach unten bzw. oben: $d < 0$ bzw. $d > 0$
- Periode: $p = \frac{2\pi}{b}$ bzw. $b = \frac{2\pi}{p}$

4.3 Von der Kurve zur Gleichung

4.3.1 Ganzrationale Funktionen

Es handelt sich bei allen Graphen um Funktionen 2. bis 4. Grades. Es gibt verschiedene Lösungswege:

1. Ansatz als allgemeine Funktion (ähnlich wie das Aufstellen von Funktionen mit Randbedingungen), z.B. $f(x) = ax^2 + bx + c$. Aus der Zeichnung werden drei Punkte bestimmt und drei Gleichungen aufgestellt, die man anschließend nach a, b und c auflöst. Dieser Weg ist etwas langwierig, führt aber immer zum Ziel.

2. Ansatz mithilfe der Linearfaktoren. Dieser Ansatz funktioniert nur dann, wenn die Funktion eindeutig ablesbare Nullstellen besitzt (z.B. bei den Aufgaben c) bis f)). Sind $x_1, \ldots, x_n$ Nullstellen, so gilt: $f(x) = a \cdot (x - x_1) \cdot \ldots \cdot (x - x_n)$. Der Faktor a kann mithilfe eines abgelesenen Punktes bestimmt werden.

3. Ansatz als verschobene Grundfunktion: Wenn man eine Normalparabel $f(x) = x^2$ nach oben oder unten verschieben will, so addiert man eine Konstante c. Will man sie nach rechts oder links verschieben, so setzt man für eine Verschiebung nach rechts um eine Längeneinheit den Ausdruck $(x-1)$ statt x ein. Bei einer Verschiebung um 2 LE nach links entsprechend $(x+2)$ statt x.

Tipps für die Aufgaben:

a) $f(x) = x^2$, nach links verschoben

b) $f(x) = x^2$, nach links und unten verschoben

c) $f(x) = -x^2$, nach rechts und oben verschoben

d) Ansatz mithilfe der Nullstellen (Linearfaktorzerlegung)

4.3.2 Trigonometrische Funktionen

Allgemeine Tipps: Siehe Tipps zu Kapitel 4.2.3

Es handelt sich um Sinus- bzw. Kosinusfunktionen der Form $f(x) = a \cdot \sin(b \cdot (x-c)) + d$ bzw. $f(x) = a \cdot \cos(b \cdot (x-c)) + d$. Überlegen Sie, welche der in Kapitel «Von der Kurve zur Gleichung» aufgezählten Veränderungen des Graphen in Frage kommen. Prüfen Sie zuerst, ob das Schaubild nach oben verschoben ist (bestimmen Sie die waagerechte «Mittelachse»). Prüfen Sie dann, ob der Graph nach links oder rechts verschoben ist (eine unverschobene Sinusfunktion hat einen Wendepunkt bei $x = 0$) und bestimmen Sie anschließend die Periode p. Zum Schluß bestimmen Sie den Abstand des Hoch-bzw. Tiefpunkts zur «Mittelachse» und damit die Amplitude/Streckung a.

4.4 Graphen von f, f' und F

4.4.1 Von f zu f'

a) I) Prüfen Sie, ob die Ableitungskurve an der Stelle $x = 1$ eine waagrechte Tangente hat.

II) Überlegen Sie, welche Steigung die Tangenten an die Ableitungskurve haben.

III) Prüfen Sie, ob die Ableitungskurve für $x > 1$ unterhalb der x-Achse verläuft.

b) I) Prüfen Sie, ob die Ableitungskurve an der Stelle $x = 1$ eine Tangente mit waagrechter Steigung sowie ein Minimum oder Maximum hat.

II) Prüfen Sie, ob die Steigung der Tangente an die Ableitungskurve bei $x = 2$ extremal ist.

III) Prüfen Sie, ob die Ableitungskurve für $x > 1$ unterhalb der x-Achse verläuft.

c) I) Prüfen Sie ob die Ableitungskurve für $x < -1$ stets unterhalb der x-Achse verläuft.

II) Prüfen Sie, ob die Ableitungskurve bei $x = 0$ eine waagrechte Tangente hat.

III) Bestimmen Sie anhand der Graphen die Werte $f'(0)$ und $f(-1)$.

4.4.2 Von f' zu f

Es sind Aussagen über eine Stammfunktion f der gezeichneten Kurve von f' zu bewerten. Dabei gilt für alle Stammfunktionen f:

- $f'(x) = 0$ und VZW von $+$ nach $- \Rightarrow$ Der Graph von f hat einen Hochpunkt.
- $f'(x) = 0$ und VZW von $-$ nach $+ \Rightarrow$ Der Graph von f hat einen Tiefpunkt.
- $f'(x)$ hat einen Extrempunkt $\Rightarrow$ Der Graph von f hat einen Wendepunkt.

a) I) Überlegen Sie, was es für die Ableitung einer Funktion bedeutet, wenn der Graph der Funktion einen Extrempunkt besitzt.

II) Was bedeutet es für eine Kurve, wenn sie in einem Punkt eine waagerechte Tangente besitzt? Welche Steigung hat die Kurve in einem derartigen Punkt?

III) Was bedeutet es für die Ableitungskurve, wenn der Graph der Funktion f einen Wendepunkt besitzt? Finden Sie solche Punkte in der Kurve von f'?

IV) Beachten Sie, ob der Graph von f' für $0 \leqslant x \leqslant 2$ oberhalb oder unterhalb der x-Achse verläuft.

b) I) Überlegen Sie, was es für die Ableitung einer Funktion bedeutet, wenn der Graph der Funktion einen Extrempunkt besitzt.

II) Welchen Wert nimmt die Ableitung einer Funktion an einem Extremwert an? Was muss zusätzlich noch gelten, damit es sich um einen Hochpunkt handelt (wie sehen die Vorzeichenwechsel der Steigung aus)?

III) Überlegen Sie, welchen Grad das Polynom der gezeichneten Ableitungskurve besitzt.

IV) Überlegen Sie, was man tun muss, um Informationen über die Steigung einer Kurve in einem Punkt zu bekommen. Welche Funktion gibt «Auskunft» über die Steigungswerte der Kurve in jedem Punkt?

c) I) Skizzieren Sie den Graphen einer Funktion zur gegebenen Ableitungsfunktion; benutzen Sie dazu die Extremwerte und die Nullstelle der angegebenen Ableitungsfunktion. Hat das Schaubild von f bei $x = 0$ einen Hoch- oder Tiefpunkt (Vorzeichenwechsel beachten)?

II) Beachten Sie, ob der Graph von f' stets oberhalb oder unterhalb der x-Achse verläuft.

III) Prüfen Sie, welche Bedingungen die Kurve der angegebenen Ableitungsfunktion erfüllen muss, damit die Funktion f an der Stelle $x = 0$ einen Tiefpunkt hat. Beachten Sie den Vorzeichenwechsel.

IV) Überlegen Sie, was es für den Graphen der Ableitung bedeutet, wenn eine Kurve einen oder mehrere Extrempunkte besitzt.

4.4.3 Von f zu F

Allgemeine Tipps:

- Skizzieren Sie zuerst die Ableitung bzw. eine Stammfunktion.
- Der Graph von F hat einen Hochpunkt an der Stelle x_1, wenn $f(x_1) = 0$ und an dieser Nullstelle bei f ein Vorzeichenwechsel (VZW) von + nach − stattfindet.
- Der Graph von F hat einen Tiefpunkt an der Stelle x_2, wenn $f(x_2) = 0$ und bei f an dieser Stelle ein VZW von − nach + stattfindet.
- Der Graph von F hat einen Wendepunkt an der Stelle x_3, wenn f einen Extrempunkt an dieser Stelle hat.

a) I) Überlegen Sie, welche Art von Funktion vorliegt. Wie sieht der Graph der Ableitungsfunktion einer Geraden aus?

II) Bestimmen Sie $f(1)$ und beachten Sie, dass $f(x) = \mathrm{F}'(x)$ ist.

III) Streng monoton zunehmend für f bedeutet, dass f' immer > 0 ist. In der Aufgabe ist allerdings gefragt, ob f' monoton zunehmend ist. Also muss man f'' untersuchen.

IV) y-Achsensymmetrie bedeutet $f(-x) = f(x)$.

b) I) Bestimmen Sie die Form, welche der Graph der Ableitungsfunktion einer Parabel 2. Grades hat. Überlegen Sie, welche Aussagen Sie sicher über dieses Schaubild treffen können.

II) Beachten Sie, ob der Graph von f für $0 \leqslant x \leqslant 1$ oberhalb oder unterhalb der x-Achse verläuft.

III) Überlegen Sie, was es für die Funktion f bedeutet, wenn die Stammfunktion Extremstellen besitzt (f ist die 1. Ableitung von F).

4.4.4 Vermischte Aufgaben

a) I) Prüfen Sie, ob beim Graphen von f' eine Nullstelle mit Vorzeichenwechsel von − nach + vorliegt.

II) Prüfen Sie, ob f für $-2 < x < -1$ streng monoton wachsend ist; dies ist der Fall, wenn in diesem Intervall der Graph von f' oberhalb der x-Achse verläuft. Alternativ können Sie auch mithilfe eines Integrals und dem zugehörigen Flächeninhalt argumentieren.

III) Bestimmen Sie $f''(-2)$ mithilfe der Steigung des Graphen von f' sowie $f'(-2)$ mithilfe des gegebenen Graphen.

IV) Überlegen Sie anhand der Anzahl der Extrempunkte von f', welchen Grad f' hat. Beachten Sie, dass bei einer ganzrationalen Funktion gilt: Grad f = Grad $f' + 1$.

b) I) Bestimmen Sie anhand des gegebenen Graphen F(1). Beachten Sie, dass der Graph von F bei $x = 1$ auch einen Tiefpunkt hat und bestimmen Sie die Steigung an dieser Stelle. Mithilfe von $F'(x) = f(x)$ erhalten Sie den Wert von $f(1)$.

II) Bestimmen Sie anhand des gegebenen Graphen F(2) und F(0). Berechnen Sie das gegebene Integral mithilfe der Stammfunktion F und des Hauptsatzes der Differential- und Integralrechnung: $\int_a^b f(x)\mathrm{d}x = F(b) - F(a)$.

III) Beachten Sie, dass F bei $x = 0$ einen Wendepunkt hat und überlegen Sie, was dies für die Graphen von $f = F'$ und $f' = F''$ an der Stelle $x = 0$ bedeutet.

IV) Bestimmen Sie anhand des gegebenen Graphen $F(-2)$ und setzen Sie den erhaltenen Wert in $f(x)$ ein. Beachten Sie, dass f die Steigung des Graphen von F beschreibt und überlegen Sie, ob die Steigung m des Graphen von F an der entsprechenden Stelle positiv oder negativ ist.

4.5 Kurven untersuchen

4.5.1 Eigenschaften von Kurven

a) Die Bedingungen für ein Minimum sind $f'(x) = 0$ und Vorzeichenwechsel von f' von $-$ nach $+$. Prüfen Sie, ob diese auf den Punkt zutreffen.

b) Zur Berechnung von $f(g(2))$ setzen Sie $x = 2$ in $g(x)$ und das Ergebnis in $f(x)$ ein. Zur Berechnung von $g(f(2))$ setzen Sie $x = 2$ in $f(x)$ und das Ergebnis in $g(x)$ ein.
Setzen Sie $g(x)$ in $f(x)$ ein und lösen Sie die Gleichung $f(g(x)) = 0,1$ durch Wurzelziehen.

c) Lösen Sie die Ungleichung $(x+3)\cdot(x-1) > 0$ durch funktionale Betrachtung: Überlegen Sie, wie der Graph von f verläuft und bestimmen Sie die Nullstellen von f. Alternativ können Sie die Ungleichung auch durch Fallunterscheidung lösen.

d) Überlegen Sie, durch welche Punkte der Graph von f verläuft und ob es Extrem- oder Wendepunkte gibt. Beachten Sie Symmetrien.

e) Die Bedingungen für einen Tiefpunkt sind: $f'(x) = 0$ und Vorzeichenwechsel von f' von $-$ nach $+$ bzw. $f''(x) > 0$. Prüfen Sie, ob diese auf den Punkt zutreffen. Benutzen Sie zum Ableiten die Produktregel.

f) Lösen Sie die Ungleichung $-x^2 + 3x + 7 > 3$ durch funktionale Betrachtung: Überlegen Sie, wie der Graph von f verläuft und bestimmen Sie die Schnittstellen von f mit der Geraden $y = 3$. Lösen Sie die entstandene Gleichung mithilfe der pq- oder abc-Formel.

g) Bestimmen Sie die 1. Ableitung von f mithilfe der Produkt- und Kettenregel. Beachten Sie, dass Graph der Funktion f streng monoton fallend ist, wenn $f'(x) < 0$ gilt. Lösen Sie die Ungleichung und beachten Sie, dass $e^{-2x} > 0$ist.

h) Die Bedingung für einen Sattelpunkt ist $f'(x_0) = 0$ und kein Vorzeichenwechsel von f' an der Stelle x_0.

i) Wendepunkte bestimmen Sie mithilfe von $f''(x)$ und $f'''(x)$.

j) Überlegen Sie, an welcher Stelle x die 1. Ableitung Null ist und ob die 1. Ableitung das Vorzeichen von $-$ nach $+$ wechselt.

k) Berechnen Sie die Steigung in P mithilfe der 1. Ableitung. Überlegen Sie, welche Art von Punkten eine waagerechte Tangente hat.

l) Für den Nachweis eines Wendepunkts verwenden Sie die 2. und 3. Ableitung.

m) Bestimmen Sie die 2. Ableitung von f. Falls $f''(x) > 0$ ist der Graph von f linksgekrümmt.

4.5.2 Symmetrie

Die Bedingung für y-Achsensymmetrie ist $f(-x) = f(x)$, die Bedingung für Ursprungssymmetrie ist $f(-x) = -f(x)$. Setzen Sie $-x$ in $f(x)$ ein und formen Sie den Term um.

4.5.3 Tangenten und Normalen

Die Gleichung einer Tangente lautet: $y = f'(u) \cdot (x-u) + f(u)$, die entsprechende Normale hat die Gleichung $y = -\frac{1}{f'(u)} \cdot (x-u) + f(u)$.

a) Bestimmen Sie die Tangentensteigung in P mithilfe der 1. Ableitung. Setzen Sie die Koordinaten des Punktes P und die Tangentensteigung in die Tangentengleichung ein. Für die Normalensteigung m_n gilt: $m_n = -\frac{1}{m_t}$ mit m_t = Steigung der Tangente.

b) Bestimmen Sie zuerst den Wendepunkt und dann die Steigung der Tangente bzw. der Normalen und stellen Sie die Geradengleichungen auf.

c) I) Da die Tangentensteigung schon bekannt ist, muss in dieser Aufgabe der Punkt P bestimmt werden, in demder Graph von f die Steigung $m = -2$ besitzt. Also wird die erste Ableitung gleich -2 gesetzt und x_P bestimmt. Mit den Koordinaten des Punktes und der Steigung wird anschließend die Tangentengleichung aufgestellt.

II) Man verfährt ähnlich wie bei I), nur muss die Steigung der Tangente erst aus der Steigung der angegebenen Geraden ermittelt werden. Für die Steigung zweier aufeinander senkrecht stehender Geraden m_1 und m_2 gilt: $m_2 = -\frac{1}{m_1}$.

III) Man verfährt ähnlich wie bei I), die Steigung paralleler Geraden ist gleich: $m_t = m_g$.

d) Wenn von einem Punkt P, der nicht auf einer Kurve liegt, eine Tangente an eine Kurve gelegt werden soll, kann man folgendermaßen vorgehen:

- Der Berührpunkt hat die Koordinaten B $(u \mid f(u))$.
- Mithilfe der 1. Ableitung und B bestimmt man die Tangentengleichung in Abhängigkeit von u.
- Der Punkt P wird in die Tangentengleichung eingesetzt und die Gleichung nach u aufgelöst.

4.5.4 Berührpunkte zweier Graphen

a) - b) Bei diesen Aufgaben müssen Sie zeigen, dass die Bedingungen für das Berühren erfüllt sind.

c) - d) Gesucht sind die Punkte, an denen sich die Kurven berühren. Dazu müssen beide Bedingungen erfüllt sein. Sie können also die Ableitungen der beiden Funktionen gleichsetzen, um mögliche Punkte zu bestimmen. Anschließend müssen Sie aber noch prüfen, ob es sich tatsächlich um gemeinsame Punkte beider Kurven handelt.

4.5.5 Funktionen mit Parameter

a) - b) I) Setzen Sie für t Werte wie ± 1; ± 2 bzw. 0 ein und skizzieren Sie die Kurven.
II) Setzen Sie die entsprechenden Punkte in die Funktionsgleichung ein und stellen Sie nach t um.

c) Bestimmen Sie zuerst die Schnittstelle x_s. Für die Ableitungen im Schnittpunkt muss gelten: $f'(x_s) \cdot g'(x_s) = -1$. Setzen Sie die Ableitungen ein, setzen Sie dann den Ausdruck für x_s ein und lösen Sie nach t auf.

d) Berechnen Sie die Nullstelle des Graphen der Funktion f_t in Abhängigkeit von t und lesen Sie die Nullstellen der abgebildeten Graphen ab. Setzen Sie diese Terme gleich. Alternativ können Sie auch die Schnittpunkte der Graphen mit der y-Achse ablesen und den Schnittpunkt des Graphen von f_t mit der y-Achse in Abhängigkeit von t berechnen.

4.6 Verständnis von Zusammenhängen

a) Überlegen Sie, welche Stellen durch das Gleichsetzen der Funktionsterme bestimmt werden und welche Bedeutung das Integral haben kann.

b) Überlegen Sie, welcher Punkt des Graphen bestimmt wird, welche Steigung die Funktion an diesem Punkt hat und was für eine Gerade beschrieben wird.

c) Verwenden Sie als Ansatz für eine ganzrationale Funktion f vierten Grades die Gleichung $f(x) = ax^4 + bx^3 + cx^2 + dx + e$ sowie deren Ableitungen. Beachten Sie, dass als notwendige Bedingung für Wendepunkte des Graphen von f die Gleichung $f''(x) = 0$ zu lösen wäre. Überlegen Sie, wie viele Lösungen diese Gleichung maximal hat und was dies für die maximale Anzahl der Wendepunkte des Graphen von f bedeutet.

d) Überlegen Sie, welche Bedeutung $x = u$ und damit $d(u)$ hat. Beachten Sie, dass durch $d'(u) = 0$ Extremstellen berechnet werden. Überlegen Sie, welche Bedeutung ein negatives Ergebnis der 2. Ableitung hat.

e) Beachten Sie, dass mithilfe der angegebenen Formel der Abstand zweier Punkte bestimmt wird. Überlegen, Sie, welches der zweite Punkt neben P ist und welche Bedeutung die Gleichung dann hat.

Geometrie

5 Punkte, Geraden und Ebenen

5.1 Rechnen mit Vektoren

5.1.1 Rechenregeln

Für das Rechnen mit Vektoren gelten folgende Gesetze:

Addition: $\begin{pmatrix} a_1 \\ a_2 \\ a_3 \end{pmatrix} + \begin{pmatrix} b_1 \\ b_2 \\ b_3 \end{pmatrix} = \begin{pmatrix} a_1+b_1 \\ a_2+b_2 \\ a_3+b_3 \end{pmatrix}$ Subtraktion: $\begin{pmatrix} a_1 \\ a_2 \\ a_3 \end{pmatrix} - \begin{pmatrix} b_1 \\ b_2 \\ b_3 \end{pmatrix} = \begin{pmatrix} a_1-b_1 \\ a_2-b_2 \\ a_3-b_3 \end{pmatrix}$

Skalare Multiplikation: $s \cdot \begin{pmatrix} a_1 \\ a_2 \\ a_3 \end{pmatrix} = \begin{pmatrix} s\cdot a_1 \\ s\cdot a_2 \\ s\cdot a_3 \end{pmatrix}$ (Zahl · Vektor = Vektor), für $s \in \mathbb{R}$

Skalarprodukt: $\begin{pmatrix} a_1 \\ a_2 \\ a_3 \end{pmatrix} \cdot \begin{pmatrix} b_1 \\ b_2 \\ b_3 \end{pmatrix} = a_1\cdot b_1 + a_2\cdot b_2 + a_3\cdot b_3$ (Vektor · Vektor = Zahl)

Betrag bzw. Länge: $\left| \begin{pmatrix} a_1 \\ a_2 \\ a_3 \end{pmatrix} \right| = \sqrt{a_1^2+a_2^2+a_3^2}$

Vektorprodukt: $\begin{pmatrix} a_1 \\ a_2 \\ a_3 \end{pmatrix} \times \begin{pmatrix} b_1 \\ b_2 \\ b_3 \end{pmatrix} = \begin{pmatrix} a_2\cdot b_3 - a_3\cdot b_2 \\ a_3\cdot b_1 - a_1\cdot b_3 \\ a_1\cdot b_2 - a_2\cdot b_1 \end{pmatrix}$

5.1.2 Orts- und Verbindungsvektoren

a) Ortsvektoren setzen am Ursprung $O(0\,|\,0\,|\,0)$ an. Verbindungsvektoren zwischen zwei Punkten erhalten Sie mithilfe der Differenz der Ortsvektoren. Bestimmen Sie jeweils die Länge (Betrag) der Verbindungsvektoren.

b) Stellen Sie jeweils drei Verbindungsvektoren zwischen je zwei Punkten auf und berechnen Sie deren Länge.

c) Tragen Sie in Ihre Skizze jeweils die gegebenen und gesuchten Punkte sowie den Ursprung O ein. Bestimmen Sie mithilfe einer Vektorkette den Ortsvektor des gesuchten Punktes. Geben Sie die Koordinaten des gesuchten Punktes an.

d) Tragen Sie in Ihre Skizze die gegebenen und gesuchten Punkte sowie den Ursprung O ein. Achten Sie dabei auf die Reihenfolge der Punkte (*gegen* den Uhrzeigersinn). Bestimmen Sie mithilfe einer Vektorkette den Ortsvektor des gesuchten Punktes. Geben Sie die Koordinaten des gesuchten Punktes an.

e) Da je vier Kanten parallel sind, gilt
$\overrightarrow{BF} = \overrightarrow{CG} = \overrightarrow{DH} = \overrightarrow{AE}$, $\overrightarrow{BC} = \overrightarrow{AD} = \overrightarrow{FG} = \overrightarrow{EH}$ und $\overrightarrow{AB} = \overrightarrow{EF} = \overrightarrow{DC} = \overrightarrow{HG}$.
Bestimmen Sie mithilfe einer Vektorkette den Ortsvektor des gesuchten Punktes. Geben Sie die Koordinaten des gesuchten Punktes an.

f) Tragen Sie in Ihre Skizze die gegebenen und gesuchten Punkte sowie den Ursprung O ein. Bestimmen Sie mithilfe einer Vektorkette den Ortsvektor des gesuchten Punktes. Geben Sie die Koordinaten des gesuchten Punktes an. Die Länge einer Kante ist die Länge des Verbindungsvektors der beiden Eckpunkte.

5.1.3 Orthogonalität von Vektoren

a) Zwei Vektoren stehen genau dann senkrecht aufeinander, wenn das Skalarprodukt gleich Null ist. Ist das Skalarprodukt ungleich Null, dann sind die beiden Vektoren nicht orthogonal.

b) Es sind Vektoren zu suchen, deren Skalarprodukt mit $\vec{n}$ Null ergibt.

c) Bestimmen Sie das Skalarprodukt von je zwei Verbindungsvektoren. Falls ein Ergebnis Null ergibt, sind die beiden Vektoren orthogonal.

5.2 Geraden

5.2.1 Aufstellen von Geradengleichungen

Verwenden Sie den Ortsvektor des einen Punktes als Stützvektor. Bilden Sie den Richtungsvektor, indem Sie den Verbindungsvektor zwischen den beiden Punkten aufstellen.

5.2.2 Punktprobe

Setzen Sie den Ortsvektor des Punktes in die Geradengleichung ein und prüfen Sie, ob sich für alle drei Komponenten der gleiche Parameter ergibt.

5.2.3 Gegenseitige Lage von Geraden

Für die gegenseitige Lage von zwei Geraden gibt es vier Möglichkeiten: Die Geraden können sich schneiden, parallel, identisch oder windschief sein.

Zur Bestimmung der gegenseitigen Lage prüft man zuerst die Richtungsvektoren auf lineare Abhängigkeit bzw. Unabhängigkeit:

1. Sind die Richtungsvektoren ein Vielfaches voneinander (linear abhängig), können die Geraden parallel oder identisch sein.
   Sie sind identisch, wenn ein Punkt der einen Geraden auf der anderen Geraden liegt (positive Punktprobe), sonst sind sie parallel (negative Punktprobe).

2. Sind die Richtungsvektoren kein Vielfaches voneinander (linear unabhängig), können die Geraden sich schneiden oder windschief sein.
   Durch Gleichsetzen erhält man den Schnittpunkt oder einen Widerspruch, welcher angibt, dass die Geraden windschief sind.

5.3 Ebenen

5.3.1 Parameterform der Ebenengleichung

a), b) Nehmen Sie einen der Punkte als «Stützpunkt». Die Verbindungsvektoren zwischen den Punkten ergeben die Spannvektoren.

c), d) Der Stützvektor der Geraden dient als Stützvektor der Ebene, der Richtungsvektor bildet den ersten Spannvektor. Den zweiten Spannvektor erhalten Sie, indem Sie den Verbindungsvektor zwischen dem Stützpunkt und dem angegebenen Punkt bilden.

5.3.2 Koordinatengleichung einer Ebene

Um eine Ebenengleichung aufzustellen, brauchen Sie in der Regel entweder einen Punkt P, der in der Ebene liegt, und zwei Spannvektoren oder einen Punkt P, der in der Ebene liegt, und einen Normalenvektor $\vec{n} = \begin{pmatrix} a \\ b \\ c \end{pmatrix}$, welche Sie dann in den Ansatz $ax_1 + bx_2 + cx_3 = d$ einsetzen.

Einen Normalenvektor $\vec{n}$ erhalten Sie mithilfe des Vektorprodukts der beiden Spannvektoren (siehe Seite 43).

a), b) Setzen Sie den gegebenen Punkt und die Koordinaten des Normalenvektors in den Ansatz $ax_1 + bx_2 + cx_3 = d$ ein.

c), d) Wählen Sie einen der 3 Punkte als «Stützpunkt» und bestimmen Sie die Spannvektoren als Verbindungsvektoren zwischen dem ersten Punkt und den beiden anderen Punkten. Anschließend bestimmen Sie einen Normalenvektor mithilfe des Vektorprodukts und verwenden den Ansatz $ax_1 + bx_2 + cx_3 = d$.

e), f) Als Stützvektor bietet sich der Stützvektor der Geraden an. Als 1. Spannvektor verwenden Sie den Richtungsvektor der Geraden, als 2. Spannvektor den Verbindungsvektor zwischen dem Punkt außerhalb der Geraden und dem «Stützpunkt» der Geraden. Anschließend gehen Sie vor wie bei der vorangegangenen Aufgabe.

g) - i) Bestimmen Sie zuerst den Stützvektor der Ebene. Bestimmen Sie dazu den Schnittpunkt der beiden Geraden. Der Ortsvektor des Schnittpunktes dient als Stützvektor, die beiden Richtungsvektoren der Geraden werden als Spannvektoren der Ebene genommen. (Wichtig: Wenn man s und t mithilfe von zwei Gleichungen bestimmt hat, muss man s und t in der 3. Gleichung überprüfen).

j), k) Untersuchen Sie die beiden Richtungsvektoren. Sind diese ein Vielfaches voneinander (linear abhängig), dann sind die Geraden parallel. Als 1. Spannvektor verwenden Sie den Richtungsvektor der einen Geraden, als 2. Spannvektor den Verbindungsvektor zwischen den beiden «Stützpunkten».

l) Um die Ebenengleichung aufzustellen, brauchen Sie einen Punkt der Ebene und einen Normalenvektor. Die Spiegelebene befindet sich genau in der Mitte zwischen A und A^*. Anhand einer Skizze können Sie sich gut klarmachen, wie der Normalenvektor aussehen muss.

m) Verwenden Sie drei der gegebenen Punkte, um eine Ebene aufzustellen. Mit dem vierten Punkt machen Sie eine Punktprobe.

5.3.3 Punktprobe

Parameterform: Setzen Sie den Ortsvektor des Punktes in die Ebenengleichung ein lösen Sie das zugehörige LGS. Wenn es lösbar ist, liegt der Punkt in der Ebene. (Probe in der dritten Gleichung nicht vergessen!)

Koordinatenform: Setzen Sie die Koordinaten des Punktes in die Ebenengleichung ein. Wenn sich eine wahre Aussage ergibt, liegt der Punkt in der Ebene.

5.3.4 Spurpunkte

Zuerst bestimmt man die Spurpunkte, dies sind die Schnittpunkte der Ebene mit den Koordinatenachsen. Überlegen Sie, welchen Wert die x_2- und die x_3-Koordinate für einen Schnittpunkt der Ebene mit der x_1-Achse besitzen. Man setzt ein und formt nach x_1 um. Ebenso verfährt man für die anderen Spurpunkte.

5.3.5 Bestimmen von Geraden und Ebenen in einem Quader

a) Der Punkt O des Quaders liegt im Ursprung des Koordinatensystems. Bestimmen Sie die übrigen Punkte, indem Sie die Ortsvektoren addieren.

b) Die Gleichung kann wie im vorherigen Kapitel rechnerisch bestimmt werden, oder durch Überlegung und Ablesen an der Zeichnung.

c) Um eine Geradengleichung aufzustellen, brauchen Sie einen Stützvektor und einen Richtungsvektor.

d) Wählen Sie drei der angegebenen Punkte und stellen Sie die Ebenengleichung wie im vorangegangenen Kapitel auf.

5.4 Gegenseitige Lage von Geraden und Ebenen

5.4.1 Gegenseitige Lage

Eine Gerade und eine Ebene können auf drei verschiedene Arten zueinander liegen: g schneidet E, g ist echt parallel zu E oder g liegt in E.

Liegt die Ebene in Koordinatenform vor, wird die Gerade als «allgemeiner Punkt» P_t umgeschrieben und in die Ebenengleichung eingesetzt. Anschließend wird der Parameter t bestimmt und in P_t eingesetzt, um den Schnittpunkt zu bestimmen.

Beim Lösen der Gleichung können drei Fälle auftreten:

1. Es gibt eine eindeutige Lösung: Die Gerade schneidet die Ebene.
2. Es tritt ein Widerspruch auf (wie z.B. $3 = 0$): Die Gerade ist echt parallel zur Ebene.
3. Die Gleichung hat unendlich viele Lösungen (beim Lösen ergibt sich z.B. $3 = 3$ oder $0 = 0$): Die Gerade liegt in der Ebene.

5.4.2 Vermischte Aufgaben

a) Wenn $g \parallel \mathrm{E}$, so gilt: $\vec{u} \cdot \vec{n} = 0$. Für den Richtungsvektor $\vec{u}$ der Geraden gibt es unendlich viele Möglichkeiten.

b) Da $g \perp \mathrm{E}$, so gilt: $\vec{u} = k \cdot \vec{n}$; $k \in \mathbb{R}$, d.h. der Richtungsvektor $\vec{u}$ ist ein Vielfaches des Nomalenvektors.

c) Setzen Sie den allgemeinen Punkt P_t von g in die Ebenengleichung ein; bei einem Widerspruch haben g und E keine gemeinsamen Punkte.

d) Setzen Sie den allgemeinen Punkt P_t von g in die Ebenengleichung ein; bei einer wahren Aussage enthält E die Gerade g.

5.5 Gegenseitige Lage von Ebenen

Zwei Ebenen können auf drei verschiedene Arten zueinander liegen: Die beiden Ebenen schneiden sich, sie liegen parallel zueinander oder sie sind identisch.

Auch hier gibt es verschiedene Lösungswege, abhängig davon, welche Art von Ebenengleichung vorliegt. Da der Weg über die Koordinatengleichung gut nachvollziehbar ist, werden die Aufgaben auf diese Weise gelöst.

Die beiden Ebenengleichungen bilden ein lineares Gleichungssystem mit zwei Gleichungen und drei Variablen.

Beim Lösen des Gleichungssystems bzw. der Gleichung können drei Fälle auftreten:

1. Es gibt unendlich viele Lösungen, wenn eine Gleichung mit zwei Unbekannten übrig ist: Die Ebenen schneiden sich in einer Schnittgerade.
2. Es tritt ein Widerspruch auf (wie z.B. $3 = 0$): Die beiden Ebenen sind parallel.
3. Es gibt eine wahre Aussage (z.B. $0 = 0$): Die beiden Ebenen sind identisch.

5.5.1 Schnittgerade von zwei Ebenen

Schreiben Sie die angegebene Schnittgerade als «allgemeinen Punkt» P_t und setzen Sie diesen jeweils in die Ebenengleichungen ein. Bei einer wahren Aussage liegt die Gerade jeweils in der Ebene. Zusätzlich überprüfen Sie die beiden Normalenvektoren, um sicherzustellen, dass es sich um zwei verschiedene Ebenen handelt.

5.5.2 Parallele Ebenen

Prüfen Sie, ob der Normalenvektor der einen Ebene ein Vielfaches des Normalenvektors der anderen Ebene ist. Anschließend lösen Sie das zugehörige Gleichungssystem. Bei einem Widerspruch sind die Ebenen echt parallel.

5.5.3 Orthogonale Ebenen

Berechnen Sie das Skalarprodukt der beiden Normalenvektoren. Ist das Ergebnis Null, sind die beiden Ebenen orthogonal zueinander.

5.5.4 Lineare Gleichungssysteme

Verwenden Sie das Gaußsche Eliminierungsverfahren und bringen Sie das Gleichungssystem auf Dreiecksform.
Beachten Sie, dass es entweder eine Lösung, unendlich viele Lösungen (bei einer wahren Aussage) oder keine Lösung (bei einem Widerspruch) gibt.

6 Abstände, Winkel und Spiegelungen

6.1 Abstandsberechnungen

6.1.1 Abstand Punkt– Punkt

a) Den Abstand d der Punkte A und B erhalten Sie, indem Sie den Betrag des zugehörigen Verbindungsvektors berechnen.

b) Den Abstand d der Punkte C und A erhalten Sie, indem Sie den Betrag des zugehörigen Verbindungsvektors berechnen. Lösen Sie die Gleichung $d = 5$ durch Quadrieren nach c auf. Verwenden Sie die *abc*-Formel.

c) Schreiben Sie die Gerade als «allgemeinen Punkt» P_t . Lösen Sie die Gleichung $|\overrightarrow{AP_t}| = 3$ durch Quadrieren nach t auf.

6.1.2 Abstand Punkt – Ebene

Für den Punkt $P(p_1 \mid p_2 \mid p_3)$ und die Ebene $E\colon\ ax_1 + bx_2 + cx_3 = d$ mit dem Normalenvektor $\vec{n} = \begin{pmatrix} a \\ b \\ c \end{pmatrix}$ gilt folgende Abstandsformel: $d(P;E) = \frac{|a\cdot p_1 + b\cdot p_2 + c\cdot p_3 - d|}{\sqrt{a^2+b^2+c^2}}$. Alternativ kann man auch das Lotfußpunktverfahren anwenden. Dazu stellt man eine Lotgerade l auf, die orthogonal zu E ist und durch P geht. Als Richtungsvektor von l verwendet man den Normalenvektor von E. Anschließend schneidet man l und E und berechnet den Abstand von P zum Schnittpunkt.

6.1.3 Abstand Gerade – Ebene

Zuerst ist zu zeigen, dass die Gerade parallel zur Ebene ist. Dazu benötigt man das Skalarprodukt. Anschließend setzt man einen Punkt der Geraden und die Ebene in die Abstandsformel ein und berechnet den Abstand. Alternativ kann man auch das Lotfußpunktverfahren anwenden (siehe Abstand Punkt-Ebene).

6.1.4 Abstand paralleler Ebenen

Zeigen Sie, dass der Normalenvektor der einen Ebene ein Vielfaches des Normalenvektors der anderen Ebene ist. Dann bestimmen Sie einen Punkt in einer der Ebenen und setzen diesen und die andere Ebene in die Abstandsformel ein und berechnen so den Abstand. Alternativ kann man auch das Lotfußpunktverfahren anwenden (siehe Abstand Punkt-Ebene).

6.2 Winkelberechnungen

6.2.1 Winkel zwischen Vektoren und zwischen Geraden

a) Verwenden Sie Verbindungsvektoren der entsprechenden Seiten. Wenn zwei Kosinuswerte gleich sind, sind auch die Winkel gleich groß.

b) Verwenden Sie die beiden Richtungsvektoren der Geraden.

6.2.2 Winkel zwischen Ebenen

Verwenden Sie die beiden Normalenvektoren der Ebenen.

6.2.3 Winkel zwischen Gerade und Ebene

Verwenden Sie den Richtungsvektor der Geraden und den Normalenvektor der Ebene.

6.3 Spiegelungen

6.3.1 Punkt an Punkt

Machen Sie eine Skizze. Überlegen Sie, welche Vektoren man aneinanderhängen muss, um von P zum Spiegelpunkt P^* zu gelangen, wenn z.B. Q in der Mitte liegen soll.

6.3.2 Punkt an Ebene

Machen Sie eine Skizze. Der Punkt A wird an dem Punkt der Ebene, der A am nächsten ist, gespiegelt. Um diesen Punkt zu bestimmen, braucht man eine Hilfsgerade durch A, die senkrecht auf der Ebene steht.

6.3.3 Gerade an Ebene

Machen Sie eine Skizze. Überlegen Sie, ob die Gerade die Ebene schneidet oder parallel zu ihr liegt. Berechnen Sie gegebenenfalls den Schnittpunkt. Spiegeln Sie den Stützpunkt der Geraden an der Ebene mithilfe einer Lotgeraden und einer Vektorkette. Überlegen Sie, welchen Richtungsvektor die Spiegelgerade hat.

6.4 Verständnis von Zusammenhängen

a) Skizzieren Sie die Problemstellung. Als Stützpunkt der Geraden h können Sie einen beliebigen Punkt A der Ebene E verwenden. Überlegen Sie, auf welchen Vektoren der Richtungsvektor $\vec{v}$ der Geraden h orthogonal ist und verwenden Sie das Vektorprodukt oder das Skalarprodukt.

Alternativ können Sie auch eine zur Geraden g orthogonale Hilfsebene E_H durch einen beliebigen Punkt A von E aufstellen und diese mit g schneiden; überlegen Sie, wie Sie mit Hilfe des Schnittpunkts den Richtungsvektor $\vec{v}$ der Geraden h erhalten.

b) Beachten Sie, dass zwei Vektoren senkrecht aufeinander stehen, wenn das Skalarprodukt Null ergibt und dass die beiden Vektoren $\vec{u}$ und $\vec{v}$ aufgrund der verschiedenen Beträge unterschiedlich lang sind. Skizzieren Sie die beiden Vektoren. Beachten Sie die Parameter r und s und skizzieren Sie damit die Figur, in welcher alle Punkte X liegen müssen. Bestimmen Sie die Länge und die Breite der Figur und damit ihren Flächeninhalt.

c) Skizzieren Sie die Problemstellung.
Überlegen Sie, wie Sie den Spiegelpunkt A′ des Stützpunktes A der Geraden erhalten können.
Stellen Sie mithilfe von S und A′ eine Geradengleichung der Spiegelgeraden g' auf.

d) Skizzieren Sie die Problemstellung.
Überlegen Sie, wie Sie den Abstand von M zur Ebene E bestimmen können.
Zur Bestimmung des Berührpunkts B verwenden Sie eine geeignete Lotgerade.

6.5 Flächen- und Volumenberechnungen

a) Stellen Sie die Verbindungsvektoren $\overrightarrow{AB}$ und $\overrightarrow{AD}$ auf und verwenden Sie für den Flächeninhalt A des Parallelogramms die Formel:
$A = \left|\overrightarrow{AB} \times \overrightarrow{AD}\right|$.

b) Stellen Sie die Verbindungsvektoren $\overrightarrow{AB}$ und $\overrightarrow{AC}$ auf und verwenden Sie für den Flächeninhalt A des Dreiecks die Formel:
$A = \frac{1}{2} \cdot \left|\overrightarrow{AB} \times \overrightarrow{AC}\right|$.

c) Die Spurpunkte der Ebene E erhalten Sie, indem Sie jeweils zwei Koordinaten gleich Null setzen. Skizzieren Sie die Pyramide. Das Volumen V der Pyramide, welche von den Spurpunkten und dem Ursprung gebildet wird, erhalten Sie mit der Formel $V = \frac{1}{3} \cdot G \cdot h$. Die Grundfläche G wird vom Ursprung, S_1 und S_2 gebildet. Beachten Sie, dass dies ein rechtwinkliges Dreieck ist. Die Höhe h der Pyramide ist der x_3-Wert von S_3.

d) Stellen Sie die Verbindungsvektoren $\overrightarrow{AB}$ und $\overrightarrow{AC}$ auf und verwenden Sie für den Flächeninhalt G des Dreiecks ABC die Formel: $G = \frac{1}{2} \cdot \left|\overrightarrow{AB} \times \overrightarrow{AC}\right|$. Das Volumen der Pyramide ABCS erhalten Sie mit der Formel $V = \frac{1}{3} \cdot G \cdot h$.
Die Höhe h ist der Abstand des Punktes S zur Ebene E, in der die Punkte A, B und C liegen.
Stellen Sie eine Koordinatengleichung von E auf, indem Sie zuerst einen Normalenvektor $\vec{n}$ mithilfe des Vektorprodukts der Spannvektoren $\overrightarrow{AB}$ und $\overrightarrow{AC}$ bestimmen. Anschließend setzen Sie die Koordinaten von A in den Ansatz der Koordinatenform ein. Den Abstand h des Punktes S zu E erhalten Sie mit der Abstandsformel eines Punktes zu einer Ebene:
$h = d(S; E) = \frac{|a \cdot s_1 + b \cdot s_2 + c \cdot s_3 - d|}{\sqrt{a^2+b^2+c^2}}$

Stochastik

7 Wahrscheinlichkeitsrechnung

7.1 Baumdiagramme und Pfadregeln

7.1.1 Ziehen mit Zurücklegen

a) Zeichnen Sie ein Baumdiagramm mit den Ästen rot (r), weiß (w) und gelb (g). Beachten Sie, dass die Wahrscheinlichkeiten bei jedem Ziehen gleich bleiben. Überlegen Sie, welche Ergebnisse zum gesuchten Ereignis A gehören und verwenden Sie die Pfadregeln.
Zeichnen Sie ein Baumdiagramm mit den Ästen weiß (w) und nicht weiß ($\bar{w}$). Beachten Sie, dass die Wahrscheinlichkeiten bei jedem Ziehen gleich bleiben. Überlegen Sie, welches Ergebnis zum gesuchten Ereignis B gehört und verwenden Sie die 1. Pfadregel.

b) Zeichnen Sie ein Baumdiagramm mit den Ästen rot (r) und nicht rot ($\bar{r}$). Beachten Sie, dass die Wahrscheinlichkeiten bei jedem Ziehen gleich bleiben. Überlegen Sie, welches Ergebnis zum gesuchten Ereignis A gehört und verwenden Sie die 1. Pfadregel.
Überlegen Sie, welche Ergebnisse zum gesuchten Ereignis B gehören und verwenden Sie die Pfadregeln oder rechnen Sie alternativ mit dem Gegenereignis $\overline{B}$ und verwenden Sie $P(B) = 1 - P(\bar{B})$.

c) I) Zeichnen Sie ein Baumdiagramm mit den Ästen rot (r) und gelb (g). Beachten Sie, dass die Wahrscheinlichkeiten bei jedem Ziehen gleich bleiben. Überlegen Sie, welche Ergebnisse zum gesuchten Ereignis gehören und verwenden Sie die Pfadregeln oder rechnen Sie alternativ mit dem Gegenereignis $\overline{A}$ und verwenden Sie $P(A) = 1 - P(\bar{A})$.

II) Wählen Sie n als Anzahl der gelben Kugeln und überlegen Sie, wie viele Kugeln insgesamt vorhanden sind.

d) I) Überlegen Sie, wie viele Kugeln insgesamt mindestens vorhanden sein müssen und beachten Sie, ob sich die Wahrscheinlichkeiten für rot oder schwarz bei jedem Ziehen ändern oder nicht.

II) Rechnen Sie mit dem Gegenereignis $\overline{A}$ und verwenden Sie $P(A) = 1 - P(\bar{A})$ sowie die 1. Pfadregel.

7.1.2 Ziehen ohne Zurücklegen

a) Zeichnen Sie ein Baumdiagramm mit den Ästen rot (r), grün (g) und blau (b). Beachten Sie, dass sich die Wahrscheinlichkeiten bei jedem Ziehen ändern. Überlegen Sie, welche Ergebnisse zum gesuchten Ereignis A gehören und verwenden Sie die Pfadregeln.
Zeichnen Sie ein Baumdiagramm mit den Ästen blau (b) und nicht blau ($\bar{b}$). Beachten Sie, dass sich die Wahrscheinlichkeiten bei jedem Ziehen ändern. Überlegen Sie, welches Ergebnis zum gesuchten Ereignis B gehört und verwenden Sie die 1. Pfadregel.

b) I) Überlegen Sie, wie viele Kugeln insgesamt mindestens vorhanden sein müssen und beachten Sie, ob sich die Wahrscheinlichkeiten für rot oder schwarz bei jedem Ziehen ändern oder nicht.

II) Überlegen Sie, welche Ergebnisse zum gesuchten Ereignis gehören und verwenden Sie die Pfadregeln.

c) Beachten Sie, dass gleichzeitiges Ziehen einem Ziehen ohne Zurücklegen entspricht und dass sich die Wahrscheinlichkeiten bei jedem Ziehen ändern. Überlegen Sie, welche Ergebnisse zum gesuchten Ereignis A gehören und verwenden Sie die Pfadregeln.
Zeichnen Sie ein Baumdiagramm mit den Ästen weiß (w) und nicht weiß ($\bar{w}$). Beachten Sie, dass sich die Wahrscheinlichkeiten bei jedem Ziehen ändern. Rechnen Sie mit dem Gegenereignis $\overline{B}$ und verwenden Sie $P(B) = 1 - P(\bar{B})$ sowie die 1. Pfadregel.

d) I) Zeichnen Sie ein Baumdiagramm mit den Ästen Gewinn (g) und Niete (n). Beachten Sie, dass sich beim Ziehen ohne Zurücklegen die Wahrscheinlichkeiten bei jedem Ziehen ändern. Überlegen Sie, welche Ergebnisse zum gesuchten Ereignis gehören und verwenden Sie die Pfadregeln.

II) Überlegen Sie, welche Lose zuerst gezogen werden müssen und verwenden Sie die 1. Pfadregel.

7.2 Vierfeldertafel

7.2.1 Unabhängigkeit von Ereignissen

a) Wenn A und B unabhängig sind, so sind auch A und $\overline{B}$, $\overline{A}$ und B bzw. $\overline{A}$ und $\overline{B}$ voneinander unabhängig und es gilt jeweils der spezielle Multiplikationssatz.

b) $P(R)$, $P(m)$ und $P(m \cap R)$ entsprechen den jeweiligen relativen Häufigkeiten. Prüfen Sie nach, ob dafür der spezielle Multiplikationssatz gilt.

c) Ergänzen Sie zunächst die Zeile oder Spalte, in der schon zwei Zahlen stehen. Beachten Sie, dass sich «rechts unten» 1 ergeben muss. Prüfen Sie Unabhängigkeit mit dem speziellen Multiplikationssatz: $P(A \cap B) = P(a) \cdot P(B)$.

d) Überlegen Sie, welche der angegebenen Zahlen bei der Vierfeldertafel innen und welche außen stehen.

7.2.2 Bedingte Wahrscheinlichkeit

Bei Fragen nach der bedingten Wahrscheinlichkeit sind Vierfeldertafeln und Baumdiagramme hilfreich, wenn Sie folgendes beachten:

	A	$\overline{A}$	
B	$P(A\cap B)$	$P(\overline{A}\cap B)$	$P(B)$
$\overline{B}$	$P(A\cap \overline{B})$	$P(\overline{A}\cap \overline{B})$	$P(\overline{B})$
	$P(A)$	$P(\overline{A})$	1

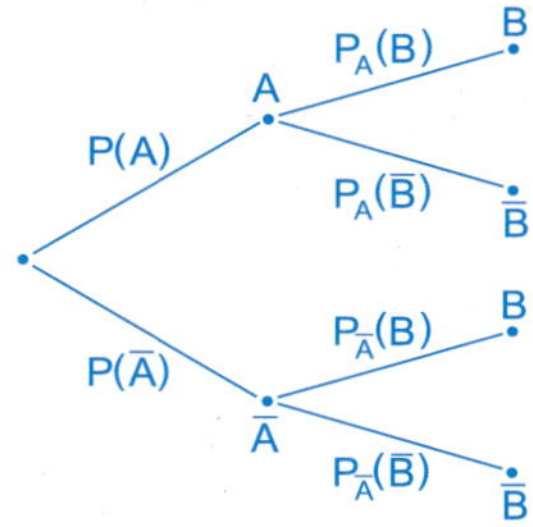

$P(A\cap B) = P(A)\cdot P_A(B) = P(B)\cdot P_B(A)$.
Damit kann man auch bei anspruchsvollen Aufgabenstellungen die Orientierung behalten.

a) Erstellen Sie eine Vierfeldertafel und verwenden Sie: a: über 40 Jahre, j: bis 40 Jahre, L: Leserin. Schreiben Sie zunächst alle Wahrscheinlichkeiten, die sich aus den Angaben errechnen lassen, als relative Häufigkeiten formal auf.

   I) Bestimmen Sie mit Hilfe der Vierfeldertafel und der bedingten Wahrscheinlichkeit $P_a(L)$.

   II) Bestimmen Sie mit Hilfe der Vierfeldertafel und der bedingten Wahrscheinlichkeit $P_j(\overline{L})$.

b) Verwenden Sie: k: krank, g ($=\overline{k}$): gesund, «+»: positiv getestet, «−»: negativ getestet.
Aus der Aufgabenstellung lassen sich P(k), $P_k(+)$ und $P_g(-)$ ablesen.
Erstellen Sie eine Vierfeldertafel und bestimmen Sie P(g), $P(k\cap +)$, $P(g\cap -)$.

   I) Bestimmen Sie mit Hilfe der Vierfeldertafel und der bedingten Wahrscheinlichkeit $P_+(k)$.

   II) Bestimmen Sie mit Hilfe der Vierfeldertafel und der bedingten Wahrscheinlichkeit $P_-(g)$.

c) Notieren Sie zunächst formal, welche Wahrscheinlichkeiten den verschiedenen %-Angaben entsprechen.
Stellen Sie eine Vierfeldertafel auf (a: über 70 Jahre, j: bis 70 Jahre, m: männlich, w: weiblich).
Beachten Sie, dass gilt: $P(m\cap a) = P(a)\cdot P_a(m)$ und $P(m\cap j) = P(j)\cdot P_j(m)$.

   I) Bestimmen Sie mit Hilfe der Vierfeldertafel und der bedingten Wahrscheinlichkeit $P_m(j)$.

   II) Bestimmen Sie mit Hilfe der Vierfeldertafel und der bedingten Wahrscheinlichkeit $P_w(a)$.

7.3 Binomialverteilung

a) I) Legen Sie X als binomialverteilte Zufallsgröße für die Anzahl der Treffer mit den Parametern p und n fest.
Verwenden Sie die Bernoulli-Formel $P(X=k)=\binom{n}{k}\cdot p^k\cdot(1-p)^{n-k}$.

II) Bestimmen Sie die Wahrscheinlichkeit für einen Fehlwurf. Legen Sie Y als binomialverteilte Zufallsgröße für die Anzahl der Fehlwürfe mit den Parametern p und n fest. Verwenden Sie die Bernoulli-Formel $P(X=k)=\binom{n}{k}\cdot p^k\cdot(1-p)^{n-k}$ zweimal.

b) I) Bestimmen Sie n, p und k und verwenden Sie die Bernoulli-Formel
$P(X=k)=\binom{n}{k}\cdot p^k\cdot(1-p)^{n-k}$.

II) Für ein Ereignis A beachten Sie den Zusammenhang zur Bernoulli-Formel
$P(X=k)=\binom{n}{k}\cdot p^k\cdot(1-p)^{n-k}$.
Für ein Ereignis B formen Sie die gegebene Wahrscheinlichkeit so um, dass die obige Formel sichtbar wird: Beachten Sie, dass für ein Gegenereignis gilt: $P(A)=1-P(\bar{A})$.

c) I) Verwenden Sie die Bernoulli-Formel $P(X=k)=\binom{n}{k}\cdot p^k\cdot(1-p)^{n-k}$.

II) Überlegen Sie, welche Wahrscheinlichkeiten addiert werden müssen bzw. rechnen Sie mit dem Gegenereignis $\overline{A}$ und verwenden Sie $P(A)=1-P(\bar{A})$.

d) I) Bestimmen Sie n, p und k und verwenden Sie die Bernoulli-Formel
$P(X=k)=\binom{n}{k}\cdot p^k\cdot(1-p)^{n-k}$.

II) Für das Ereignis A beachten Sie, dass es aus drei Ergebnissen besteht; stellen Sie den Zusammenhang zur Bernoulli-Formel $P(X=k)=\binom{n}{k}\cdot p^k\cdot(1-p)^{n-k}$ her.
Für das Ereignis B formen Sie die gegebene Wahrscheinlichkeit so um, dass die obige Formel sichtbar wird; beachten Sie, dass für ein Gegenereignis gilt: $P(A)=1-P(\bar{A})$.

e) I) Verwenden Sie die Bernoulli-Formel $P(X=k)=\binom{n}{k}\cdot p^k\cdot(1-p)^{n-k}$.

II) Überlegen Sie, welche Wahrscheinlichkeiten addiert werden müssen.

f) I) Verwenden Sie zur Berechnung der Wahrscheinlichkeit $P(X\leqslant 1)$ die Bernoulli-Formel $P(X=k)=\binom{n}{k}\cdot p^k\cdot(1-p)^{n-k}$. Beachten Sie, dass $P(X\leqslant 1)=P(X=0)+P(X=1)$ gilt. Alternativ erhalten Sie die Wahrscheinlichkeit $P(X\leqslant 1)$ mithilfe der Wahrscheinlichkeit des Gegenereignisses und der Bernoulli-Formel.

II) Verwenden Sie zur Berechnung die Wahrscheinlichkeiten der jeweiligen Gegenereignisse, z.B. $P(X\neq 0)=P(X=1)+P(X=2)$. Beachten Sie, dass gilt:
$P(X=0)+P(X=1)+P(X=2)=1$.

g) Betrachten Sie nur die Ausgänge «Sechs» oder «nicht Sechs». Legen Sie X als binomialverteilte Zufallsgröße für die Anzahl der «Sechsen» mit den Parametern n und p fest.

Verwenden Sie den WTR. Beachten Sie, dass gilt:

$$P(k_1 < X < k_2) = P(X \leqslant k_2 - 1) - P(X \leqslant k_1)$$
$$P(X < k) = P(X \leqslant k - 1)$$
$$P(X > k) = 1 - P(X \leqslant k)$$
$$P(X \geqslant k) = 1 - P(X \leqslant k - 1)$$

h) Betrachten Sie nur die zwei Ausgänge «Sendung bekannt» oder «Sendung nicht bekannt». Legen Sie X als binomialverteilte Zufallsgröße für die Anzahl derjenigen Personen, welche die Sendung kennen, mit den Parametern n und p fest. Verwenden Sie den WTR .

i) Legen Sie X als binomialverteilte Zufallsgröße für die Anzahl der matschigen Äpfel bei einer Gesamtheit von 7 Äpfeln fest und berechnen Sie $P(X = 2)$ mithilfe des WTR.
Legen Sie Y als binomialverteilte Zufallsgröße für die Anzahl der matschigen Äpfel bei einer Gesamtheit von 20 Äpfeln fest und rechnen Sie mit dem Gegenereignis, indem Sie $P(B) = 1 - P(\bar{B})$ verwenden.
Legen Sie Z als binomialverteilte Zufallsgröße für die Anzahl der matschigen Äpfel bei einer Gesamtheit von 100 Äpfeln fest und berechnen Sie $P(15 \leqslant Z \leqslant 25)$ mithilfe des WTR.

j) Bestimmen Sie zuerst die Wahrscheinlichkeit, dass ein erwarteter Passagier die Reise antritt.
Legen Sie X als binomialverteilte Zufallsgröße für die Anzahl der besetzten Plätze mit den Parametern n und p fest. Beachten Sie, dass gilt: $P(X > k) = 1 - P(X \leqslant k)$.

k) Bestimmen Sie zuerst die Wahrscheinlichkeit, dass ein Bauteil einwandfrei ist, mithilfe des Gegenereignisses.
Legen Sie X als binomialverteilte Zufallsgröße für die Anzahl der einwandfreien Bauteile mit den Parametern n und p fest. Berechnen Sie mithilfe des WTR die gesuchte Wahrscheinlichkeit; verwenden Sie $P(X \geqslant k) = 1 - P(X \leqslant k - 1)$.

7.4 Erwartungswert und Standardabweichung

a) Bestimmen Sie die Wahrscheinlichkeiten für die möglichen Ereignisse. Den Erwartungswert E von X (Zufallsgröße für die Höhe des Gewinns) erhalten Sie, indem Sie die möglichen Auszahlungsbeträge mit den zugehörigen Wahrscheinlichkeiten multiplizieren. Die Standardabweichung erhalten Sie, indem Sie die Wurzel aus der Varianz ziehen. Verwenden Sie die Formeln: $V(X) = \sum_{i=1}^{n} \left[(x_i - \mu)^2 \cdot P(x_i)\right]$ und $\sigma = \sqrt{V(X)}$

b) Verwenden Sie jeweils die Formel: $\mu = E(X) = n \cdot p$ sowie $\sigma = \sqrt{n \cdot p \cdot (1 - p)}$.

c) Bestimmen Sie die Wahrscheinlichkeiten für die möglichen Ereignisse. Den Erwartungswert E von X (Zufallsgröße für die Höhe des Gewinns) erhalten Sie, indem Sie die möglichen Auszahlungsbeträge mit den zugehörigen Wahrscheinlichkeiten multiplizieren und den Einsatz subtrahieren.

d) Legen Sie X als binomialverteilte Zufallsgröße für die Anzahl der defekten Glühbirnen mit den Parametern p und n fest. Verwenden Sie die Formeln $\mu = E(X) = n \cdot p$ und $\sigma = \sqrt{n \cdot p \cdot (1-p)}$.

e) Bestimmen Sie die Wahrscheinlichkeiten für die möglichen Ereignisse. Den Erwartungswert E von X (Zufallsgröße für die Höhe des Gewinns) erhalten Sie, indem Sie die möglichen Auszahlungsbeträge mit den zugehörigen Wahrscheinlichkeiten multiplizieren und den Einsatz subtrahieren. Beachten Sie, dass ein Spiel fair ist, wenn der Erwartungswert für den Gewinn Null beträgt.

f) Legen Sie X als binomialverteilte Zufallsgröße für das Gewicht der verdorbenen Tomaten mit den Parametern p und n fest. Verwenden Sie die Formeln $\mu = E(X) = n \cdot p$ und $\sigma = \sqrt{n \cdot p \cdot (1-p)}$.

g) Bestimmen Sie zunächst mithilfe eines Baumdiagrammes und der Pfadregeln die Wahrscheinlichkeit für das gesuchte Ereignis. Den Erwartungswert E von X (Zufallsgröße für die Höhe der Auszahlung) erhalten Sie, indem Sie die möglichen Auszahlungsbeträge mit den zugehörigen Wahrscheinlichkeiten multiplizieren und den Einsatz subtrahieren. Beachten Sie, dass ein Spiel fair ist, wenn der Erwartungswert für den Gewinn Null beträgt.

h) Den Erwartungswert $E(X)$ der Zufallsgröße X erhalten Sie, indem Sie die möglichen Werte von x_i mit den zugehörigen Wahrscheinlichkeiten multiplizieren und die Ergebnisse addieren. Lösen Sie die Gleichung $E(X) = 0{,}3$ nach a auf. Beachten Sie, dass die Summe aller Wahrscheinlichkeiten 1 ergeben muss und bestimmen Sie damit b.

i) Bestimmen Sie den Erwartungswert von X, indem Sie die Werte von X mit der zugehörigen Wahrscheinlichkeit multiplizieren und die Ergebnisse addieren. Überlegen Sie, welchen Wert p_2 höchstens annehmen kann und bestimmen Sie damit den Maximalwert des Erwartungswerts.

7.5 Verständnis von Zusammenhängen

a) Überlegen Sie, welche Bedeutung $P(X = k) = \binom{n}{k} \cdot p^k \cdot (1-p)^{n-k}$ bei einer Binomialverteilung mit Kettenlänge n und Trefferwahrscheinlichkeit p hat, wobei X Zufallsgröße für die Anzahl der Treffer sei.

b) Überlegen Sie zunächst, was der Term $0{,}98^n$ beschreibt, wenn 0,98 die Erfolgswahrscheinlichkeit ist, dass eine zufällig ausgewählte und sachgerecht gepflanzte Tulpenzwiebel im Frühjahr tatsächlich blüht.

Erläutern Sie damit Ungleichung (I) und überlegen Sie, wie man zu Ungleichung (II) kommt.

c) Überlegen Sie, wie groß die Anzahl der nicht starken Raucher ist. Da man auch mit dem Gegenereignis rechnen kann, gibt es zwei richtige Lösungswege, von denen einer das Gegenereignis berechnet.

d) I) Multiplizieren Sie die Wahrscheinlichkeiten jeder Stufe.

II) Bestimmen Sie die Wahrscheinlichkeit, dass eine Tasse nicht fehlerfrei glasiert ist und überlegen Sie, wie viele von den entnommenen Tassen höchstens nicht fehlerfrei glasiert sind.

7.6 Normalverteilung

a) Legen Sie X als normalverteilte Zufallsgröße für das Gewicht des Hühnereis mit den Parametern μ und σ fest. Die Wahrscheinlichkeit für das Ereignis A erhalten Sie mithilfe der kumulierten Normalverteilung.
Die Wahrscheinlichkeit für das Ereignis B erhalten Sie ebenfalls mithilfe der kumulierten Normalverteilung.

b) Legen Sie X als normalverteilte Zufallsgröße für die Brenndauer einer Kerze mit den Parametern μ und σ fest. Die Wahrscheinlichkeit für das Ereignis A erhalten Sie mithilfe der kumulierten Normalverteilung.
Die Wahrscheinlichkeit für das Ereignis B erhalten Sie ebenfalls mithilfe der kumulierten Normalverteilung.

c) Legen Sie X als normalverteilte Zufallsgröße für die Länge einer Schraube mit den Parametern μ und σ fest.
Die Wahrscheinlichkeit für das Ereignis A erhalten Sie mithilfe der Wahrscheinlichkeit des Gegenereignisses und der kumulierten Normalverteilung. Bestimmen Sie 1% vom Erwartungswert und damit das zugehörige Intervall. Die Wahrscheinlichkeit für das Ereignis B erhalten Sie mithilfe der kumulierten Normalverteilung.

d) Bestimmen Sie die Maximalstelle und das Maximum durch $\varphi_{\mu,\sigma}(\mathrm{M}) = \frac{0{,}4}{\sigma}$. Die Wendestellen liegen bei $x_1 = \mu - \sigma$ und $x_2 = \mu + \sigma$.

e) Bestimmen Sie den Erwartungswert von X, indem Sie die Maximalstelle ablesen.
Die Standardabweichung σ erhalten Sie mithilfe von $\varphi_{\mu,\sigma}(x) = \frac{0{,}4}{\sigma}$.

f) Die gesuchten Wahrscheinlichkeiten erhalten Sie mithilfe von Integralen bzw. den zugehörigen Flächeninhalten.

g) Beachten Sie, dass beide Zufallsgröße den gleichen Erwartungswert μ haben, so dass die Maximalstelle der zugehörigen Glockenkurven jeweils dieselbe ist. Bestimmen Sie die jeweiligen Maximalwerte durch $\varphi_{\mu,\sigma}(x) = \frac{0{,}4}{\sigma}$. Die jeweiligen Wendestellen erhalten Sie durch $x_1 = \mu - \sigma$ und $x_2 = \mu + \sigma$.

Lösungen – Analysis

1 Ableiten

Klammern und Multiplikationszeichen werden bei den hier abgedruckten Lösungen dazu verwendet, um Ausdrücke übersichtlich zu machen (z.B. um bei der Produktregel zu zeigen, wo sich u' und v' befinden).

1.1 Potenzfunktionen

a) $f'(x) = 4 \cdot 5x^4 - 2 \cdot 3x^2 + 0 = 20x^4 - 6x^2$

b) $f'(x) = 2 \cdot 3x^2 - 6 \cdot 2x + (-2) \cdot x^{-3} = 6x^2 - 12x - 2x^{-3}$

c) $f'(x) = 4x^3 - 3 \cdot 2x + 4 \cdot (-2) \cdot x^{-3} = 4x^3 - 6x - \frac{8}{x^3}$

d) $f'(x) = 3 \cdot (4x+1)^2 \cdot 4 = 12 \cdot (4x+1)^2$

e) $f'(x) = 5 \cdot 4 \cdot (2x+1)^3 \cdot 2 = 40 \cdot (2x+1)^3$

f) $f'(x) = 2 \cdot 3 \cdot (3x+2)^2 \cdot 3 = 18 \cdot (3x+2)^2$

g) $f'(x) = 3x^2 \cdot (3x+2) + x^3 \cdot 3 = 9x^3 + 6x^2 + 3x^3 = 12x^3 + 6x^2$

h) $f'(x) = 3x^2 \cdot (2x+1)^4 + x^3 \cdot 4 \cdot (2x+1)^3 \cdot 2 = 3x^2 \cdot (2x+1)^4 + 8x^3 \cdot (2x+1)^3$

1.2 Exponentialfunktionen

a) $f'(x) = 5 \cdot e^{3x} \cdot 3 = 15 \cdot e^{3x}$

b) $f'(x) = 2 \cdot e^{-3x} \cdot (-3) = -6 \cdot e^{-3x}$

c) $f'(x) = 6x \cdot e^{-4x} + 3x^2 \cdot e^{-4x} \cdot (-4) = e^{-4x}\left(6x - 12x^2\right) = 6xe^{-4x}(1-2x)$

d) $f'(x) = \frac{3}{2}x^2 \cdot e^{2x} + \frac{1}{2}x^3 \cdot e^{2x} \cdot 2 = e^{2x}\left(\frac{3}{2}x^2 + x^3\right) = x^2e^{2x}\left(\frac{3}{2} + x\right)$

e) $f'(x) = 2e^{-x} + (2x+5) \cdot e^{-x} \cdot (-1) = e^{-x}(-2x-3)$

f) $f'(x) = 6x \cdot e^{-2x} + (3x^2 - 4) \cdot e^{-2x} \cdot (-2) = e^{-2x}\left(6x - 6x^2 + 8\right)$

1.3 Trigonometrische Funktionen

a) $f'(x) = \frac{1}{6} \cdot \cos(3x) \cdot 3 = \frac{1}{2} \cdot \cos(3x)$

b) $f'(x) = \frac{1}{2} \cdot (-\sin(2x)) \cdot 2 = -\sin(2x)$

c) $f'(x) = 2 \cdot \cos(x+4) + 2x \cdot (-\sin(x+4)) \cdot 1 = 2 \cdot \cos(x+4) - 2x \cdot \sin(x+4)$

d) $f'(x) = 2x \cdot \sin(4x+3) + x^2 \cdot \cos(4x+3) \cdot 4 = 2x \cdot \sin(4x+3) + 4x^2 \cdot \cos(4x+3)$

e) $f'(x) = 2x \cdot \cos\left(\frac{1}{2}x - 1\right) + x^2 \cdot \left(-\sin\left(\frac{1}{2}x - 1\right)\right) \cdot \frac{1}{2} = 2x \cdot \cos\left(\frac{1}{2}x - 1\right) - \frac{1}{2}x^2 \cdot \sin\left(\frac{1}{2}x - 1\right)$

2 Stammfunktionen und Integrale

2.1 Stammfunktionen

Bei den folgenden Lösungen gilt immer $c \in \mathbb{R}$.

2.1.1 Potenzfunktionen mit natürlichen Exponenten

a) $\mathrm{F}(x) = \frac{2}{4}x^4 - \frac{\frac{4}{3}}{3}x^3 + 2x + c = \frac{1}{2}x^4 - \frac{4}{9}x^3 + 2x + c$

b) $\mathrm{F}(x) = \frac{10}{5}x^5 + \frac{2}{4}x^4 - \frac{1}{2}x^2 + c = 2x^5 + \frac{1}{2}x^4 - \frac{1}{2}x^2 + c$

c) $\mathrm{F}(x) = \frac{3}{4}x^4 - \frac{4}{2}x^2 + c = \frac{3}{4}x^4 - 2x^2 + c$

Für verkettete (verschachtelte) Funktionen mit innerem *linearen* Ausdruck gilt die Integrationsregel für lineare Integration: «Äußere Stammfunktion geteilt durch innere Ableitung».

d) Lineare Integration: $\mathrm{F}(x) = 6 \cdot \frac{\frac{1}{4}(3x-1)^4}{3} + c = \frac{1}{2}(3x-1)^4 + c$

e) Lineare Integration: $\mathrm{F}(x) = -12 \cdot \frac{\frac{1}{3}(2x-3)^3}{2} + c = -2(2x-3)^3 + c$

f) Lineare Integration: $\mathrm{F}(x) = 5 \cdot \frac{\frac{1}{5}(3x-4)^5}{3} + c = \frac{1}{3}(3x-4)^5 + c$

2.1.2 Potenzfunktionen mit negativen Exponenten

a) Die Stammfunktion der Funktion $f(x) = 3 \cdot x^{-2} + 4x^2$ erhält man mit der Potenzregel:
$\mathrm{F}(x) = \frac{3}{-1} \cdot x^{-1} + \frac{4}{3}x^3 + c = -\frac{3}{x} + \frac{4}{3}x^3 + c$

b) Umschreiben des Bruchs in einen Ausdruck mit negativem Exponenten ergibt:
$f(x) = -4 \cdot x^{-3} + 2 \cdot x^3$. Daraus folgt:
$\mathrm{F}(x) = \frac{-4}{-2} \cdot x^{-2} + \frac{2}{4} \cdot x^4 + c = \frac{2}{x^2} + \frac{1}{2}x^4 + c$

c) Umschreiben des Bruchs in einen Ausdruck mit negativem Exponenten ergibt:
$f(x) = 3 \cdot x^{-4} - 6x^2$
Daraus folgt: $\mathrm{F}(x) = \frac{3}{-3}x^{-3} - \frac{6}{3}x^3 + c = -\frac{1}{x^3} - 2x^3 + c$

2.1.3 Exponentialfunktionen

a) Lineare Integration: $\mathrm{F}(x) = \frac{3}{2}e^{2x} + c$

b) Lineare Integration: $\mathrm{F}(x) = 4 \cdot \frac{e^{-x}}{-1} + c = -4e^{-x} + c$

c) Lineare Integration: $\mathrm{F}(x) = 3 \cdot \frac{e^{-3x}}{-3} + \frac{1}{4}x^4 + c = -e^{-3x} + \frac{1}{4}x^4 + c$

d) Lineare Integration: $\mathrm{F}(x) = 6 \cdot \frac{e^{3x+2}}{3} + c = 2e^{3x+2} + c$

e) Zuerst wird der Bruch als Potenz mit negativem Exponenten geschrieben:
$f(x) = 2 \cdot e^{-2x} + x^{-2}$
Daraus folgt: $\mathrm{F}(x) = 2 \cdot \frac{e^{-2x}}{-2} + \frac{1}{-1}x^{-1} + c = -e^{-2x} - \frac{1}{x} + c$

2.1.4 Trigonometrische Funktionen

a) Lineare Integration: $\mathrm{F}(x) = 3 \cdot \frac{\sin(2x+1)}{2} + c = \frac{3}{2}\sin(2x+1) + c$

b) Lineare Integration: $\mathrm{F}(x) = 4 \cdot \frac{-\cos(-3x+2)}{-3} + c = \frac{4}{3}\cos(-3x+2) + c$

c) Lineare Integration: $\mathrm{F}(x) = \frac{2}{3} \cdot \frac{\sin(\pi x)}{\pi} + c = \frac{2}{3\pi}\sin(\pi x) + c$

d) Lineare Integration: $\mathrm{F}(x) = 4 \cdot \frac{\sin(4x+4)}{4} + c = \sin(4x+4) + c$

e) Lineare Integration: $\mathrm{F}(x) = 3 \cdot \frac{-\cos(3x-9)}{3} + c = -\cos(3x-9) + c$

2.2 Integrale

Mithilfe des Hauptsatzes der Differential- und Integralrechnung $\int_a^b f(x)dx = \mathrm{F}(b) - \mathrm{F}(a)$ ergibt sich:

a) $\int_1^2 (4x+3x^2)\,\mathrm{d}x = \left[2x^2+x^3\right]_1^2 = 2\cdot 2^2+2^3-(2\cdot 1^2+1^3) = 8+8-(2+1) = 13$

b) $\int_{-1}^0 (1+e^{-x})\,\mathrm{d}x = \left[x+\frac{e^{-x}}{-1}\right]_{-1}^0 = \left[x-e^{-x}\right]_{-1}^0 = 0-e^{-0}-\left(-1-e^{-(-1)}\right)$
$= -1+1+e = e$

c) $\int_1^2 \left(1+\frac{3}{x^2}\right)\mathrm{d}x = \int_1^2 (1+3\cdot x^{-2})\,\mathrm{d}x = \left[x+\frac{3}{-1}x^{-1}\right]_1^2 = \left[x-\frac{3}{x}\right]_1^2 = 2-\frac{3}{2}-(1-\frac{3}{1}) = \frac{5}{2}$

d) $\int_0^1 (2x+1)^3\,\mathrm{d}x = \left[\frac{\frac{1}{4}\cdot(2x+1)^4}{2}\right]_0^1 = \left(\frac{1}{8}\cdot(2\cdot 1+1)^4\right)-\left(\frac{1}{8}\cdot(2\cdot 0+1)^4\right) = \frac{81}{8}-\frac{1}{8} = 10$

e) $\int_0^3 (2x+e^{-x})\,\mathrm{d}x = \left[x^2+\frac{e^{-x}}{-1}\right]_0^3 = \left[x^2-e^{-x}\right]_0^3 = (3^2-e^{-3})-(0^2-e^{-0})$
$= 9-e^{-3}-(-1) = 10-e^{-3}$

f) $\int_0^{\frac{\pi}{6}} (6\cdot\cos(3x))\,\mathrm{d}x = \left[\frac{6\cdot\sin(3x)}{3}\right]_0^{\frac{\pi}{6}} = \left[2\cdot\sin(3x)\right]_0^{\frac{\pi}{6}} = 2\cdot\sin\left(3\cdot\frac{\pi}{6}\right)-(2\cdot\sin(3\cdot 0))$
$= 2\cdot 1-2\cdot 0 = 2$

g) $\int_0^2 (2x-2e^{-2x})\,\mathrm{d}x = \left[x^2-\frac{2e^{-2x}}{-2}\right]_0^2 = \left[x^2+e^{-2x}\right]_0^2 = (2^2+e^{-2\cdot 2})-(0^2+e^{-2\cdot 0})$
$= 4+e^{-4}-1 = 3+e^{-4}$

h) $\int_0^{\frac{\pi}{2}} (4\cdot\sin(2x))\,\mathrm{d}x = \left[\frac{4\cdot(-\cos(2x))}{2}\right]_0^{\frac{\pi}{2}} = \left[-2\cdot\cos(2x)\right]_0^{\frac{\pi}{2}} = -2\cdot\cos\left(2\cdot\frac{\pi}{2}\right)-(-2\cdot\cos(2\cdot 0))$
$= -2\cdot(-1)-(-2)\cdot 1 = 4$

2.3 Integralgleichungen

a) Mithilfe des Hauptsatzes der Differential- und Integralrechnung kann man die Gleichung durch Wurzelziehen nach u auflösen:

$$\begin{aligned}
\int_0^u \frac{1}{2}x^2 \mathrm{d}x &= \frac{9}{2} \\
\left[\frac{1}{6}x^3\right]_0^u &= \frac{9}{2} \\
\frac{1}{6}u^3 - \frac{1}{6}\cdot 0^3 &= \frac{9}{2} \\
\frac{1}{6}u^3 &= \frac{9}{2} \\
u^3 &= 27 \\
u &= 3
\end{aligned}$$

b) Mithilfe des Hauptsatzes der Differential- und Integralrechnung kann man die Gleichung durch Wurzelziehen nach u auflösen:

$$\begin{aligned}
\int_1^u x^4 \mathrm{d}x &= \frac{31}{5} \\
\left[\frac{1}{5}x^5\right]_1^u &= \frac{31}{5} \\
\frac{1}{5}u^5 - \frac{1}{5}\cdot 1^5 &= \frac{31}{5} \\
\frac{1}{5}u^5 - \frac{1}{5} &= \frac{31}{5} \\
u^5 - 1 &= 31 \\
u^5 &= 32 \\
u &= 2
\end{aligned}$$

c) Mithilfe des Hauptsatzes der Differential- und Integralrechnung kann man die Gleichung durch Logarithmieren nach u auflösen:

$$\begin{aligned}
\int_0^u 2e^x \mathrm{d}x &= 1 \\
\left[2e^x\right]_0^u &= 1 \\
2e^u - \left(2e^0\right) &= 1 \\
2e^u - 2 &= 1 \\
2e^u &= 3 \\
e^u &= \frac{3}{2} \\
u &= \ln\left(\frac{3}{2}\right)
\end{aligned}$$

2.4 Flächeninhalt zwischen zwei Kurven

Die Zeichnungen der Funktionsgraphen sind nicht Bestandteil der Aufgabenstellung, aber hilfreich, um einen Überblick zu bekommen.

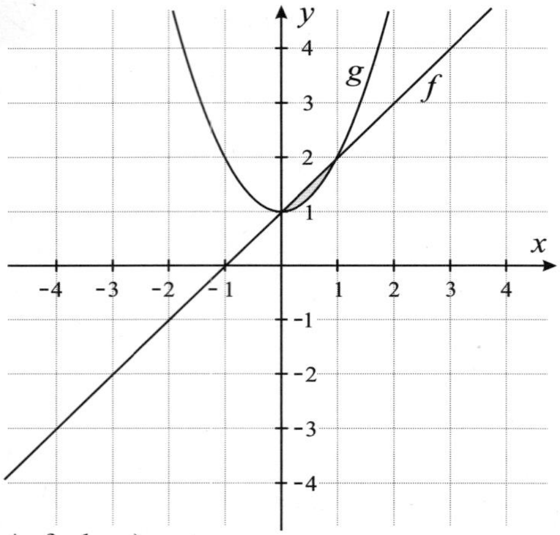

Aufgabe a)

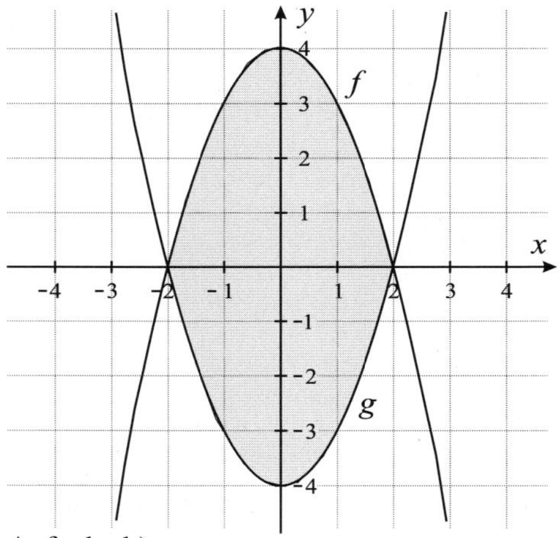

Aufgabe b)

a) Schnittstellen bestimmen durch Gleichsetzen und Ausklammern:

$$x - x^2 = 0 \Rightarrow x \cdot (1-x) = 0 \Rightarrow x_1 = 0,\ x_2 = 1$$

Obere Kurve: Graph von $f(x)$ (z.B. durch Einsetzen für $x = \frac{1}{2}$)

$$\begin{aligned} \mathrm{A} &= \int_0^1 \left(x+1-\left(x^2+1\right)\right)\,\mathrm{d}x \\ &= \left[\frac{1}{2}x^2 - \frac{1}{3}x^3\right]_0^1 \\ &= -\frac{1}{3} + \frac{1}{2} - 0 = \frac{1}{6}\ \text{FE} \end{aligned}$$

b) Schnittstellen bestimmen durch Gleichsetzen und Wurzelziehen: $x_1 = -2, x_2 = 2$

Obere Kurve: Graph von $f(x)$ (nach unten geöffnete Parabel).

$$\begin{aligned} \mathrm{A} &= \int_{-2}^{2} \left(4 - x^2 - \left(x^2-4\right)\right) \\ &= \int_{-2}^{2} \left(-2x^2+8\right)\,\mathrm{d}x \\ &= \left[-\frac{2}{3}x^3 + 8x\right]_{-2}^{2} \\ &= -\frac{16}{3} + 16 - \left(+\frac{16}{3} - 16\right) \\ &= 32 - \frac{32}{3} \\ &= \frac{64}{3} \approx 21{,}33\ \text{FE} \end{aligned}$$

c) Gesucht ist die Fläche im Intervall $\mathrm{I} = [0; \pi]$. Schnittstellen bestimmen durch Gleichsetzen:

$$2 \cdot \sin(x) = -\sin(x) \Rightarrow 3 \cdot \sin(x) = 0 \Rightarrow x_1 = 0,\ x_2 = \pi$$

Obere Kurve: Graph von $f(x)$ (da $2\sin(x) \geqslant 0$ und $-\sin(x) \leqslant 0$ im Intervall I gilt).

$$\begin{aligned}
\mathrm{A} &= \int_0^{\pi} (2 \cdot \sin(x) - (-\sin(x)))\,\mathrm{d}x \\
&= \int_0^{\pi} (3 \cdot \sin(x))\,\mathrm{d}x \\
&= \Big[-3 \cdot \cos(x)\Big]_0^{\pi} \\
&= -3 \cdot \cos\pi - (-3 \cdot \cos 0) \\
&= -3 \cdot (-1) + 3 \cdot 1 \\
&= 6\,\mathrm{FE}
\end{aligned}$$

d) Gesucht ist die Fläche im Intervall $\mathrm{I} = [0; 1]$. Obere Kurve: Graph von $f(x)$ (da $e^x > 2x$ im Intervall I gilt). Da es keine Schnittstellen gibt, sind die Intervallgrenzen die Integralgrenzen.

$$\begin{aligned}
\mathrm{A} &= \int_0^{1} (e^x - 2x)\,\mathrm{d}x \\
&= \left[e^x - x^2\right]_0^1 \\
&= (e^1 - 1^2) - (e^0 - 0^2) \\
&= e - 1 - 1 \\
&= e - 2\,\mathrm{FE}
\end{aligned}$$

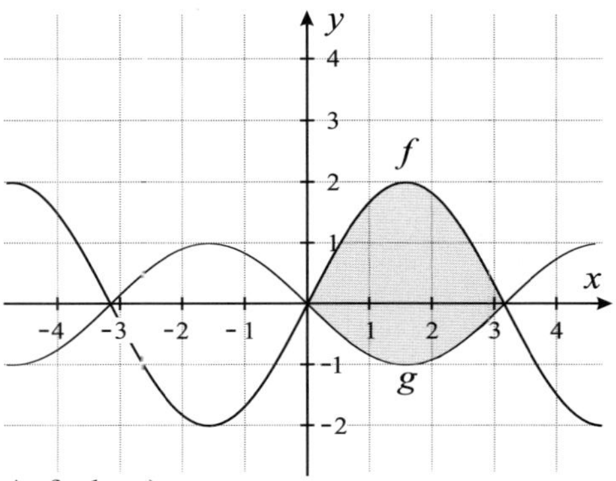

Aufgabe c)

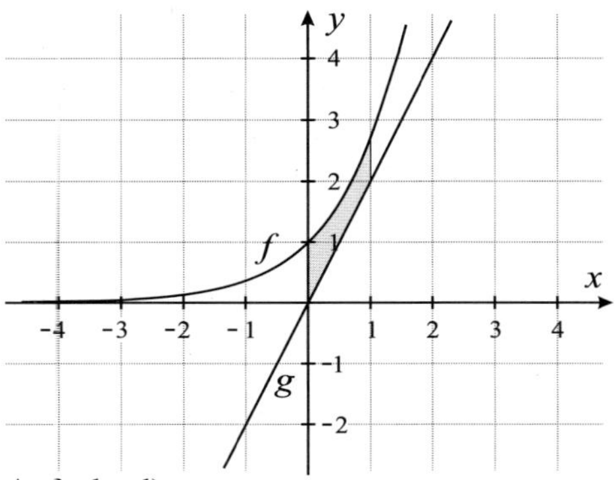

Aufgabe d)

e) Aus derZeichnung liest man ab: $\mathrm{I} = [0\,;2]$. Zusätzlich können noch die Schnittstellen rechnerisch bestimmt werden

$$2 = \frac{1}{2}x^2 \Rightarrow x_1 = 2,\ x_2 = -2$$

Obere Kurve: Gerade g. Damit gilt für das Integral:

$$\begin{aligned}\mathrm{A} &= \int_0^2 \left(2 - \frac{1}{2}x^2\right) \mathrm{d}x\\ &= \left[2\cdot x - \frac{1}{6}x^3\right]_0^2\\ &= 2\cdot 2 - \frac{1}{6}\cdot 2^3 - \left(2\cdot 0 - \frac{1}{6}\cdot 0^3\right)\\ &= 4 - \frac{8}{6} = \frac{8}{3}\ \mathrm{FE}\end{aligned}$$

f) Den Inhalt A der markierten Fläche erhält man, indem man die markierte Fläche in zwei Teilflächen A_1 und A_2 aufteilt.
Der Graph von f schneidet die x-Achse bei $x = 1$, weil $f(1) = 1^2 - 1 = 0$.

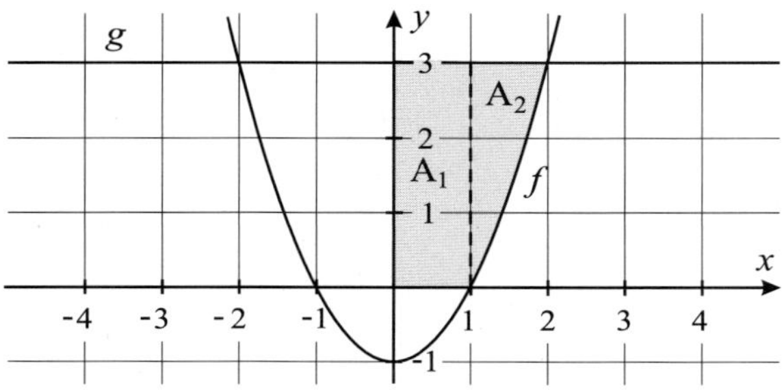

Die Schnittstelle der Geraden mit der Gleichung $y = 3$ und dem Graphen von f erhält man durch Gleichsetzen:

$$\begin{aligned}x^2 - 1 &= 3\\ x^2 &= 4\\ x_{1,2} &= \pm 2\end{aligned}$$

Wegen $x > 0$ kommt nur $x_1 = 2$ als Schnittstelle in Frage.
Die Fläche A_1 ist ein Rechteck mit den Seiten $a = 1$ und $b = 3$.
Damit gilt:

$$\mathrm{A}_1 = a\cdot b = 1\cdot 3 = 3$$

Die Fläche A_2 wird durch die Gerade g und den Graphen von f begrenzt. Den Flächeninhalt A_2 erhält man mithilfe eines Integrals. Da die Gerade g oberhalb des Graphen von f verläuft, gilt:

$$
\begin{aligned}
A_2 &= \int_1^2 (3 - f(x))\,dx \\
&= \int_1^2 \left(3 - (x^2 - 1)\right)dx \\
&= \int_1^2 (4 - x^2)\,dx \\
&= \left[4x - \frac{1}{3}x^3\right]_1^2 \\
&= 4 \cdot 2 - \frac{1}{3} \cdot 2^3 - \left(4 \cdot 1 - \frac{1}{3} \cdot 1^3\right) \\
&= 8 - \frac{8}{3} - 4 + \frac{1}{3} \\
&= 4 - \frac{7}{3} \\
&= \frac{5}{3}
\end{aligned}
$$

Damit erhält man für den Flächeninhalt der markierten Fläche:

$$A = A_1 + A_2 = 3 + \frac{5}{3} = \frac{14}{3}$$

Der Flächeninhalt beträgt $\frac{14}{3}$ FE.

2.5 Integrale interpretieren

a) Es gilt: $\int_{-\frac{\pi}{2}}^{\frac{\pi}{2}} \cos(x)\mathrm{d}x = 2.$

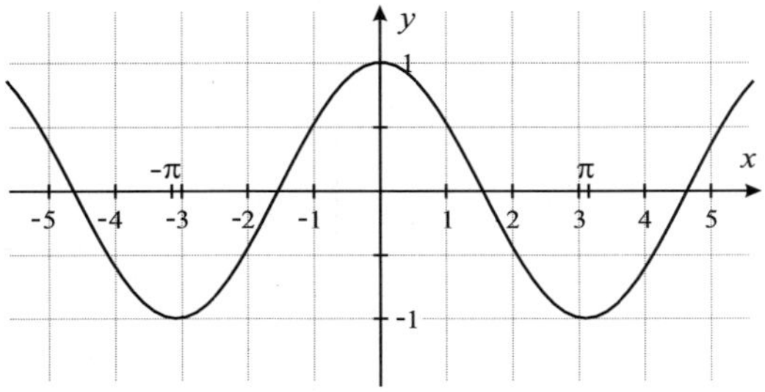

I) Da der Graph von $g(x) = \cos(x)$ achsensymmetrisch zur y-Achse ist, wird die Fläche, die vom Graphen und der x-Achse begrenzt wird, durch die $y-$Achse halbiert. Da das Integral als Fläche interpretiert werden kann, gilt:

$$\int_{0}^{\frac{\pi}{2}} \cos(x)\mathrm{d}x = \frac{1}{2} \cdot \int_{-\frac{\pi}{2}}^{\frac{\pi}{2}} \cos(x)\mathrm{d}x = \frac{1}{2} \cdot 2 = 1$$

II) Der Graph des Graphen von $f(x) = 2 \cdot \cos(x)$ geht aus dem Graphen von $g(x) = \cos(x)$ durch Streckung mit Faktor 2 in y-Richtung hervor.
Wegen $\int_{0}^{\frac{\pi}{2}} \cos(x)\mathrm{d}x = 1$ gilt damit:

$$\int_{0}^{\frac{\pi}{2}} 2 \cdot \cos(x)\mathrm{d}x = 2 \cdot \int_{0}^{\frac{\pi}{2}} \cos(x)\mathrm{d}x = 2 \cdot 1 = 2$$

III) Da der Graph von $g(x) = \cos(x)$ punktsymmetrisch zu P $\left(\frac{\pi}{2} \mid 0\right)$ ist, ist der Flächeninhalt von A_1 gleich groß wie der Flächeninhalt von A_2.

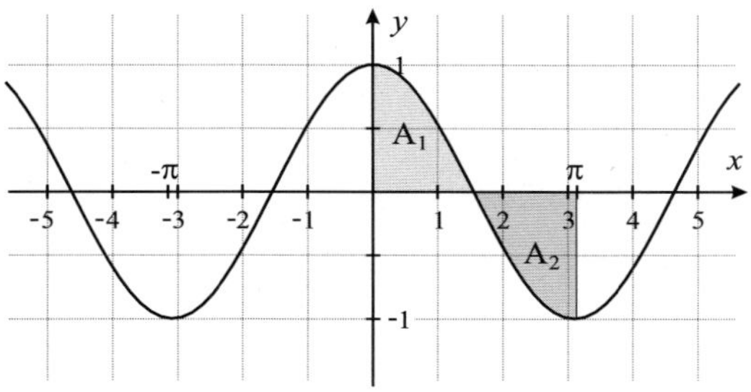

Es gilt: $\int_{0}^{\frac{\pi}{2}} \cos(x)\mathrm{d}x = A_1$ und $\int_{\frac{\pi}{2}}^{\pi} \cos(x)\mathrm{d}x = A_2$. Damit erhält man:

$$\int_{0}^{\pi} \cos(x)\mathrm{d}x = A_1 - A_2 = 0$$

b) Mithilfe des Integrals $\int_0^2 f(x)\mathrm{d}x$ wird der Flächeninhalt der Fläche zwischen dem Graphen (von $f(x) = -x^2 + 4$) und der x-Achse im Intervall $[-2; 2]$ berechnet.

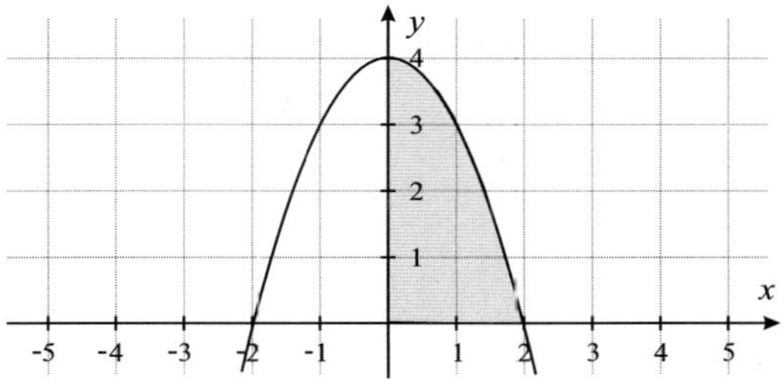

Durch Abschätzen des Flächeninhalts mithilfe der quadratischen Karos (vier teilweise gefüllte Felder entsprechen ca. zwei ganz gefüllten Feldern) erhält man:

$$\int_0^2 f(x)\mathrm{d}x \approx 5$$

c) Mithilfe des Integrals $\int_0^{\frac{3}{2}\pi} \sin(x)\mathrm{d}x$ wird der Flächeninhalt zwischen dem Graphen von $f(x) = \sin(x)$ und der x-Achse im Intervall $\left[0; \frac{3}{2}\pi\right]$ berechnet.
Da der Flächeninhalt der Fläche oberhalb der x-Achse größer ist als der Flächeninhalt der Fläche unterhalb der x-Achse, ist der Wert des Integrals größer als Null.

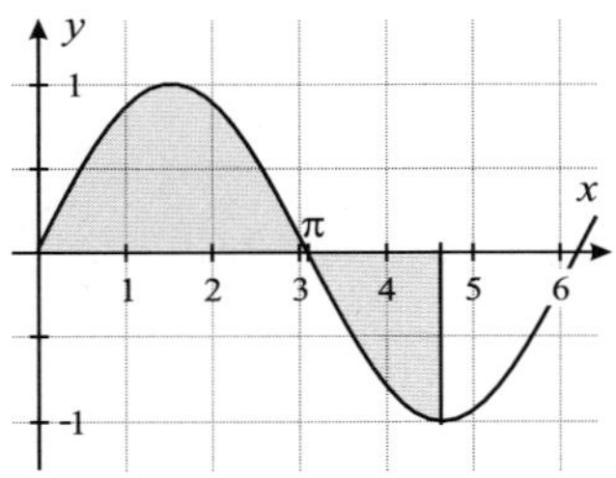

d) Mithilfe des Integrals $\int_{-1}^0 e^x\mathrm{d}x$ wird der Flächeninhalt A_1 der Fläche zwischen dem Graphen von $f(x) = e^x$ und der x-Achse im Intervall $[-1; 0]$ berechnet.

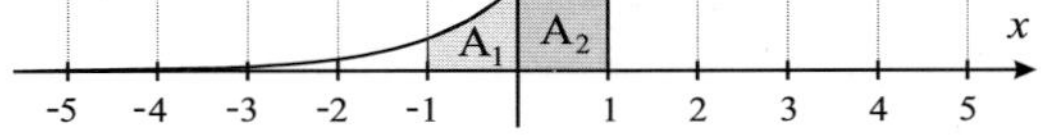

Da $A_1 < A_2$, gilt:

$$\int_{-1}^0 e^x\mathrm{d}x < \int_0^1 e^x\mathrm{d}x$$

2.6 Rekonstruierter Bestand

a) Die Produktionskosten eines Werkstücks in Abhängigkeit von der produzierten Stückzahl werden durch die Funktion P mit $\mathrm{P}(x) = 20 + 10 \cdot e^{-0,5x}$; $x \geqslant 0$ beschrieben.
(x: Stückzahl, $\mathrm{P}(x)$: Herstellungskosten des x-ten Werkstücks in Euro).
Mithilfe des Integrals

$$\int_0^{50} \left(20 + 10 \cdot e^{-0,5x}\right) \mathrm{d}x$$

werden die Gesamtkosten der Herstellung der 50 ersten Werkstücke berechnet, da durch das Integral die Kosten der einzelnen Werkstücke summiert werden.

b) Durch das Integral

$$\int_0^{52} f(t)\mathrm{d}t$$

wird die Anzahl der Zahnpastatuben berechnet, die insgesamt innerhalb eines Jahres verkauft werden, da die verkauften Tuben pro Woche aufsummiert werden und ein Jahr 52 Wochen hat.
Mithilfe des Integrals

$$\frac{1}{52} \cdot \int_0^{52} f(t)\mathrm{d}t$$

wird der Mittelwert, d.h. die durchschnittlich pro Woche verkauften Zahnpastatuben berechnet, da die Gesamtzahl der verkauften Tuben durch 52 geteilt wird.

c) Es ist $f(t) = \left(t^2 - 15t + 44\right) \cdot e^{0,2t}$ (t in Tagen, $f(t)$ in Liter pro Tag).
Mithilfe des Integrals

$$\int_0^{12} \left(\left(t^2 - 15t + 44\right) \cdot e^{0,2t}\right) \mathrm{d}t \approx -128,5$$

wird die Abnahme des Wasservolumens im Tank innerhalb der ersten 12 Tage beschrieben, da alle momentanen Änderungsraten summiert werden und das Ergebnis negativ ist. Das Wasservolumen im Tank hat um etwa $128,5$ Liter abgenommen.

d) Es ist $f(t) = 300 \cdot e^{0,02 \cdot t}$ (t in Tagen, $f(t)$ in Anzahl der Bakterien pro Tag).

I) Mithilfe des Integrals

$$\int_0^{30} \left(300 \cdot e^{0,02 \cdot t}\right) \mathrm{d}t$$

berechnet man die Anzahl der Bakterien, die insgesamt in den ersten 30 Tagen dazugekommen sind, da die momentanen Zuwachsraten summiert wurden.

II) Man erhält die Anzahl A der Bakterien nach 15 Tagen mit Hilfe eines Integrals, indem man zur Anfangsanzahl von 500 Bakterien den gesamten Zuwachs addiert:

$$\mathrm{A} = 500 + \int_0^{15} \left(300 \cdot e^{0,02 \cdot t}\right) \mathrm{d}t$$

3 Gleichungen

3.1 Potenzgleichungen

a) Die Gleichung $x^2 + 3x - 4 = 0$ lässt sich mit der pq- bzw. der abc-Formel lösen: $x_1 = 1$ und $x_2 = -4$.

b) Die Gleichung $x^2 + \frac{2}{5}x - \frac{3}{5} = 0$ lässt sich mit der pq- bzw. der abc-Formel lösen: $x_1 = \frac{3}{5}$, $x_2 = -1$.

c) Die Gleichung $(x-1) \cdot (x-4)^2 = 0$ löst man mit dem Satz vom Nullprodukt: $x - 1 = 0$ führt zur Lösung $x_1 = 1$ und $(x-4)^2 = 0$ bzw. $x - 4 = 0$ führt zur Lösung $x_2 = 4$.

d) Die Gleichung $x^2 \cdot (3x-6) = 0$ löst man mit dem Satz vom Nullprodukt: $x^2 = 0$ führt zu $x_1 = 0$ und $3x - 6 = 0$ führt zu $x_2 = 2$.

e) Bei der Gleichung $x^3 - 4x = 0$ kann man x ausklammern: $x \cdot (x^2 - 4) = 0$. Diese Gleichung löst man mit dem Satz vom Nullprodukt: $x = 0$ führt zu $x_1 = 0$ und $x^2 - 4 = 0$ führt durch Wurzelziehen zu $x_2 = 2$ und $x_3 = -2$.

f) Bei der Gleichung $2x^4 - 3x^3 = 0$ kann man x^3 ausklammern: $x^3 \cdot (2x-3) = 0$. Diese Gleichung löst man mit dem Satz vom Nullprodukt: $x^3 = 0$ führt zu $x_1 = 0$ und $2x - 3 = 0$ führt zu $x_2 = \frac{3}{2}$.

g) Bei der Gleichung $x^4 - 3x^3 + 2x^2 = 0$ kann man x^2 ausklammern: $x^2 \cdot (x^2 - 3x + 2) = 0$. Diese Gleichung löst man mit dem Satz vom Nullprodukt: $x^2 = 0$ führt zu $x_1 = 0$ und $x^2 - 3x + 2 = 0$ führt mithilfe der pq- oder abc-Formel zu $x_2 = 1$ und $x_3 = 2$.

h) Bei der Gleichung $x^3 - 5x^2 + 6x = 0$ kann man x ausklammern: $x \cdot \left(x^2 - 5x + 6\right) = 0$. Diese Gleichung löst man mit dem Satz vom Nullprodukt: $x_1 = 0$ und $x^2 - 5x + 6 = 0$ führt mithilfe der pq- bzw. abc-Formel zu $x_2 = 2$ und $x_3 = 3$.

i) Bei der Gleichung $x^4 - 4x^2 + 3 = 0$ führt die Substitution $x^2 = z$ zu $z^2 - 4z + 3 = 0$. Lösen mithilfe der pq- oder abc-Formel ergibt $z_1 = 1$ und $z_2 = 3$. Die Rücksubstitution $x^2 = 1$ führt durch Wurzelziehen zu $x_{1,2} = \pm 1$ und $x^2 = 3$ führt zu $x_{3,4} = \pm\sqrt{3}$.

j) Bei der Gleichung $2x^4 - 5x^2 + 2 = 0$ führt die Substitution $x^2 = z$ zu $2z^2 - 5z + 2 = 0$. Lösen mithilfe der pq- oder abc-Formel ergibt $z_1 = 2$ und $z_2 = \frac{1}{2}$. Die Rücksubstitution $x^2 = 2$ führt durch Wurzelziehen zu $x_{1,2} = \pm\sqrt{2}$ und $x^2 = \frac{1}{2}$ führt zu $x_{3,4} = \pm\sqrt{\frac{1}{2}}$.

k) Die Gleichung $2x^3 - 5 = 15$ führt zu $x^3 = 10$. Durch Wurzelziehen erhält man die Lösung $x = \sqrt[3]{10}$.

l) Die Gleichung $3x^4 + 8 = 29$ führt zu $x^4 = 7$. Durch Wurzelziehen erhält man die Lösungen $x_1 = \sqrt[4]{7}$ und $x_2 = -\sqrt[4]{7}$.

3.2 Potenzgleichungen mit Parameter

a) Die Gleichung $x^2 + 4x + 2t = 0$ löst man mithilfe der abc-Formel:

$$x_{1,2} = \frac{-4 \pm \sqrt{4^2 - 4 \cdot 1 \cdot 2t}}{2 \cdot 1} = \frac{-4 \pm \sqrt{16 - 8t}}{2}$$

Ist der Term unter der Wurzel negativ, gibt es keine Lösung, ist er Null, gibt es eine Lösung, ist er positiv, gibt es zwei Lösungen. Dies führt zu folgenden Fallunterscheidungen:
Keine Lösung für $16 - 8t < 0$ bzw. $2 < t$.
Eine Lösung für $16 - 8t = 0$ bzw. $t = 2$.
Zwei Lösungen für $16 - 8t > 0$ bzw. $2 > t$.

b) Die Gleichung $3x^2 - 4x = 2a$ bzw. $3x^2 - 4x - 2a = 0$ löst man mithilfe der abc-Formel:

$$x_{1,2} = \frac{-(-4) \pm \sqrt{(-4)^2 - 4 \cdot 3 \cdot (-2a)}}{2 \cdot 3} = \frac{4 \pm \sqrt{16 + 24a}}{6}$$

Ist der Term unter der Wurzel negativ, gibt es keine Lösung, ist er Null, gibt es eine Lösung, ist er positiv, gibt es zwei Lösungen. Dies führt zu folgenden Fallunterscheidungen:
Keine Lösung für $16 + 24a < 0$ bzw. $a < -\frac{2}{3}$.
Eine Lösung für $16 + 24a = 0$ bzw. $a = -\frac{2}{3}$.
Zwei Lösungen für $16 + 24a > 0$ bzw. $a > -\frac{2}{3}$.

c) Die Gleichung $x^2 - 3tx + \frac{9}{4} = 0$ löst man mithilfe der abc-Formel:

$$x_{1,2} = \frac{-(-3t) \pm \sqrt{(-3t)^2 - 4 \cdot 1 \cdot \frac{9}{4}}}{2 \cdot 1} = \frac{3t \pm \sqrt{9t^2 - 9}}{2}$$

Ist der Term unter der Wurzel negativ, gibt es keine Lösung, ist er Null, gibt es eine Lösung, ist er positiv, gibt es zwei Lösungen. Dies führt zu folgenden Fallunterscheidungen:
Keine Lösung für $9t^2 - 9 < 0$ bzw. $t^2 < 1$, also $-1 < t < 1$.
Eine Lösung für $9t^2 - 9 = 0$ bzw. $t^2 = 1$, also $t_1 = -1$ und $t_2 = 1$.
Zwei Lösungen für $9t^2 - 9 > 0$ bzw. $t^2 > 1$, also $t < -1$ oder $t > 1$.

d) Die Gleichung $9x^2 - 3ux + 1 = 0$ löst man mithilfe der abc-Formel:

$$x_{1,2} = \frac{-(-3u) \pm \sqrt{(-3u)^2 - 4 \cdot 9 \cdot 1}}{2 \cdot 9} = \frac{3u \pm \sqrt{9u^2 - 36}}{18}$$

Ist der Term unter der Wurzel negativ, gibt es keine Lösung, ist er Null, gibt es eine Lösung, ist er positiv, gibt es zwei Lösungen. Dies führt zu folgenden Fallunterscheidungen:
Keine Lösung für $9u^2 - 36 < 0$ bzw. $u^2 < 4$, also $-2 < u < 2$.
Eine Lösung für $9u^2 - 36 = 0$ bzw. $u^2 = 4$, also $u_1 = -2$ und $u_2 = 2$.
Zwei Lösungen für $9u^2 - 36 > 0$ bzw. $u^2 > 4$, also $u < -2$ oder $u > 2$.

e) Die Gleichung $ax - 2x = 5$ löst man durch Ausklammern von x. Es ergibt sich:
$x \cdot (a - 2) = 5 \Rightarrow x = \frac{5}{a-2}$.
Es gibt keine Lösung, wenn der Nenner gleich Null ist: $a - 2 = 0 \Rightarrow a = 2$.
Für $a \neq 2$ gibt es genau eine Lösung.

f) Die Gleichung $tx = 3x + 4$ bzw. $tx - 3x = 4$ löst man durch Ausklammern von x. Es ergibt sich: $x \cdot (t-3) = 4$ bzw. $x = \frac{4}{t-3}$.
Es gibt keine Lösung, wenn der Nenner gleich Null ist: $t - 3 = 0 \Rightarrow t = 3$.
Für $t \neq 3$ gibt es genau eine Lösung.

3.3 Exponentialgleichungen

a) Die Gleichung $\left(x^2 - 4\right) \cdot e^{0,5x} = 0$ löst man mit dem Satz vom Nullprodukt: $x^2 - 4 = 0$ führt zu den Lösungen $x_1 = -2$ und $x_2 = 2$. Die Gleichung $e^{0,5x} = 0$ besitzt keine weitere Lösung.

b) Die Gleichung $e^{3x} - 3e^x = 0$ führt durch Ausklammern zu $e^x \cdot \left(e^{2x} - 3\right) = 0$. Mithilfe des Satzes vom Nullprodukt ergibt sich: Die Gleichung $e^x = 0$ besitzt keine Lösung, die Gleichung $e^{2x} - 3 = 0$ führt zu $x = \frac{\ln(3)}{2}$.

c) Die Gleichung $e^{5x} = 4e^{2x}$ führt zu $e^{5x} - 4e^{2x} = 0$. Klammert man e^{2x} aus, erhält man: $e^{2x} \cdot \left(e^{3x} - 4\right) = 0$. Mithilfe des Satzes vom Nullprodukt ergibt sich: Die Gleichung $e^{2x} = 0$ besitzt keine Lösung, die Gleichung $e^{3x} - 4 = 0$ führt zu $x = \frac{\ln(4)}{3}$.

d) Die Gleichung $(2x+4) \cdot \left(e^{2x} - 4\right) = 0$ löst man mit dem Satz vom Nullprodukt: $2x + 4 = 0$ führt zur Lösung $x_1 = -2$ und $e^{2x} - 4 = 0$ hat die Lösung $x_2 = \frac{\ln(4)}{2}$.

e) Die Gleichung $\left(2x^2 - 2\right) \cdot \left(e^{-x} - 2\right) = 0$ löst man mit dem Satz vom Nullprodukt:
$2x^2 - 2 = 0$ führt zu den Lösungen $x_{1,2} = \pm 1$ und $e^{-x} - 2 = 0$ hat die Lösung $x_3 = -\ln(2)$.

f) Bei der Gleichung $e^{2x} - 6e^x + 5 = 0$ substituiert man $e^x = z$: Wegen $e^{2x} = (e^x)^2$ gilt $e^{2x} = z^2$. Die Gleichung $e^{2x} - 6e^x + 5 = 0$ wird damit zu $z^2 - 6z + 5 = 0$. Lösen mit pq- oder abc-Formel ergibt $z_1 = 5$ und $z_2 = 1$. Die Rücksubstitution $e^x = 5$ führt zur Lösung $x_1 = \ln(5)$, die Rücksubstitution $e^x = 1$ führt zur Lösung $x_2 = \ln(1) = 0$.

g) Bei der Gleichung $e^{4x} - 5e^{2x} + 6 = 0$ substituiert man $e^{2x} = z$: Da $e^{4x} = \left(e^{2x}\right)^2$ gilt $e^{4x} = z^2$. Die Gleichung $e^{4x} - 5e^{2x} + 6 = 0$ wird damit zu $z^2 - 5z + 6 = 0$. Lösen mithilfe der pq- oder abc-Formel ergibt $z_1 = 2$ und $z_2 = 3$. Die Rücksubstitution $e^{2x} = 2$ führt zur Lösung $x_1 = \frac{\ln(2)}{2}$, die Rücksubstitution $e^{2x} = 3$ führt zur Lösung $x_2 = \frac{\ln(3)}{2}$.

h) Die Gleichung $e^x - 8e^{-x} = 2$ multipliziert man mit e^x und erhält: $e^x \cdot e^x - 8e^{-x} \cdot e^x = 2e^x$ bzw. $e^{2x} - 2e^x - 8 = 0$. Substituiert man $e^x = z$ ergibt sich: $z^2 - 2z - 8 = 0$. Lösen mithilfe der pq- oder abc-Formel ergibt $z_1 = 4$ und $z_2 = -2$. Rücksubstitution $e^x = 4$ führt zur Lösung $x = \ln(4)$, die Rücksubstitution $e^x = -2$ führt zu keiner weiteren Lösung, da e^x stets größer als Null ist.

3.4 Bruchgleichungen

a) Die Gleichung $\frac{4}{x^2} + \frac{2}{x} = 2$ wird mit x^2 multipliziert.
Man erhält: $4 + 2x = 2x^2$ bzw. $2x^2 - 2x - 4 = 0$.
Mithilfe der pq- bzw. abc-Formel ergeben sich die Lösungen: $x_1 = 2$ und $x_2 = -1$.

b) Die Gleichung $6 - \frac{12}{x^2+1} = 0$ wird mit $x^2 + 1$ multipliziert.
Man erhält: $6 \cdot (x^2 + 1) - 12 = 0$ bzw. $6x^2 + 6 - 12 = 0$ bzw. $x^2 = 1$.
Durch Wurzelziehen ergeben sich die Lösungen: $x_1 = 1$ und $x_2 = -1$.

c) Die Gleichung $x^2 - \frac{4}{x^2} = 3$ wird mit x^2 multipliziert.
Man erhält: $x^4 - 4 = 3x^2$ bzw. $x^4 - 3x^2 - 4 = 0$.
Substituiert man $x^2 = z$, ergibt sich: $z^2 - 3z - 4 = 0$.
Mithilfe der pq- bzw. abc-Formel erhält man: $z_1 = 4$ und $z_2 = -1$.
Die Resubstitution $x^2 = 4$ ergibt die Lösungen $x_1 = 2$ und $x_2 = -2$, die Resubstitution $x^2 = -1$ ergibt keine weiteren Lösungen.

d) Die Gleichung $\frac{2}{x^4} - \frac{1}{x^2} = 1$ wird mit x^4 multipliziert.
Man erhält: $2 - x^2 = x^4$ bzw. $0 = x^4 + x^2 - 2$.
Substituiert man $x^2 = z$, ergibt sich: $0 = z^2 + z - 2$.
Mithilfe der pq- bzw. abc-Formel erhält man: $z_1 = 1$ und $z_2 = -2$.
Die Resubstitution $x^2 = 1$ ergibt die Lösungen $x_1 = 1$ und $x_2 = -1$, die Resubstitution $x^2 = -2$ ergibt keine weiteren Lösungen.

e) Die Gleichung $1 - \frac{4x}{x^2+3} = 0$ wird mit $x^2 + 3$ multipliziert.
Man erhält: $x^2 + 3 - 4x = 0$ bzw. $x^2 - 4x + 3 = 0$.
Mithilfe der pq- bzw. abc-Formel ergeben sich die Lösungen: $x_1 = 3$ und $x_2 = 1$.

3.5 Trigonometrische Gleichungen

a) Bei der Gleichung $\sin(3x) = 1;\ x \in [0; 2\pi]$ substituiert man $3x = z$.
Dies führt zu $\sin(z) = 1$ mit den möglichen Lösungen $z_1 = \frac{\pi}{2}$, $z_2 = \frac{5}{2}\pi$, $z_3 = \frac{9}{2}\pi, \ldots$
Die Resubstitution $z_1 = \frac{\pi}{2} = 3x$ ergibt $x_1 = \frac{\pi}{6}$, $z_2 = \frac{5}{2}\pi = 3x$ ergibt $x_2 = \frac{5}{6}\pi$, $z_3 = \frac{9}{2}\pi = 3x$ ergibt $x_3 = \frac{3}{2}\pi$, $z_4 = \frac{13}{2}\pi$ ergibt keine weitere Lösung, da $\frac{13}{6}\pi \notin [0; 2\pi]$
Als Lösungsmenge erhält man $\mathrm{L} = \left\{ \frac{1}{6}\pi; \frac{5}{6}\pi; \frac{3}{2}\pi \right\}$.

b) Bei der Gleichung $\cos\left(x - \frac{\pi}{2}\right) = -1;\ x \in [-\pi; 2\pi]$ substituiert man $x - \frac{\pi}{2} = z$.
Dies führt zu $\cos(z) = -1$ mit den möglichen Lösungen $z_1 = -\pi$, $z_2 = \pi$, $z_3 = 3\pi, \ldots$
Die Resubstitution $z_1 = -\pi = x - \frac{\pi}{2}$ ergibt $x_1 = -\frac{\pi}{2}$, $z_2 = \pi = x - \frac{\pi}{2}$ ergibt $x_2 = \frac{3}{2}\pi$, $z_3 = 3\pi$ ergibt keine weitere Lösung.
Als Lösungsmenge erhält man $\mathrm{L} = \left\{ -\frac{\pi}{2}; \frac{3}{2}\pi \right\}$.

c) Die Gleichung $\cos(x) \cdot (\sin(x) - 1) = 0;\ x \in [0; \pi]$ löst man mit dem Satz vom Nullprodukt: $\cos(x) = 0$ hat im angegebenen Intervall die Lösung $x = \frac{\pi}{2}$.

$\sin(x) - 1 = 0$ bzw. $\sin(x) = 1$ hat ebenfalls die Lösung $x = \frac{\pi}{2}$.
Als Lösungsmenge erhält man $L = \left\{ \frac{\pi}{2} \right\}$.

d) Die Gleichung $\sin(x) \cdot (\sin(x) + 1) = 0;\ \ x \in [0; 2\pi]$ löst man mit dem Satz vom Nullprodukt: $\sin(x) = 0$ hat im angegebenen Intervall die Lösungen $x_1 = 0$, $x_2 = \pi$ und $x_3 = 2\pi$.
$\sin(x) + 1 = 0$ bzw. $\sin(x) = -1$ hat die Lösung $x_4 = \frac{3}{2}\pi$.
Als Lösungsmenge erhält man $L = \left\{ 0; \pi; \frac{3}{2}\pi; 2\pi \right\}$.

e) Die Gleichung $\cos(x) \cdot (\cos(x) + 1) = 0;\ \ x \in [0; \pi]$ löst man mit dem Satz vom Nullprodukt: $\cos(x) = 0$ hat im angegebenen Intervall die Lösung $x_1 = \frac{1}{2}\pi$.
$\cos(x) + 1 = 0$ bzw. $\cos(x) = -1$ hat die Lösung $x_2 = \pi$.
Als Lösungsmenge erhält man $L = \left\{ \frac{1}{2}\pi; \pi \right\}$.

f) Bei der Gleichung $\sin^2(x) - 2\sin(x) = 0;\ \ x \in [0; 2\pi]$ klammert man $\sin x$ aus. Es ergibt sich: $\sin(x) \cdot (\sin(x) - 2) = 0$.
Diese Gleichung löst man mit dem Satz vom Nullprodukt:
$\sin(x) = 0$ hat im angegebenen Intervall die Lösungen $x_1 = 0$, $x_2 = \pi$ und $x_3 = 2\pi$.
$\sin(x) - 2 = 0$ bzw. $\sin(x) = 2$ hat keine weitere Lösung.
Als Lösungsmenge erhält man $L = \{0; \pi; 2\pi\}$.

g) Bei der Gleichung $\cos^2(x) + \cos(x) - 2 = 0;\ \ x \in [0; 2\pi]$ substituiert man $\cos(x) = z$.
Damit ergibt sich: $z^2 + z - 2 = 0$.
Mithilfe der pq- bzw. abc-Formel erhält man: $z_1 = 1$ und $z_2 = -2$.
Die Resubstitution $\cos(x) = 1$ ergibt im angegebenen Intervall die Lösungen $x_1 = 0$ und $x_2 = 2\pi$, die Resubstitution $\cos(x) = -2$ ergibt keine weiteren Lösungen.
Als Lösungsmenge erhält man $L = \{0; 2\pi\}$.

h) Bei der Gleichung $\sin^2(x) + 4\sin(x) + 3 = 0;\ \ x \in [0; 2\pi]$ substituiert man $\sin(x) = z$.
Damit ergibt sich: $z^2 + 4z + 3 = 0$.
Mithilfe der pq- bzw. abc-Formel erhält man: $z_1 = -1$ und $z_2 = -3$.
Die Resubstitution $\sin(x) = -1$ ergibt im angegebenen Intervall die Lösung $x_1 = \frac{3}{2}\pi$, die Resubstitution $\sin x = -3$ ergibt keine weiteren Lösungen.
Als Lösungsmenge erhält man $L = \left\{ \frac{3}{2}\pi \right\}$.

i) Die Gleichung $\left(x^2 - 4\right) \cdot \sin\left(x - \frac{\pi}{2}\right) = 0;\ \ x \in [0; 2\pi]$ löst man mit dem Satz vom Nullprodukt. $x^2 - 4 = 0$ hat die Lösungen $x_{1,2} = \pm 2$, es kommt aber wegen $x \in [0; 2\pi]$ nur $x_1 = 2$ als Lösung in Frage. Bei der Gleichung $\sin\left(x - \frac{\pi}{2}\right) = 0$ substituiert man $x - \frac{\pi}{2} = z$. Dies führt zu $\sin(z) = 0$ mit den möglichen Lösungen $z_1 = 0$, $z_2 = \pi$, $z_3 = 2\pi, \ldots$ Die Resubstitution $z_1 = 0 = x - \frac{\pi}{2}$ ergibt $x_1 = \frac{\pi}{2}$, $z_2 = \pi = x - \frac{\pi}{2}$ ergibt $x_2 = \frac{3}{2}\pi$, $z_3 = 2\pi$ ergibt keine weitere Lösung.
Als Lösungsmenge erhält man $L = \left\{ \frac{\pi}{2}; 2; \frac{3}{2}\pi \right\}$.

3.6 Ungleichungen

a) Die Lösungsmenge der Ungleichung $2x > x^2$ bzw. $0 > x^2 - 2x$ kann man sich anhand des Graphen der zugehörigen Funktion überlegen. Die Funktion $f(x) = x^2 - 2x$ ist eine nach oben geöffnete Normalparabel.
Die Lösungsmenge der Ungleichung $0 > x^2 - 2x$ sind alle x-Werte, für die die Parabel unterhalb der x-Achse verläuft.

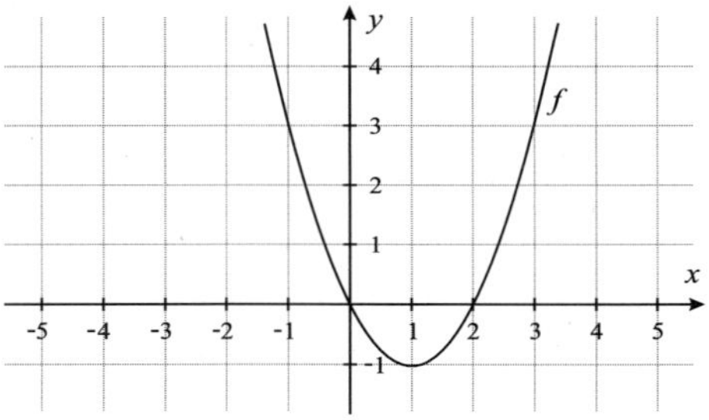

Die Nullstellen der Funktion erhält man durch Lösen der Gleichung $x^2 - 2x = 0$ bzw. $x \cdot (x-2) = 0$. Die Lösungen dieser Gleichung sind $x_1 = 0$ und $x_2 = 2$. Damit verläuft die Parabel für x-Werte zwischen 0 und 2 unterhalb der x-Achse.
Damit gilt für die Lösung der Ungleichung: $\mathrm{L} = \{x \in \mathbb{R} \mid 0 < x < 2\}$ oder $\mathrm{L} = \,]0;2[$.

b) Die Lösungsmenge der Ungleichung $4x < x^2$ bzw. $0 < x^2 - 4x$ kann man sich anhand des Graphen der zugehörigen Funktion überlegen. $f(x) = x^2 - 4x$ ist eine nach oben geöffnete Normalparabel. Die Lösungsmenge der Ungleichung $0 < x^2 - 4x$ sind alle x-Werte, für die die Parabel oberhalb der x-Achse verläuft. Die Nullstellen der Funktion erhält man durch Lösen der Gleichung $x^2 - 4x = 0$ bzw. $x \cdot (x-4) = 0$.
Die Lösungen dieser Gleichung sind $x_1 = 0$ und $x_2 = 4$. Also verläuft die Parabel für x-Werte, kleiner als Null oder größer als vier, oberhalb der x-Achse.

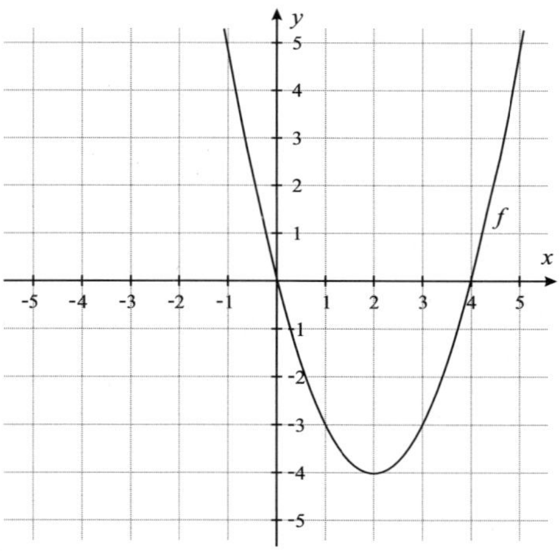

Damit gilt für die Lösung der Ungleichung: $\mathrm{L} = \{x \in \mathbb{R} \mid x < 0 \text{ oder } x > 4\}$.

c) Die Lösungsmenge der Ungleichung $x^2 + 2x < 3$ bzw. $x^2 + 2x - 3 < 0$ kann man sich anhand des Graphen der zugehörigen Funktion überlegen.
Die Funktion $f(x) = x^2 + 2x - 3$ ist eine nach oben geöffnete Normalparabel.

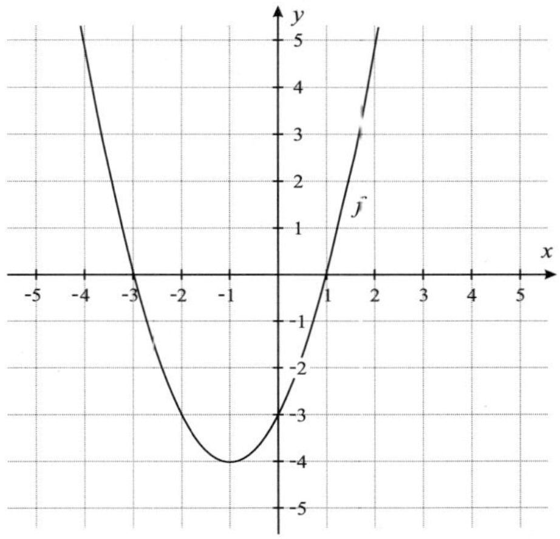

Die Lösungsmenge der Ungleichung $x^2 + 2x - 3 < 0$ sind alle x-Werte, für die die Parabel unterhalb der x-Achse verläuft.
Die Nullstellen der Funktion erhält man durch Lösen der Gleichung $x^2 + 2x - 3 = 0$.
Mithilfe der abc-Formel erhält man die Lösungen $x_1 = -3$ und $x_2 = 1$.
Damit verläuft die Parabel für x-Werte, die größer als -3 und kleiner als 1 sind, unterhalb der x-Achse.
Damit gilt für die Lösung der Ungleichung: $\mathbb{L} = \{x \in \mathbb{R} \mid -3 < x < 1\}$ oder $\mathbb{L} =]-3\,;1[$.

d) Die Lösungsmenge der Ungleichung $x^2 + 2x > 8$ bzw. $x^2 + 2x - 8 > 0$ kann man sich anhand des Graphen der zugehörigen Funktion überlegen.
Die Funktion $f(x) = x^2 + 2x - 8$ ist eine nach oben geöffnete Normalparabel.

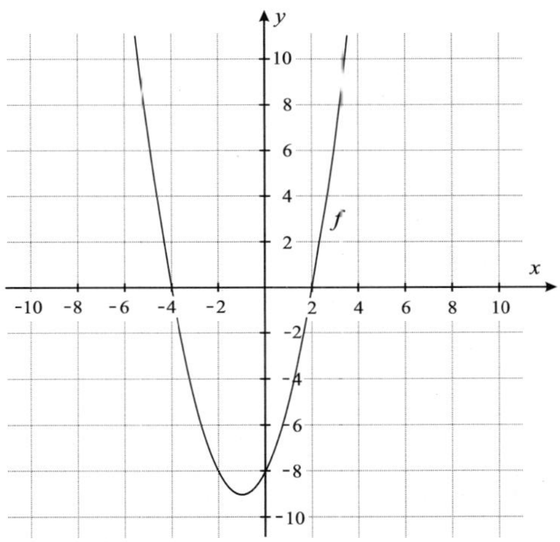

Die Lösungsmenge der Ungleichung $x^2 + 2x - 8 > 0$ sind alle x-Werte, für die die Parabel oberhalb der x-Achse verläuft.
Die Nullstellen der Funktion erhält man durch Lösen der Gleichung $x^2 + 2x - 8 = 0$.
Mithilfe der *abc*-Formel erhält man die Lösungen $x_1 = -4$ und $x_2 = 2$.
Damit verläuft die Parabel für x-Werte, die kleiner als -4 oder größer als 2 sind, oberhalb der x-Achse.
Damit gilt für die Lösung der Ungleichung: $\mathrm{L} = \{x \in \mathbb{R} \mid x < -4 \text{ oder } x > 2\}$.

e) Die Lösungsmenge der Ungleichung $(x+2) \cdot e^{2x} > 0$ kann man sich folgendermaßen überlegen:
Wegen $e^{2x} > 0$ muss $x + 2 > 0$ sein, da nur dann das Produkt $(x+2) \cdot e^{2x}$ größer als Null ist.
Somit erhält man: $x > -2$.
Damit gilt für die Lösung der Ungleichung: $\mathrm{L} = \{x \in \mathbb{R} \mid x > -2\}$.

f) Die Lösungsmenge der Ungleichung $(2x - 2) \cdot e^{-2x} < 0$ kann man sich folgendermaßen überlegen:
Wegen $e^{-2x} > 0$ muss $2x - 2 < 0$ sein, da nur dann das Produkt $(2x-2) \cdot e^{-2x}$ kleiner als Null ist.
Somit erhält man: $2x < 2$ bzw. $x < 1$.
Damit gilt für die Lösung der Ungleichung: $\mathrm{L} = \{x \in \mathbb{R} \mid x < 1\}$.

4 Funktionen und Graphen

4.1 Von der Gleichung zur Kurve

4.1.1 Ganzrationale Funktionen

a) g_1: $f(x) = \frac{1}{2}x + 1$. Schnittpunkt mit der y-Achse: $f(0) = \frac{1}{2} \cdot 0 + 1 = 1 \Rightarrow S(0 \mid 1)$
Schnittpunkt mit der x-Achse: $f(x) = 0$ bzw. $\frac{1}{2}x + 1 = 0$ führt zu $x = -2 \Rightarrow N(-2 \mid 0)$
Es handelt sich um eine Gerade mit y-Achsenabschnitt $b = 1$ und Steigung $m = \frac{1}{2}$.

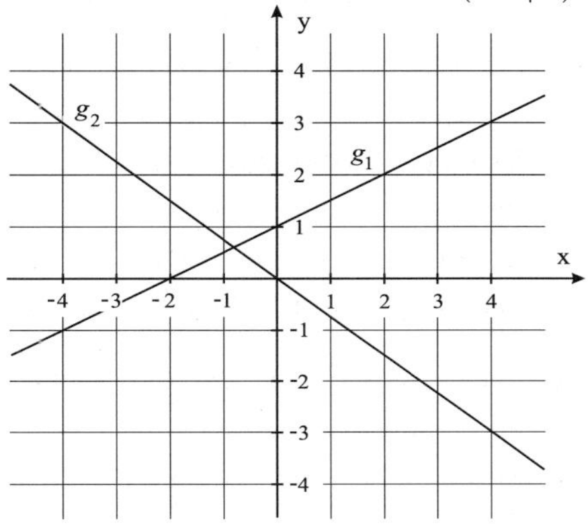

b) g_2 : $f(x) = -\frac{3}{4}x$. Schnittpunkt mit der y-Achse: $f(0) = -\frac{3}{4} \cdot 0 = 0 \Rightarrow S(0 \mid 0)$. Schnittpunkt mit der x-Achse: $f(x) = 0$ bzw. $-\frac{3}{4}x = 0$ führt zu $x = 0 \Rightarrow N(0 \mid 0)$.
Es handelt sich um eine Ursprungsgerade (Gerade durch den Koordinatenursprung) mit y-Achsenabschnitt $b = 0$ und Steigung $m = -\frac{3}{4}$

c) $f(x) = (x-1)^2 - 4$. Schnittpunkt mit der y-Achse: $f(0) = (0-1)^2 - 4 = -3 \Rightarrow S(0 \mid -3)$
Schnittpunkt mit der x-Achse: $f(x) = 0$ bzw. $(x-1)^2 - 4 = 0$ führt zu $x_1 = 3$, $x_2 = -1 \Rightarrow N_1(3 \mid 0), N_2(-1 \mid 0)$. Es handelt sich um eine Normalparabel, die um eine LE nach rechts und 4 LE nach unten verschoben wurde, d.h. eine nach oben geöffnete Normalparabel mit Scheitel bei $(1 \mid -4)$.

d) $f(x) = -x^2 + 4$. Schnittpunkt mit der y-Achse: $f(0) = -0^2 + 4 = 4 \Rightarrow S(0 \mid 4)$
Schnittpunkt mit der x-Achse: $f(x) = 0$ bzw. $-x^2 + 4 = 0$ führt zu $x_1 = 2, x_2 = -2$
$\Rightarrow N_1(2 \mid 0), N_2(-2 \mid 0)$.
Es handelt sich um eine Normalparabel, die an der x-Achse gespiegelt und dann um vier LE nach oben verschoben wurde, d.h. eine nach unten geöffnete Normalparabel mit S $(0 \mid 4)$.

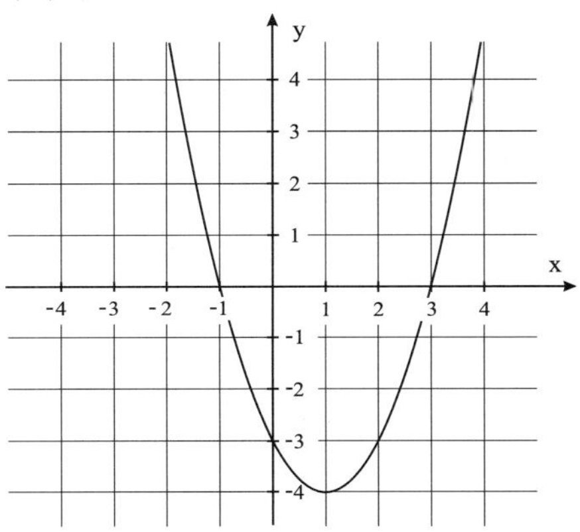

c) $f(x) = (x-1)^2 - 4$

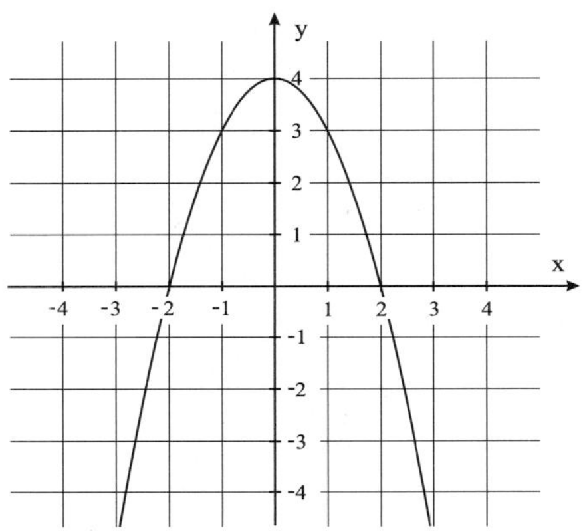

d) $f(x) = -x^2 + 4$

e) $f(x) = -\frac{1}{2}x^2 + 4,5$.
Schnittpunkt mit der y-Achse: $f(0) = -\frac{1}{2} \cdot 0^2 + 4,5 = 4,5 \Rightarrow \text{S}\,(0 \mid 4,5)$.
Schnittpunkt mit der x-Achse: $f(x) = 0$ bzw. $f(x) = -\frac{1}{2}x^2 + 4,5 = 0$ führt zu den Lösungen $x_1 = 3\,, x_2 = -3$. Daraus folgt: $\text{N}_1(3 \mid 0)\,, \text{N}_2(-3 \mid 0)$.
Es handelt sich um eine Normalparabel, die an der x-Achse gespiegelt, mit Faktor $\frac{1}{2}$ in y-Richtung gestaucht und um $4,5$ LE nach oben verschoben wurde.

f) $f(x) = (x-1)^3 + 1$. Schnittpunkt mit der y-Achse: $f(0) = (0-1)^3 + 1 = 0 \Rightarrow \text{S}\,(0 \mid 0)$.
Schnittpunkt mit der x-Achse: $f(x) = 0$ bzw. $f(x) = (x-1)^3 + 1 = 0$ führt zu $x = 0 \Rightarrow \text{N}\,(0 \mid 0)$.
Es handelt sich um eine kubische Parabel, die um eine LE nach rechts und eine LE nach oben verschoben wurde.

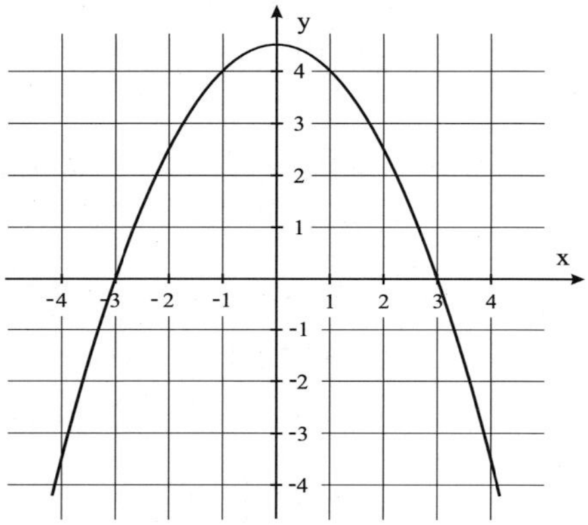

e) $f(x) = -\frac{1}{2}x^2 + 4,5$

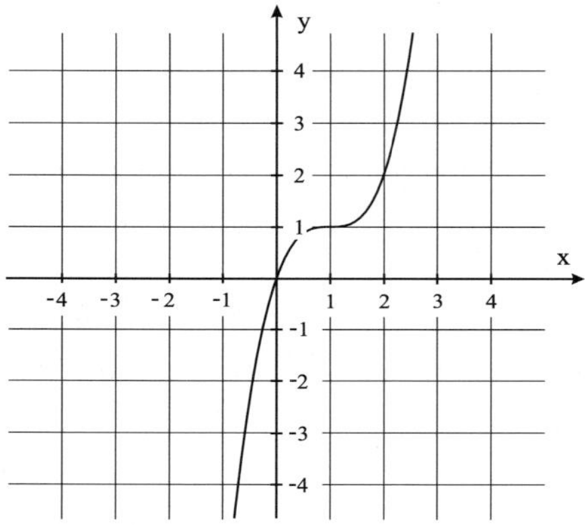

f) $f(x) = (x-1)^3 + 1$

4.1.2 Trigonometrische Funktionen

a) $f(x) = 2\sin(x)$, Periode: $p = \frac{2\pi}{1} = 2\pi$. Der Graph der Funktion $g(x) = \sin(x)$ wurde mit Faktor 2 in y-Richtung gestreckt.

b) $f(x) = \frac{1}{2}\cos(x)$, Periode: $p = \frac{2\pi}{1} = 2\pi$. Der Graph von $g(x) = \cos(x)$ wurde mit Faktor $\frac{1}{2}$ in y-Richtung gestaucht (bzw. gestreckt).

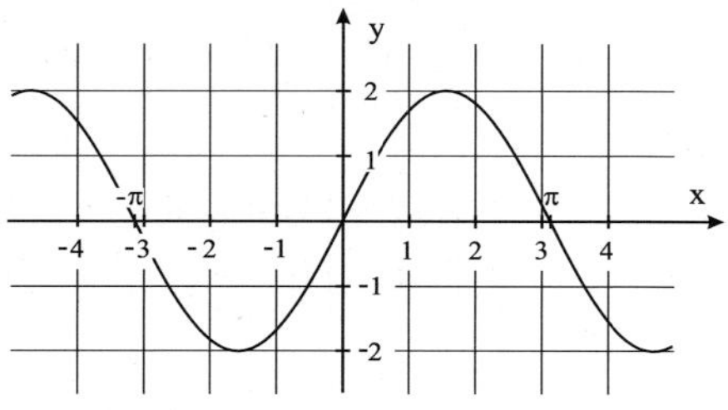

a) $f(x) = 2\sin(x)$

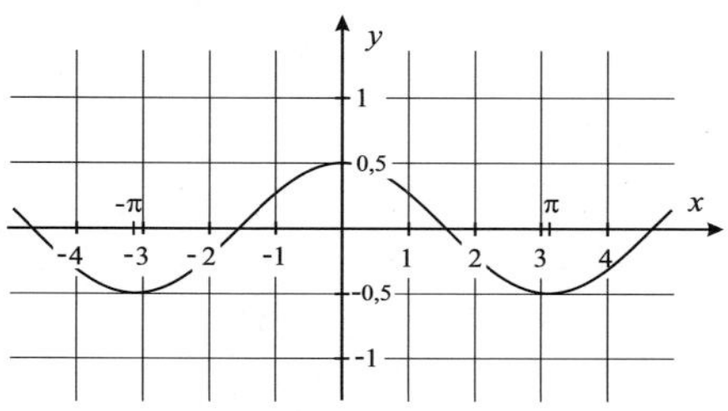

b) $f(x) = \frac{1}{2}\cos(x)$

c) $f(x) = \sin(2x)$, Periode: $p = \frac{2\pi}{2} = \pi$.
Der Graph der Funktion $g(x) = \sin(x)$ wurde mit Faktor 2 in x-Richtung gestaucht.

d) $f(x) = -\sin(2x) + 1$, Periode: $p = \frac{2\pi}{2} = \pi$.
Der Graph der Funktion $g(x) = \sin(x)$ wurde an der x-Achse gespiegelt, mit Faktor 2 in x-Richtung gestaucht und um eine LE nach oben verschoben.

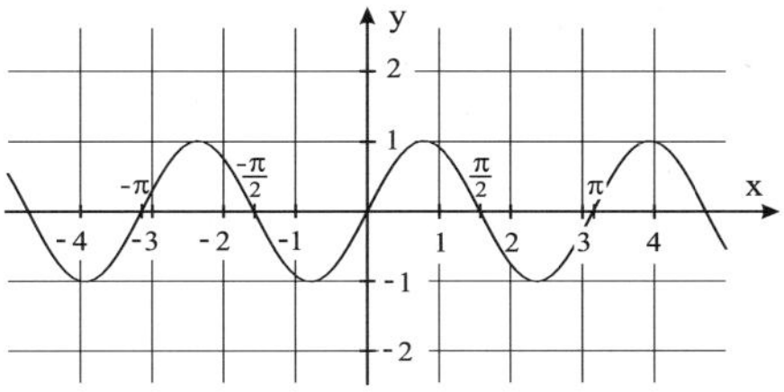

c) $f(x) = \sin(2x)$

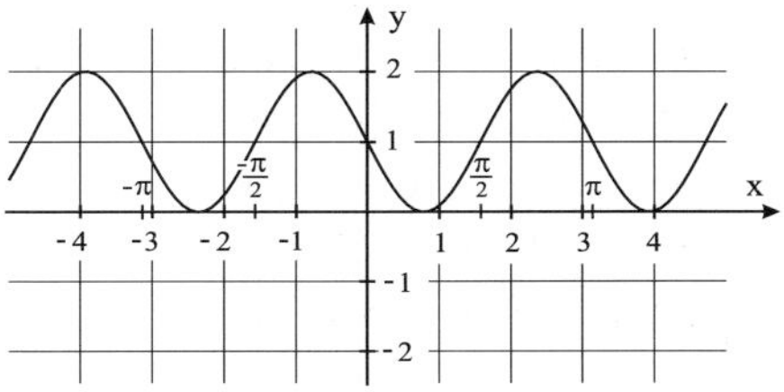

d) $f(x) = -\sin(2x) + 1$

e) $f(x) = \sin\left(\frac{1}{2}\pi(x+1)\right)$, Periode: $p = \frac{2\pi}{\frac{1}{2}\pi} = 4$. Der Graph der Funktion $g(x) = \sin(x)$ wurde in x-Richtung gestaucht und um eine LE nach links verschoben.

f) $f(x) = \frac{1}{2}\sin(\frac{\pi}{4}x) + \frac{3}{2}$, Periode: $p = \frac{2\pi}{\frac{\pi}{4}} = 8$. Der Graph der Funktion $g(x) = \sin(x)$ wurde in x-Richtung gestreckt und in y-Richtung mit Faktor $\frac{1}{2}$ gestaucht, anschließend wurde es um $\frac{3}{2}$ LE nach oben verschoben.

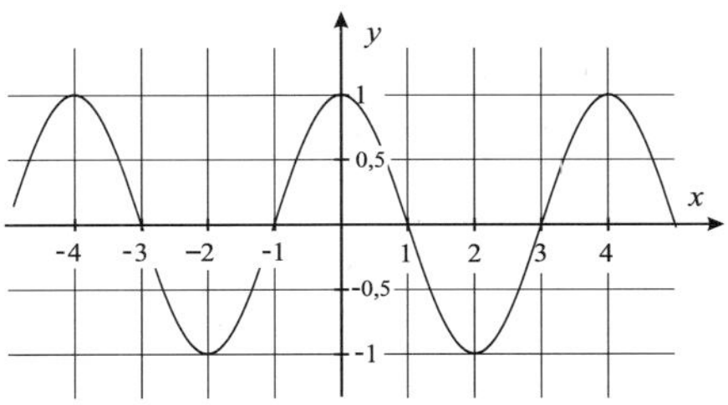

e) $f(x) = \sin\left(\frac{1}{2}\pi(x+1)\right)$

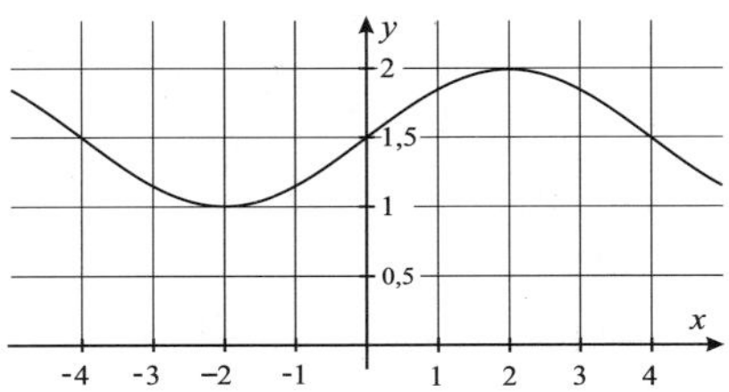

f) $f(x) = \frac{1}{2}\sin(\frac{\pi}{4}x) + \frac{3}{2}$

4.1.3 Exponentialfunktionen

a) $f(x) = e^{x-1} + 1$. Asymptote: $x \to -\infty$ führt zu $y = 1$ (waagerechte Asymptote).
Der Graph der Funktion $g(x) = e^x$ wurde um eine LE nach rechts und eine LE nach oben verschoben.

b) $f(x) = -e^{x-1} + 1$. Asymptote: $x \to -\infty$ führt zu $y = 1$ (waagerechte Asymptote).
Der Graph der Funktion $g(x) = e^x$ wurde an der x-Achse gespiegelt und anschließend um eine LE nach rechts und eine LE nach oben verschoben.

c) $f(x) = e^{-(x-1)} + 2$. Asymptote: $x \to \infty$ führt zu $y = 2$ (waagerechte Asymptote).
Der Graph der Funktion $g(x) = e^x$ wurde erst an der y-Achse gespiegelt und dann um eine

LE nach rechts und zwei LE nach oben verschoben.

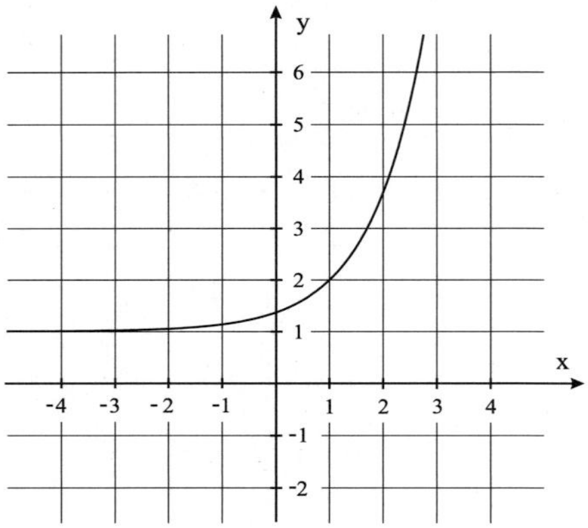

a) $f(x) = e^{x-1} + 1$

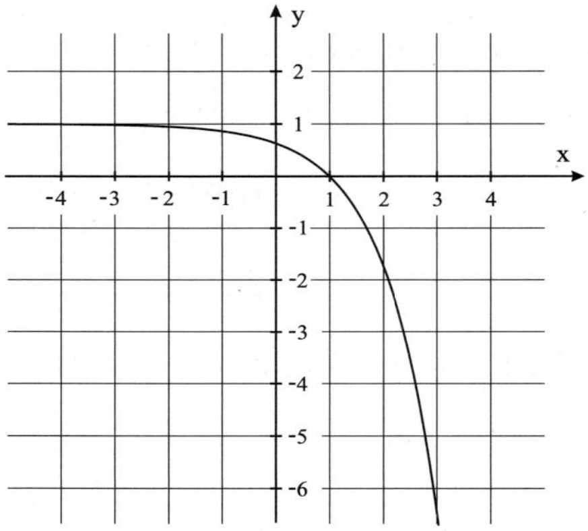

b) $f(x) = -e^{x-1} + 1$

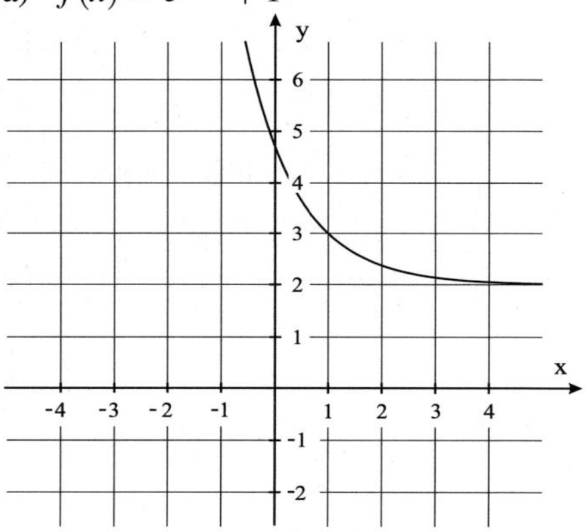

c) $f(x) = e^{-(x-1)} + 2$

4.2 Aufstellen von Funktionen mit Randbedingungen

4.2.1 Ganzrationale Funktionen

a) Ansatz: $f(x) = ax^2 + bx + c$. Die drei Bedingungen ergeben

$$\begin{array}{lclclclcr} f(0)=4 & \Rightarrow & a\cdot 0^2 & + & b\cdot 0 & + & c & = & 4 \\ f(1)=0 & \Rightarrow & a\cdot 1^2 & + & b\cdot 1 & + & c & = & 0 \\ f(2)=18 & \Rightarrow & a\cdot 2^2 & + & b\cdot 2 & + & c & = & 18 \end{array}$$

Daraus ergibt sich das folgende Gleichungssystem:

$$\begin{array}{lrcrcrcr} \text{I} & & & & & c & = & 4 \\ \text{II} & a & + & b & + & c & = & 0 \\ \text{III} & 4a & + & 2b & + & c & = & 18 \end{array}$$

Einsetzen von c und Auflösen von II und III führt auf $a = 11$ und $b = -15$. Damit ergibt sich für die Funktionsgleichung $f(x) = 11x^2 - 15x + 4$.

b) Ansatz: $f(x) = ax^2 + bx + c$ und $f'(x) = 2ax + b$. Die drei Bedingungen ergeben

$$\begin{array}{lclclclcr} f(0)=2 & \Rightarrow & a\cdot 0^2 & + & b\cdot 0 & + & c & = & 2 \\ f(1)=3 & \Rightarrow & a\cdot 1^2 & + & b\cdot 1 & + & c & = & 3 \\ f'(1)=0 & \Rightarrow & 2a\cdot 1 & + & b & & & = & 0 \end{array}$$

Daraus ergibt sich das folgende Gleichungssystem:

$$\begin{array}{lrcrcrcr} \text{I} & & & & & c & = & 2 \\ \text{II} & a & + & b & + & c & = & 3 \\ \text{III} & 2a & + & b & & & = & 0 \end{array}$$

Einsetzen von c und Auflösen von II und III führt auf $a = -1$ und $b = 2$. Damit ergibt sich für die Funktionsgleichung $f(x) = -x^2 + 2x + 2$. (Da es sich um eine nach unten geöffnete Parabel handelt, muss $M\,(1 \mid 3)$ ein Hochpunkt sein.)

c) Ansatz: $f(x) = ax^2 + c$ und $f'(x) = 2ax$. Die zwei Bedingungen ergeben

$$\begin{array}{lclclcr} f(1)=6 & \Rightarrow & a\cdot 1^2 & + & c & = & 6 \\ f'(1)=2 & \Rightarrow & 2a\cdot 1 & & & = & 2 \end{array}$$

Daraus ergibt sich das folgende Gleichungssystem:

$$\begin{array}{rcrcr} a & + & c & = & 6 \\ 2a & & & = & 2 \end{array}$$

Auflösen führt auf $a = 1$ und $c = 5$. Damit ergibt sich für die Funktionsgleichung $f(x) = x^2 + 5$.

d) Ansatz: $f(x) = ax^3 + bx^2 + cx + d$, $f'(x) = 3ax^2 + 2bx + c$, $f''(x) = 6ax + 2b$. Die vier Bedingungen ergeben

$$\begin{array}{lclclclclcl} f(0)=0 & \Rightarrow & a\cdot 0^3 & + & b\cdot 0^2 & + & c\cdot 0 & + & d & = & 0 \\ f''(0)=0 & \Rightarrow & 6a\cdot 0 & + & 2b & & & & & = & 0 \\ f(2)=2 & \Rightarrow & a\cdot 2^3 & + & b\cdot 2^2 & + & c\cdot 2 & + & d & = & 2 \\ f'(2)=0 & \Rightarrow & 3a\cdot 2^2 & + & 2b\cdot 2 & + & c & & & = & 0 \end{array}$$

Daraus ergibt sich das folgende Gleichungssystem:

$$\begin{array}{rcrcrcrcl} & & & & & & d & = & 0 \\ & & 2b & & & & & = & 0 \\ 8a & + & 4b & + & 2c & + & d & = & 2 \\ 12a & + & 4b & + & c & & & = & 0 \end{array}$$

Es ergeben sich $d = 0$, $b = 0$. Einsetzen in die beiden unteren Gleichungen und Auflösen nach a und c ergibt $a = -\frac{1}{8}$ und $c = \frac{3}{2} = 1{,}5$. Damit ergibt sich für die Funktionsgleichung $f(x) = -\frac{1}{8}x^3 + \frac{3}{2}x$.

e) Ansatz: $f(x) = ax^3 + bx^2 + cx + d$, $f'(x) = 3ax^2 + 2bx + c$, $f''(x) = 6ax + 2b$. Die vier Bedingungen ergeben

$$\begin{array}{lcrcrcrcccr} f(0)=1 & \Rightarrow & a\cdot 0^3 & + & b\cdot 0^2 & + & c\cdot 0 & + & d & = & 1 \\ f'(0)=-1 & \Rightarrow & 3a\cdot 0^2 & + & 2b\cdot 0 & + & c & & & = & -1 \\ f(-1)=4 & \Rightarrow & a\cdot(-1)^3 & + & b\cdot(-1)^2 & + & c\cdot(-1) & + & d & = & 4 \\ f''(-1)=0 & \Rightarrow & 6a\cdot(-1) & + & 2b & & & & & = & 0 \end{array}$$

Daraus ergibt sich das folgende Gleichungssystem:

$$\begin{array}{rcrcrcrcr} & & & & & & d & = & 1 \\ & & & & c & & & = & -1 \\ -a & + & b & - & c & + & d & = & 4 \\ -6a & + & 2b & & & & & = & 0 \end{array}$$

Es ergeben sich $a = 1$, $b = 3$, $c = -1$, $d = 1$. Damit ergibt sich für die Funktionsgleichung $f(x) = x^3 + 3x^2 - x + 1$.

f) Ansatz: $f(x) = ax^4 + bx^2$, $f'(x) = 4ax^3 + 2bx$, $f''(x) = 12ax^2 + 2b$. Die zwei Bedingungen ergeben

$$\begin{array}{lcrcrcr} f(1)=-2{,}5 & \Rightarrow & a\cdot 1^4 & + & b\cdot 1^2 & = & -2{,}5 \\ f''(1)=0 & \Rightarrow & 12a\cdot 1^2 & + & 2b & = & 0 \end{array}$$

Daraus ergibt sich das folgende Gleichungssystem:

$$\begin{array}{rcrcr} a & + & b & = & -2{,}5 \\ 12a & + & 2b & = & 0 \end{array}$$

Auflösen führt auf $a = \frac{1}{2}$ und $b = -3$. Damit ist die Funktionsgleichung: $f(x) = \frac{1}{2}x^4 - 3x^2$.

4.2.2 Exponentialfunktionen

Der allgemeine Ansatz der e-Funktionen ist $f(x) = a \cdot e^{kx}$. Ihre Ableitung ist $f'(x) = k \cdot a \cdot e^{kx}$.

a) Zuerst wird a bestimmt: $f(0) = 2 \Rightarrow a \cdot e^{k \cdot 0} = 2 \Rightarrow a = 2$. Anschließend setzt man dies in die Funktionsgleichung ein und bestimmt k: $f(4) = 2e^{12} \Rightarrow 2 \cdot e^{k \cdot 4} = 2 \cdot e^{12}$. Teilen durch 2 ergibt $e^{k \cdot 4} = e^{12}$. Logarithmieren mit ln führt zu $k \cdot 4 = 12 \Rightarrow k = 3$. Damit ist $f(x) = 2 \cdot e^{3x}$.

b) Zuerst wird a bestimmt: $f(0) = 3 \Rightarrow a \cdot e^{k \cdot 0} = 3 \Rightarrow a = 3$. Anschließend setzt man dies in die Funktionsgleichung ein und bestimmt k: $f(2) = 3e^{8} \Rightarrow 3 \cdot e^{k \cdot 2} = 3 \cdot e^{8}$. Teilen durch 3 ergibt $e^{k \cdot 2} = e^{8}$. Logarithmieren mit ln führt zu $k \cdot 2 = 8 \Rightarrow k = 4$. Damit ist $f(x) = 3 \cdot e^{4x}$.

c) Zuerst wird wie in den vorangegangenen Aufgaben a bestimmt: $f(0) = 3 \Rightarrow a \cdot e^{k \cdot 0} = 3$ $\Rightarrow a = 3$. Dies setzt man in die zweite Aussage über die Ableitung ein, um k zu bestimmen: $f'(0) = 6 \Rightarrow k \cdot 3 \cdot e^{k \cdot 0} = 6 \Rightarrow k \cdot 3 = 6 \Rightarrow k = 2$. Damit ist $f(x) = 3 \cdot e^{2x}$.

d) Zuerst wird wie in den vorangegangenen Aufgaben a bestimmt: $f(0) = 2 \Rightarrow a \cdot e^{k \cdot 0} = 2$ $\Rightarrow a = 2$. Dies setzt man in die zweite Aussage über die Ableitung ein, um k zu bestimmen: $f'(0) = 4 \Rightarrow k \cdot 2 \cdot e^{k \cdot 0} = 4 \Rightarrow k \cdot 2 = 4 \Rightarrow k = 2$. Damit ist $f(x) = 2 \cdot e^{2x}$.

e) Wird der Graph von $g(x) = e^{x}$ an der x-Achse gespiegelt und um 2 LE nach rechts und 3 LE nach unten verschoben, so erhält man als Funktionsgleichung: $f(x) = -e^{x-2} - 3$.

4.2.3 Trigonometrische Funktionen

Eine verallgemeinerte Sinusfunktion hat die Gleichung $f(x) = a \cdot \sin(b \cdot (x - c)) + d$, eine verallgemeinerte Kosinusfunktion die Gleichung $f(x) = a \cdot \cos(b \cdot (x - c)) + d$.

a) Verschiebung um 3 LE nach oben: $d = 3$. Periode $p = \pi \Rightarrow b = \frac{2\pi}{p} = \frac{2\pi}{\pi} = 2$.
Keine Verschiebung nach links/ rechts: $c = 0$, keine Streckung in y-Richtung: $a = 1$
Setzt man die Koeffizienten ein, erhält man als Lösung $f(x) = \sin(2x) + 3$.

b) Streckfaktor 2,5 in y-Richtung: $a = 2{,}5$. Periode $p = \frac{\pi}{2} \Rightarrow b = \frac{2\pi}{p} = \frac{2\pi}{\frac{\pi}{2}} = 4$.
Verschiebung um 3 LE nach rechts: $c = 3$, Verschiebung um 1,5 LE nach unten: $d = -1{,}5$
Setzt man die Koeffizienten ein, erhält man als Lösung $f(x) = 2{,}5 \cdot \sin(4(x - 3)) - 1{,}5$.

c) Verschiebung um 2 LE nach links: $c = -2$. Verschiebung um 4 LE nach oben: $d = 4$. Streckfaktor 0,8 in y-Richtung: $a = 0{,}8$, Abstand zwischen zwei Hochpunkten = Periodenlänge $\Rightarrow p = 3\pi \Rightarrow b = \frac{2\pi}{p} = \frac{2\pi}{3\pi} = \frac{2}{3}$. Setzt man die Koeffizienten ein, erhält man als Lösung $f(x) = 0{,}8 \cdot \cos\left(\frac{2}{3} \cdot (x + 2)\right) + 4$.

d) Verschiebung um 1 LE nach rechts: $c = 1$. Verschiebung um 2 LE nach unten: $d = -2$. Streckfaktor 1,7 in y-Richtung: $a = 1{,}7$. Abstand zwischen zwei Wendepunkten = halbe Periodenlänge $= \frac{\pi}{2} \Rightarrow p = 2 \cdot \frac{\pi}{2} = \pi. \Rightarrow b = \frac{2\pi}{p} = \frac{2\pi}{\pi} = 2$. Setzt man die Koeffizienten ein, erhält man als Lösung $f(x) = 1{,}7 \cdot \cos(2 \cdot (x - 1)) - 2$.

4.3 Von der Kurve zur Gleichung

4.3.1 Ganzrationale Funktionen

Zu jeder Aufgabe gibt es verschiedene Lösungswege, diese sind bei den Tipps zu dieser Aufgabe ausführlich beschrieben.

a)
1. Ansatz als allgemeine Parabel 2. Grades $f(x) = ax^2 + bx + c$. Aus der Zeichnung liest man ab: $f(-2) = 0$, $f(-1) = 1$, $f(0) = 4$. Einsetzen in die allgemeine Funktion ergibt folgende Gleichungen:

$$\begin{array}{rcrcrcr} 4a & - & 2b & + & c & = & 0 \\ a & - & b & + & c & = & 1 \\ & & & & c & = & 4 \end{array}$$

   Einsetzen von c und Auflösen der beiden oberen Gleichungen führt auf $a = 1$ und $b = 4$, damit ist $f(x) = x^2 + 4x + 4$.

2. Ansatz mit Linearfaktoren: Der Graph hat nur eine Nullstelle bei $x = -2$ und geht durch den Punkt P$(0 \mid 4)$.
   Also ist $f(x) = a \cdot (x+2) \cdot (x+2)$ und es gilt:
   $f(0) = 4 \Rightarrow 4 = a \cdot (0+2) \cdot (0+2) \Rightarrow a = 1$.
   Damit ist die Lösung $f(x) = (x+2)^2$ bzw. $f(x) = x^2 + 4x + 4$.

3. Ansatz als verschobene Normalparabel: Es handelt sich um eine um 2 LE nach links verschobene Normalparabel, daher wird $g(x) = x^2$ zu $f(x) = (x+2)^2$. Auch hier zur Kontrolle einsetzen: $f(0) = 4$, es herrscht Übereinstimmung. Ausmultiplizieren führt zu $f(x) = x^2 + 4x + 4$.

b)
1. Ansatz als allgemeine Funktion 2. Grades $f(x) = ax^2 + bx + c$. Aus der Zeichnung liest man ab: $f(-1) = -2$, $f(0) = -1$, $f(1) = 2$. Einsetzen in die allgemeine Funktion ergibt folgende Gleichungen:

$$\begin{array}{rcrcrcr} a & - & b & + & c & = & -2 \\ & & & & c & = & -1 \\ a & + & b & + & c & = & 2 \end{array}$$

   Einsetzen von c und Auflösen der oberen und unteren Gleichung führt zu $a = 1$ und $b = 2$, damit ist $f(x) = x^2 + 2x - 1$.

2. Ansatz mit Linearfaktoren ist nicht möglich, da sich die Nullstellen nicht genau bestimmen lassen.

3. Ansatz als verschobene Normalparabel: Es handelt sich um eine Normalparabel, die um 1 LE nach links und um 2 LE nach unten verschoben ist:
   $f(x) = x^2$ wird zu $f(x) = (x+1)^2 - 2$. Kontrolle für $x = 0$: $f(0) = -1$, d.h. Übereinstimmung. Ausmultiplizieren führt zu $f(x) = x^2 + 2x - 1$.

c) 1. Ansatz als allgemeine Funktion 2. Grades $f(x) = ax^2 + bx + c$. Aus der Zeichnung liest man ab: $f(0) = -3$, $f(1) = 0$, $f(2) = 1$. Einsetzen in die allgemeine Funktion ergibt folgende Gleichungen:

$$\begin{array}{rcrcrcr} a & + & b & + & c & = & 0 \\ 4a & + & 2b & + & c & = & 1 \\ & & & & c & = & -3 \end{array}$$

Einsetzen von c und Auflösen der beiden oberen Gleichungen führt zu $a = -1$ und $b = 4$, damit ist $f(x) = -x^2 + 4x - 3$.

2. Ansatz mit Linearfaktoren: Der Graph hat Nullstellen bei $x = 1$ und $x = 3$ und geht durch den Punkt $P(2 \mid 1)$.
Also ist $f(x) = a \cdot (x-1) \cdot (x-3)$ und es gilt:
$f(2) = 1 \Rightarrow 1 = a \cdot (2-1) \cdot (2-3) \Rightarrow a = -1$.
Damit ist die Lösung $f(x) = -1 \cdot (x-1) \cdot (x-3)$ bzw. $f(x) = -x^2 + 4x - 3$.

3. Ansatz als verschobene Normalparabel: Es handelt sich um eine nach unten geöffnete Normalparabel, die um 2 LE nach rechts und um 1 LE nach oben verschoben ist: $f(x) = -x^2$ wird zu $f(x) = -(x-2)^2 + 1$. Auch hier Kontrolle für $x = 2$: $f(2) = 1$, es herrscht Übereinstimmung. Ausmultiplizieren führt zu $f(x) = -x^2 + 4x - 3$.

d) 1. Der Ansatz als allgemeine Funktion 3. Grades $f(x) = ax^3 + bx^2 + cx + d$ ist zwar möglich, aber etwas langwierig: Aus der Zeichnung kann man folgende Bedingungen ablesen: $f(-1) = 0$, $f(0) = 3$, $f(1) = 0$ und $f(3) = 0$. Einsetzen in die allgemeine Funktion ergibt folgendes Gleichungssystem:

$$\begin{array}{rcrcrcrcr} -a & + & b & - & c & + & d & = & 0 \\ & & & & & & d & = & 3 \\ a & + & b & + & c & + & d & = & 0 \\ 27a & + & 9b & + & 3c & + & d & = & 0 \end{array}$$

Einsetzen von $d = 3$ und Lösen des Gleichungssystems führt zu $a = 1$, $b = -3$ und $c = -1$, damit ist $f(x) = x^3 - 3x^2 - x + 3$.

2. Ansatz mit Linearfaktoren: Der Graph hat Nullstellen bei $x = -1$, $x = 1$ und $x = 3$ und geht durch den Punkt $P(2 \mid -3)$.
Also ist $f(x) = a \cdot (x+1) \cdot (x-1) \cdot (x-3)$ und es gilt:
$f(2) = -3 \Rightarrow -3 = a \cdot (2+1) \cdot (2-1) \cdot (2-3) \Rightarrow a = 1$.
Damit ist die Lösung $f(x) = 1 \cdot (x+1) \cdot (x-1) \cdot (x-3) = x^3 - 3x^2 - x + 3$.

4.3.2 Trigonometrische Funktionen

a) Als möglichen Ansatz kann man eine Sinusfunktion der Form $f(x) = a \cdot \sin(b \cdot (x - c)) + d$ verwenden. Die «Mittelachse» des Graphen liegt genau auf der x-Achse, also ist der Graph der Grundfunktion $g(x) = \sin(x)$ nicht in y-Richtung verschoben, somit ist $d = 0$. Da der Graph durch den Ursprung geht, ist die Grundfunktion $g(x) = \sin(x)$ nicht in x-Richtung verschoben, somit ist $c = 0$. Da die Periode $p = 2\pi$ ist, gilt: $b = \frac{2\pi}{p} = \frac{2\pi}{2\pi} = 1$. Der Abstand des Hoch- bzw. Tiefpunkts zur «Mittelachse» (Amplitude) beträgt 2 LE, also ist der Streckfaktor in y-Richtung $a = 2$.
Eine mögliche Funktionsgleichung ist $f(x) = 2 \cdot \sin(x)$.

b) Da das Maximum des Graphen im Punkt $\mathrm{H}(1 \mid 1{,}5)$ liegt, kann man eine Kosinusfunktion der Form $f(x) = a \cdot \cos(b \cdot (x - c)) + d$ verwenden. Die «Mittelachse» des Graphen liegt genau auf der x-Achse, also ist der Graph der Grundfunktion $g(x) = \cos(x)$ nicht in y-Richtung verschoben, somit ist $d = 0$. Wegen $\mathrm{H}(1 \mid 1{,}5)$ ist der Graph der Grundfunktion $g(x) = \cos(x)$ um 1 LE in x-Richtung verschoben, somit ist $c = 1$. Da die Periode $p = 2\pi$ ist, gilt: $b = \frac{2\pi}{p} = \frac{2\pi}{2\pi} = 1$. Der Abstand des Hoch- bzw. Tiefpunkts zur «Mittelachse» (Amplitude) beträgt 1,5 LE, also ist der Streckfaktor in y-Richtung $a = 1{,}5$.
Eine mögliche Funktionsgleichung ist also $f(x) = 1{,}5 \cdot \cos(x - 1)$. Ansatz mit Sinusfunktion ergibt z.B. $f(x) = 1{,}5 \cdot \sin(x + 0{,}5)$, da der Graph der Grundfunktion $\sin(x)$ um 0,5 LE nach links verschoben und mit Faktor 1,5 in y-Richtung gestreckt wurde.

c) Als möglichen Ansatz kann man eine Sinusfunktion der Form $f(x) = a \cdot \sin(b \cdot (x - c)) + d$ verwenden. Die «Mittelachse» des Graphen liegt genau auf der Geraden $y = 1$, also ist der Graph der Grundfunktion $g(x) = \sin(x)$ um 1 LE in y-Richtung verschoben, somit ist $d = 1$. Da der Graph durch den Punkt $(0 \mid 1)$ geht, ist die Grundfunktion $g(x) = \sin(x)$ nicht in x-Richtung verschoben, somit ist $c = 0$. Da die Periode $p = 2\pi$ beträgt, gilt: $b = \frac{2\pi}{p} = \frac{2\pi}{2\pi} = 1$. Der Abstand des Hoch- bzw. Tiefpunkts zur «Mittelachse» (Amplitude) beträgt 2 LE, also ist der Streckfaktor in y-Richtung $a = 2$.
Eine mögliche Funktionsgleichung ist damit $f(x) = 2 \cdot \sin(x) + 1$.

d) Als möglichen Ansatz kann man eine Sinusfunktion der Form $f(x) = a \cdot \sin(b \cdot (x - c)) + d$ verwenden. Die «Mittelachse» des Graphen liegt genau auf der x-Achse, also ist der Graph der Grundfunktion $g(x) = \sin(x)$ nicht in y-Richtung verschoben, somit ist $d = 0$. Da der Graph durch den Ursprung geht, ist die Grundfunktion $g(x) = \sin(x)$ nicht in x-Richtung verschoben, somit ist $c = 0$. Die Periodenlänge lässt sich an den Schnittpunkten mit der x-Achse ablesen, sie beträgt $p = 6$, also gilt: $b = \frac{2\pi}{6} = \frac{\pi}{3}$. Der Abstand des Hoch- bzw. Tiefpunkts zur «Mittelachse» (Amplitude) beträgt 4 LE, also ist der Streckfaktor in y-Richtung $a = 4$.
Eine mögliche Funktionsgleichung ist damit $f(x) = 4 \cdot \sin\left(\frac{\pi}{3}x\right)$.
Bemerkung: Diese Aussagen sind über diese Funktion nur möglich, weil vorher bekannt war, dass es sich um eine trigonometrische Funktion handelt. Wäre dies nicht bekannt, könnte es sich auch um eine Funktion der Gestalt $f(x) = ax^4 - bx^2$ handeln.

4.4 Graphen von f, f' und F

4.4.1 Von f zu f'

Es wird zuerst die Tangentensteigung in einigen Punkten näherungsweise bestimmt (z.B. mithilfe einer gezeichneten Tangente, deren Steigung dann ermittelt wird).

a)

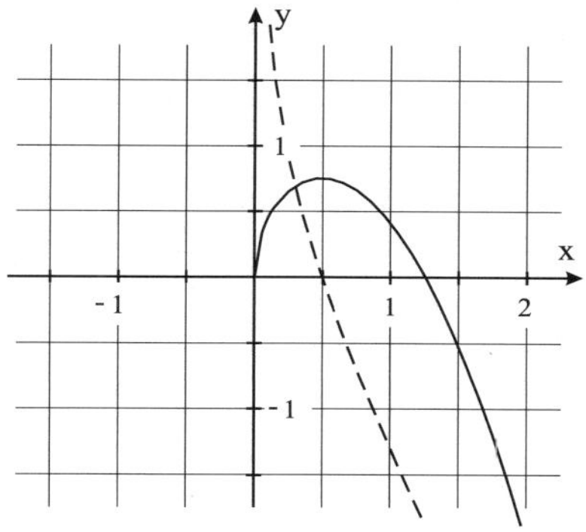

I) Antwort: nein, die Ableitungskurve hat an der Stelle $x = 1$ keine waagrechte Tangente, also kein relatives Maximum.

II) Antwort: ja, die Tangenten an die Ableitungskurve haben alle eine negative Steigung.

III) Antwort: ja, die Ableitungskurve verläuft für $x > 1$ unterhalb der x-Achse.

b)

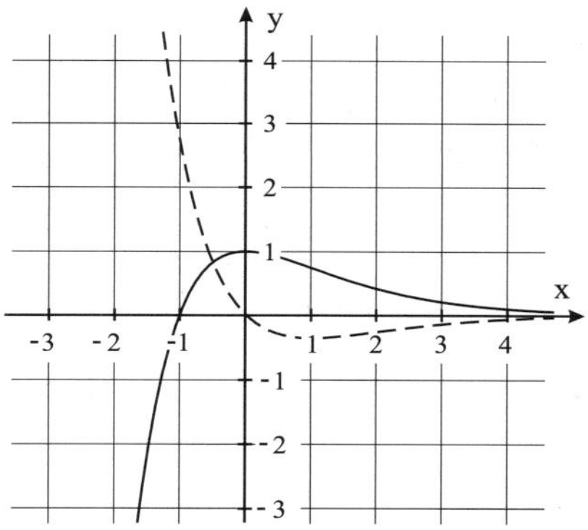

I) Antwort: ja, die Ableitungskurve hat an der Stelle $x = 1$ eine Tangente mit waagrechter Steigung sowie ein Minimum, also einen Extrempunkt.

II) Antwort: ja, bei $x = 2$ ist die Steigung der Tangente an die Ableitungskurve extremal.

III) Antwort: ja, die Ableitungskurve verläuft sogar für $x > 0$ unterhalb der x-Achse, also ist f' für $x > 1$ negativ.

c)

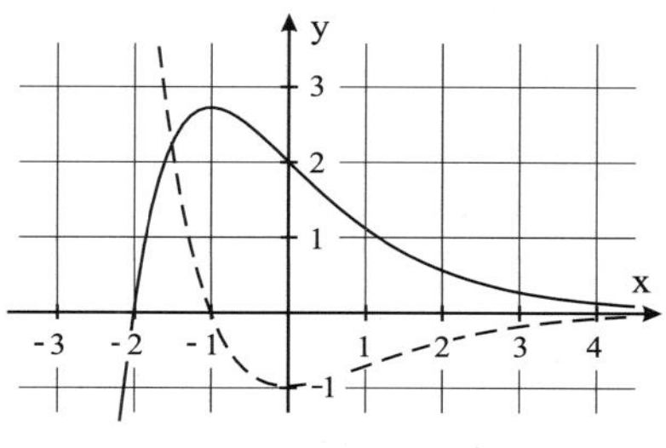

I) Antwort: nein, da die Ableitungskurve für $x < -1$ oberhalb der x-Achse verläuft.

II) Antwort: ja, bei $x = 0$ hat die Ableitungskurve eine waagrechte Tangente.

III) Antwort: nein, da $f'(0) = -1$ und $f(-1) \approx 2,7$.

4.4.2 Von f' zu f

a)

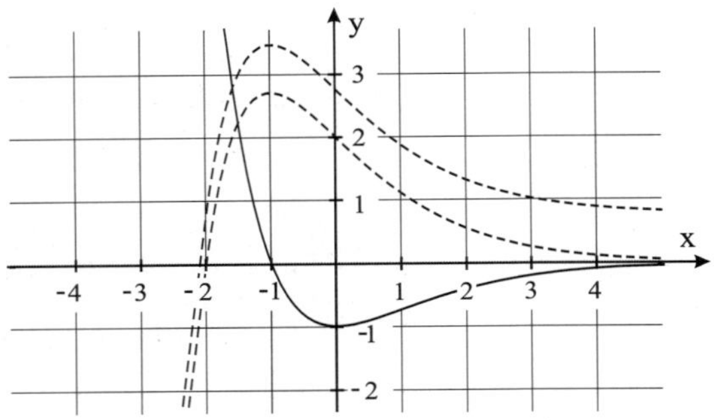

- Ableitung $f'(x)$: ——
- Mögliche Funktionen $f(x)$: - - -
- Die Funktion ist in Bezug auf Verschiebungen in y-Richtung nicht festgelegt.

I) Antwort: nein, die Ableitungskurve hat an dieser Stelle einen Extrempunkt, daher hat der Graph der Funktion für $x = 0$ einen Wendepunkt.

II) Antwort: ja, die Ableitungskurve hat an dieser Stelle eine Nullstelle und einen Vorzeichenwechsel. Dies bedeutet, dass der Graph der Funktion einen Extrempunkt für $x = -1$ besitzt. Da die Tangenten in Extrempunkten immer waagerecht sind (Steigung $= 0$), ist die Aussage richtig.

III) Antwort: nein, die Kurve der Ableitung hat an der Stelle $x = 0$ einen Tiefpunkt. Das bedeutet, dass der Graph der Funktion f an dieser Stelle einen Wendepunkt besitzt.

IV) Antwort: nein, da der Graph von f' für $0 \leqslant x \leqslant 2$ unterhalb der x-Achse verläuft und damit f streng monoton fallend ist.

b)

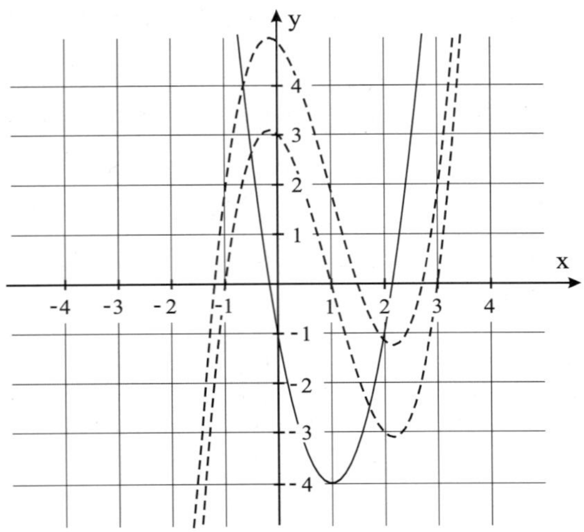

- Ableitung $f'(x)$: ——
- Mögliche Funktionen $f(x)$: - - -
- Die Funktion ist in Bezug auf Verschiebungen in y-Richtung nicht festgelegt.

I) Antwort: nein, der Graph der angegebenen Ableitungsfunktion f' hat an dieser Stelle einen Tiefpunkt. Das bedeutet, dass der Graph der Funktion f für $x = 1$ einen Wendepunkt besitzt.

II) Antwort: ja, der Graph der Ableitungsfunktion hat für $x \approx -0,2$ eine Nullstelle. Zusätzlich wechselt das Vorzeichen von f' von $+$ nach $-$ (die Steigung war erst positiv und ist nun negativ): Es liegt ein Hochpunkt vor.

III) Antwort: ja, da die Ableitungsfunktion mindestens den Grad 2 hat (Parabel), muss der Grad der Funktion f mindestens 3 sein.

IV) Antwort: ja, die Gerade $y = 2x$ hat die Steigung 2. Die Funktionswerte der angegebenen Ableitungsfunktion f' geben in jedem Punkt die Steigung der Funktion f an. Die Ableitungsfunktion hat für $x \approx 2,4$ den Wert $f'(2,4) = 2$. Daher ist die Tangente parallel zur Geraden $y = 2x$.

c)

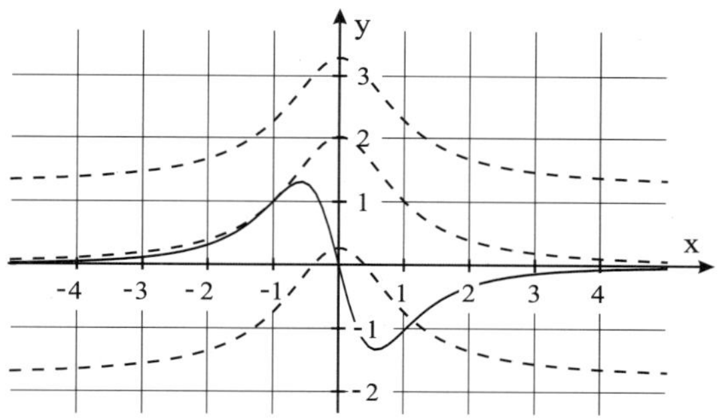

- Ableitung $f'(x)$: ——
- Mögliche Funktionen $f(x)$: - - -
- Die Funktion ist in Bezug auf Verschiebungen in y-Richtung nicht festgelegt.

I) Antwort: ja, bei $x = 0$ wechselt f' das Vorzeichen von $+$ nach $- \Rightarrow$ Der Graph von f hat bei $x = 0$ einen Hochpunkt. Der gezeichnete Graph der Ableitungsfunktion ist ursprungssymmetrisch, damit unterscheiden sich die Steigungswerte rechts und links der y-Achse nur durch ihr Vorzeichen und der Graph von f ist y-achsensymmetrisch.

II) Antwort: ja, da der Graph von f' für $x > 0$ stets unterhalb der x-Achse verläuft und damit f streng monoton fallend ist.

III) Antwort: nein, die angegebene Ableitungsfunktion f' hat für $x = 0$ zwar eine Nullstelle, es handelt sich aber um einen Hochpunkt des Graphen von f, da an der Nullstelle ein Vorzeichenwechsel von $+$ nach $-$ stattfindet.

IV) Antwort: nein, die gezeichnete Ableitungsfunktion f' hat nur eine Nullstelle mit Vorzeichenwechsel. Daher besitzt der Graph von f genau einen Extrempunkt.

4.4.3 Von f zu F

Die Stammfunktion F

a)

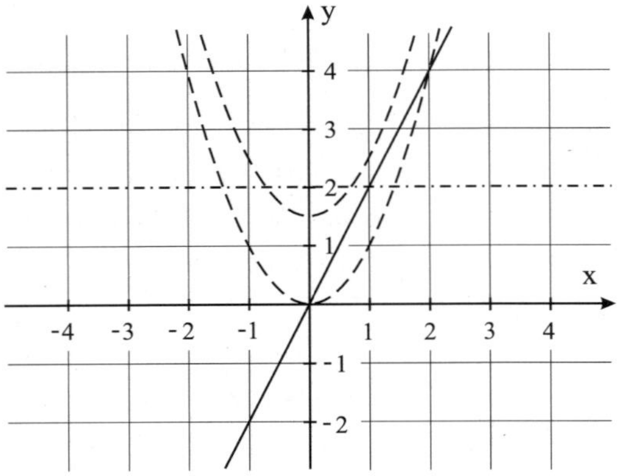

- Funktion $f(x)$: ——
- Mögliche Stammfunktionen F(x): – – –
- Ableitung $f'(x)$: –·–·
- Die eingezeichneten Stammfunktionen sind nur einige von vielen möglichen Stammfunktionen, da diese in Bezug auf eine Verschiebung in y-Richtung nicht festgelegt sind.

I) Antwort: ja, die Ableitung einer Geraden ist immer eine waagerechte Gerade, da die Steigung einer Geraden konstant ist. Daher ist der Graph der Ableitungsfunktion parallel zur Geraden $y = 1$.

II) Antwort: ja, da $f(x)$ die Steigung von F(x) beschreibt und $f(1) = 2 = \mathrm{F}'(1)$ ist.

III) Antwort: nein, streng monoton wachsend bedeutet für den Graphen, dass die y-Werte für zunehmende x-Werte immer größer werden, dass bedeutet $f'(x) > 0$, die Steigung ist an jedem Punkt des Graphen positiv. Dies gilt zwar für f, nicht aber für f'.

IV) Antwort: ja, der Graph der Ableitungsfunktion ist eine waagerechte Gerade. Diese erfüllt die Bedingung $f'(-x) = f'(x) = 2$.

b)

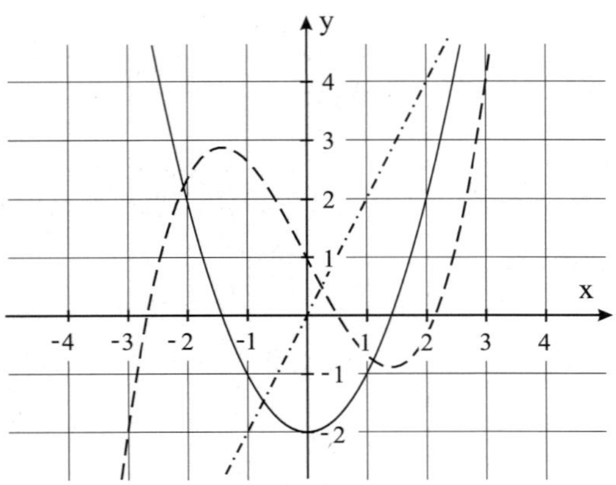

- Funktion $f(x)$: ——
- Mögliche Stammfunktionen F(x): – – –
- Ableitung $f'(x)$: –·–·
- Die eingezeichnete Stammfunktion ist nur eine von vielen möglichen Stammfunktionen, da diese in Bezug auf eine Verschiebung in y-Richtung nicht festgelegt sind.

I) Antwort: ja, die Ableitungskurve einer Parabel ist eine Gerade mit einer Steigung ungleich Null. Diese besitzt genau eine Nullstelle am Extrempunkt der Parabel. Da die Parabel diesen für $x = 0$ hat, liegt die Nullstelle auch im fraglichen Intervall.

II) Antwort: nein, da der Graph von f für $0 \leqslant x \leqslant 1$ stets unterhalb der x-Achse verläuft.

III) Antwort: ja, die Extremstellen einer Funktion sind Nullstellen der 1. Ableitung. Da die Funktion f die Ableitung von F ist, besitzt F genau 2 Extremstellen im Intervall. Da die Nullstellen von f an den Stellen $x \approx \pm 1{,}4$ liegen, befinden sich die Extrempunkte an den Punkten $(1{,}4 \mid (\mathrm{F}(1{,}4))$ bzw. $(-1{,}4 \mid (\mathrm{F}(-1{,}4))$.

4.4.4 Vermischte Aufgaben

a) I) Die Aussage ist wahr. Der Graph von f hat bei $x = -3$ einen Tiefpunkt, da der Graph von f' bei $x = -3$ eine Nullstelle mit Vorzeichenwechsel von $-$ nach $+$ hat.

II) Die Aussage ist wahr. Der Graph von f' verläuft für $-2 < x < -1$ oberhalb der x-Achse, also gilt $f'(x) > 0$ für $-2 < x < -1$. Somit ist f in diesem Intervall streng monoton wachsend, so dass gilt: $f(-2) < f(-1)$.
Alternativ kann man sich auch Folgendes überlegen: Es ist

$$\int_{-2}^{-1} f'(x)\,\mathrm{dx} = \Big[f(x)\Big]_{-2}^{-1} = f(-1) - f(-2)$$

Der Wert dieses Integrals kann als Flächeninhalt zwischen dem Graphen von f' und der x-Achse über dem Intervall $[-2; -1]$ gedeutet werden. Da dieser Flächeninhalt positiv ist, gilt: $f(-1) - f(-2) > 0 \Rightarrow f(-1) > f(-2)$ bzw. $f(-2) < f(-1)$.

III) Die Aussage ist falsch. Da $f''(-2)$ die Steigung des Graphen von f' an der Stelle $x = -2$ beschreibt und der Graph von f' an dieser Stelle einen Hochpunkt hat, gilt: $f''(-2) = 0$. Anhand des gegebenen Graphen von f' kann man ablesen: $f'(-2) = 2$. Somit gilt: $f''(-2) + f'(-2) = 0 + 2 = 2 > 1$.

IV) Die Aussage ist wahr. Da der Graph von f' mindestens zwei Extrempunkte hat, ist der Grad des Graphen von f' mindestens drei. Da der Grad von f um eins größer ist als der Grad von f', ist der Grad der Funktion f mindestens vier.

b) I) Die Aussage ist wahr. Der Graph von F hat bei $x = 1$ eine Nullstelle, also gilt: $\mathrm{F}(1) = 0$. Bei $x = 1$ hat der Graph von F auch einen Tiefpunkt, also gilt für die zugehörige Steigung: $\mathrm{F}'(1) = 0$. Wegen $\mathrm{F}'(x) = f(x)$ gilt damit: $\mathrm{F}'(1) = f(1) = 0$. Wegen $\mathrm{F}(1) = 0$ und $f(1) = 0$ ist somit die Aussage $f(1) = \mathrm{F}(1)$ wahr.

II) Die Aussage ist falsch. Berechnet man das gegebene Integral $\int_0^2 f(x)\mathrm{d}x$ mithilfe der Stammfunktion F, ergibt sich:

$$\int_0^2 f(x)\mathrm{d}x = \Big[\mathrm{F}(x)\Big]_0^2 = \mathrm{F}(2) - \mathrm{F}(0)$$

Anhand des gegebenen Graphen kann man $F(2) = 4$ und $F(0) = 2$ ablesen.
Damit erhält man:

$$\int_0^2 f(x)\mathrm{d}x = F(2) - F(0) = 4 - 2 = 2$$

Wegen $\int_0^2 f(x)\mathrm{d}x = 2 \neq 4$ ist die Aussage falsch.

III) Die Aussage ist wahr. Der Graph von F hat bei $x = 0$ einen Wendepunkt, somit hat der Graph von $f = F'$ bei $x = 0$ einen Extrempunkt und der Graph von $f' = F''$ hat damit bei $x = 0$ eine Nullstelle.

IV) Die Aussage ist falsch. Anhand des gegebenen Graphen kann man $F(-2) = 0$ ablesen. Somit ist $f(F(-2)) = f(0)$ gesucht. Da f die Steigung des Graphen von F beschreibt, ist $f(0)$ die Steigung m des Graphen von F an der Stelle $x = 0$. Da F an der Stelle $x = 0$ streng monoton fallend ist, gilt: $m < 0$. Damit ergibt sich: $m = f(0) < 0$. Wegen $f(0) = f(F(-2)) < 0$ ist die Aussage falsch.

4.5 Kurven untersuchen

4.5.1 Eigenschaften von Kurven

a) Es ist $f(x) = \frac{1}{4}x^4 - x^3 + 4x - 2$, $f'(x) = x^3 - 3x^2 + 4$, $f''(x) = 3x^2 - 6x$, $f'''(x) = 6x - 6$
Einsetzen von $x = 2$: $f'(2) = 0$, $f''(2) = 0$, $f'''(2) = 6 \neq 0$. An der Stelle $x = 2$ hat der Graph von f einen Wendepunkt mit Steigung Null, also einen Sattelpunkt und keinen Tiefpunkt.

b) Es ist $f(x) = \frac{1}{x}$ und $g(x) = x^2 + 1$. Damit erhält man: $g(2) = 2^2 + 1 = 5$ und
$f(g(2)) = f(5) = \frac{1}{5}$ sowie $f(2) = \frac{1}{2}$ und $g(f(2)) = g\left(\frac{1}{2}\right) = \left(\frac{1}{2}\right)^2 + 1 = \frac{5}{4}$.
Setzt man $g(x)$ in $f(x)$ ein, ergibt sich: $f(g(x)) = \frac{1}{x^2+1}$.
Die Gleichung $f(g(x)) = 0,1$ führt zu $\frac{1}{x^2+1} = 0,1$ bzw.
$1 = 0,1x^2 + 0,1 \Rightarrow 9 = x^2 \Rightarrow x_{1,2} = \pm 3$.

c) Um zu bestimmen, für welche Werte von x der Graph der Funktion f mit $f(x) = (x+3)\cdot(x-1)$ oberhalb der x-Achse verläuft, löst man die Ungleichung $(x+3)\cdot(x-1) > 0$ durch funktionale Betrachtung: Der Graph von $f(x) = (x+3)\cdot(x-1) = x^2 + 2x - 3$ ist eine nach oben geöffnete Parabel mit den Nullstellen $x_1 = -3$ und $x_2 = 1$.
Somit verläuft der Graph von f für $x < -3$ oder $x > 1$ oberhalb der x-Achse.
Alternativ kann man die Ungleichung $(x+3)\cdot(x-1) > 0$ auch durch Fallunterscheidung lösen:
I) $x + 3 > 0$ und $x - 1 > 0$ führt zu $x > -3$ und $x > 1$, also $x > 1$
II) $x + 3 < 0$ und $x - 1 < 0$ führt zu $x < -3$ und $x < 0$, also $x < -3$
Für $x < -3$ oder $x > 1$ verläuft der Graph von f oberhalb der x-Achse.

d) Für eine ganzrationale Funktion 3. Grades mit $f(1) = 4$, $f'(1) = 0$, $f''(1) < 0$, $f(0) = 2$, $f''(0) = 0$ und $f'''(0) \neq 0$ kann man folgende Aussagen treffen:
Wegen $f(1) = 4$, $f'(1) = 0$, $f''(1) < 0$ ist der Punkt $H(1 \mid 4)$ Hochpunkt des Graphen von f.
Wegen $f(0) = 2$, $f''(0) = 0$ und $f'''(0) \neq 0$ ist der Punkt $W(0 \mid 2)$ Wendepunkt des Graphen von f.
Da bei einer ganzrationalen Funktion 3. Grades der Wendepunkt der Mittelpunkt der Strecke vom Hochpunkt zum Tiefpunkt ist, hat der Tiefpunkt des Graphen von f die Koordinaten $T(-1 \mid 0)$.

e) Es ist $f(x) = x^2 \cdot e^x$. Die 1. und 2. Ableitung von f erhält man mit der Produktregel:
$f'(x) = (x^2 + 2x)\cdot e^x$ und $f''(x) = \left(x^2 + 4x + 2\right)\cdot e^x$. Setzt man $x = 0$ in $f'(x)$ ein, erhält man:
$f'(0) = (0^2 + 2\cdot 0)\cdot e^0 = 0$ Damit hat die Funktion hat einen möglichen Extremwert für $x = 0$. Setzt man $x = 0$ in $f''(x)$ ein, ergibt sich: $f''(0) = (0^2 + 4\cdot 0 + 2)e^0 = 2 > 0$. Also handelt es sich um ein Minimum.

f) Um zu bestimmen, für welche Werte von x der Graph der Funktion f mit $f(x) = -x^2 + 3x + 7$ oberhalb der Geraden mit der Gleichung $y = 3$ verläuft, löst man die Ungleichung $-x^2 + 3x + 7 > 3$ durch funktionale Betrachtung: Der Graph von $f(x) = -x^2 + 3x + 7$ ist eine nach unten geöffnete Parabel. Die Schnittstellen der Parabel mit der Geraden erhält man durch Lösen der Gleichung $-x^2 + 3x + 7 = 3$ bzw. $-x^2 + 3x + 4 = 0$. Mithilfe der pq- oder abc-Formel erhält man die Schnittstellen $x_1 = -1$ und $x_2 = 4$. Somit verläuft der Graph von f für $-1 < x < 4$ oberhalb der Geraden mit der Gleichung $y = 3$.

g) Es ist $f(x) = -x \cdot e^{-2x}$. Die 1. Ableitung erhält man mithilfe der Produkt- und Kettenregel:
$f'(x) = -1 \cdot e^{-2x} + \left(-x \cdot e^{-2x}\right) \cdot (-2) = -1 \cdot e^{-2x} + 2x \cdot e^{-2x} = (2x - 1) \cdot e^{-2x}$
Der Graph der Funktion f ist streng monoton fallend, wenn $f'(x) < 0$ gilt.
$(2x - 1) \cdot e^{-2x} < 0$ führt wegen $e^{-2x} > 0$ zu $2x - 1 < 0 \Rightarrow x < \frac{1}{2}$.
Somit ist für $x < \frac{1}{2}$ der Graph von f streng monoton fallend.

h) Es ist $f(x) = 3x^3 + 4$, Ableiten ergibt $f'(x) = 9x^2$, $f''(x) = 18x$, $f'''(x) = 18$. Setzt man $x = 0$ in $f'(x)$ ein, erhält man: $f'(0) = 9 \cdot 0^2 = 0$. Außerdem hat $f'(x)$ bei $x = 0$ keinen Vorzeichenwechsel. Also besitzt der Graph der Funktion einen Sattelpunkt in $(0 \mid 4)$.

i) Es ist $f'(x) = 1e^{-x} + x \cdot e^{-x} \cdot (-1) = (1 - x)e^{-x}$,
$f''(x) = -1e^{-x} + (1 - x)e^{-x} \cdot (-1) = (x - 2)e^{-x}$,
$f'''(x) = 1e^{-x} + (x - 2)e^{-x} \cdot (-1) = (3 - x)e^{-x}$.
Setzt man $f''(x) = 0$, so erhält man $(x - 2)e^{-x} = 0 \Rightarrow x = 2$.
Setzt man $x = 2$ in $f'''(x)$ ein, so ergibt sich $f'''(2) = (3 - 2)e^{-2} \neq 0$, also existiert genau ein Wendepunkt W $\left(2 \mid 2e^{-2}\right)$.

j) Es ist $f'(x) = (x - 2)^3$.
Da $f'(2) = (2 - 2)^3 = 0$, ist die notwendige Bedingung für einen lokalen Tiefpunkt erfüllt.
Zur Ermittlung des Vorzeichenwechsels betrachtet man x–Werte, die kleiner bzw. größer als 2 sind:
$x < 2 \Rightarrow f'(x) < 0$, da der Term in der Klammer kleiner als Null ist und «hoch 3» das Vorzeichen beibehält.
$x > 2 \Rightarrow f'(x) > 0$, da der Term in der Klammer größer als Null ist und «hoch 3» das Vorzeichen beibehält.
Somit wechselt f' das Vorzeichen an der Stelle $x = 2$ von $-$ nach $+$.
Also hat der Graph von f bei $x = 2$ einen Tiefpunkt.

k) Es ist $f(x) = 2 \cdot \sin\left(x - \frac{\pi}{2}\right)$.
P liegt auf dem Graphen von f, da $f(\pi) = 2 \cdot \sin\left(\pi - \frac{\pi}{2}\right) = 2 \cdot \sin\left(\frac{\pi}{2}\right) = 2$.
Es ist $f'(x) = 2 \cdot \cos\left(x - \frac{\pi}{2}\right)$ (Kettenregel). Die Steigung im Punkt $P(\pi \mid 2)$ erhält man durch Einsetzen von $x = \pi$ in $f'(x)$: Es ist $f'(\pi) = 2 \cdot \cos\left(\pi - \frac{\pi}{2}\right) = 2 \cdot \cos\left(\frac{\pi}{2}\right) = 0$, also liegt im Punkt P eine waagrechte Tangente vor.

l) Es ist $f(x) = \frac{1}{2} \cdot \sin(2x - \pi)$,
$f'(x) = \frac{1}{2} \cdot \cos(2x - \pi) \cdot 2 = \cos(2x - \pi)$,
$f''(x) = -\sin(2x - \pi) \cdot 2 = -2 \cdot \sin(2x - \pi)$,
$f'''(x) = -2 \cdot \cos(2x - \pi) \cdot 2 = -4 \cdot \cos(2x - \pi)$.
Da $f''(\pi) = -2 \cdot \sin(2\pi - \pi) = -2 \cdot \sin(\pi) = -2 \cdot 0 = 0$
und $f'''(\pi) = -4 \cdot \cos(2\pi - \pi) = -4 \cdot \cos(\pi) = 4 \neq 0$,
hat der Graph von f bei $x = \pi$ einen Wendepunkt.

m) Es ist $f(x) = x^2 - 6x + 1$ mit $f'(x) = 2x - 6$ und $f''(x) = 2$.
Wegen $f''(x) = 2 > 0$ ist der Graph von f linksgekrümmt.

4.5.2 Symmetrie

a) Da die Funktion f mit $f(x) = \frac{1}{x^2} + 3$ nur gerade Exponenten enthält, erfüllt sie das Kriterium für y-Achsensymmetrie: $f(-x) = \frac{1}{(-x)^2} + 3 = \frac{1}{x^2} + 3 = f(x)$.

b) Da die Funktion f mit $f(x) = 3x^5 - 7{,}2x^3 + x$ nur ungerade Exponenten enthält und durch den Ursprung verläuft, erfüllt sie das Kriterium für Punktsymmetrie zum Ursprung:
$f(-x) = 3 \cdot (-x)^5 - 7{,}2 \cdot (-x)^3 + (-x) = -3x^5 + 7{,}2x^3 - x = -\left(3x^5 - 7{,}2x^3 + x\right) = -f(x)$.

c) Um zu zeigen, dass der Graph der Funktion f mit $f(x) = 2 \cdot e^{x^2+2} + 3$ achsensymmetrisch zur y-Achse ist, setzt man $-x$ in $f(x)$ ein:

$$f(-x) = 2 \cdot e^{(-x)^2+2} + 3 = 2 \cdot e^{x^2+2} + 3 = f(x)$$

Wegen $f(-x) = f(x)$ ist der Graph von f achsensymmetrisch zur y-Achse.

d) Um zu zeigen, dass der Graph der Funktion f mit $f(x) = -\frac{4}{x}$ punktsymmetrisch zum Ursprung ist, setzt man $-x$ in $f(x)$ ein:

$$f(-x) = -\frac{4}{-x} = -\left(-\frac{4}{x}\right) = -f(x)$$

Wegen $f(-x) = -f(x)$ ist der Graph von f punktsymmetrisch zum Ursprung.

4.5.3 Tangenten und Normalen

a) Aus $f(x) = x^2 - 4x + 2$ folgt $f'(x) = 2x - 4$. Für die Steigung m_t der Tangente im Punkt $P(1 \mid -1)$ gilt: $m_t = f'(1) = 2 \cdot 1 - 4 = -2$. Setzt man $P(1 \mid -1)$ und $m_t = -2$ in die Tangentengleichung $y = f'(u) \cdot (x - u) + f(u)$ ein, so erhält man $y = -2 \cdot (x - 1) + (-1)$ und damit die Tangentengleichung $t:\ y = -2x + 1$. Für die Normalensteigung m_n gilt: $m_n = -\frac{1}{m_t} = -\frac{1}{-2} = \frac{1}{2}$. Setzt man P und m_n in die Gleichung $y = -\frac{1}{f'(u)} \cdot (x - u) + f(u)$ ein, so erhält man $y = \frac{1}{2} \cdot (x - 1) + (-1)$ und damit die Normalengleichung $n:\ y = \frac{1}{2}x - \frac{3}{2}$.

b) Aus $f(x) = x^3 + x + 1$ folgt $f'(x) = 3x^2 + 1$, $f''(x) = 6x$ und $f'''(x) = 6$. Um den Wendepunkt zu bestimmen, wird die 2. Ableitung gleich Null gesetzt: $f''(x) = 6x = 0 \Rightarrow x_W = 0$. Probe in f''' ergibt $f'''(0) = 6 \neq 0$, es handelt sich also um einen Wendepunkt. Der y-Wert wird bestimmt, indem man $x_W = 0$ in $f(x)$ einsetzt, was zu W $(0 \mid 1)$ führt.
Die Tangentensteigung in W ist $m_t = f'(0) = 1$. Setzt man W $(0 \mid 1)$ und $m_t = 1$ in die Tangentengleichung $y = f'(u) \cdot (x - u) + f(u)$ ein, so erhält man $y = 1 \cdot (x - 0) + 1$ und damit die Tangentengleichung $t: \ y = x + 1$.
Für die Normalensteigung gilt: $m_n = -\frac{1}{m_t} = -\frac{1}{1} = -1$.
Setzt man W $(0 \mid 1)$ und $m_n = -1$ in die Normalengleichung $y = -\frac{1}{f'(u)} \cdot (x - u) + f(u)$ ein, so erhält man $y = -1 \cdot (x - 0) + 1$ und damit die Normalengleichung $n: \ y = -x + 1$.

c) I) Da die Steigung der Tangente schon angegeben ist, muss zuerst der Punkt P bestimmt werden, in dem die Tangente die Kurve berührt. In diesem Punkt soll die Steigung der Kurve gleich -2 sein. Daher setzt man die 1. Ableitung gleich -2.
Es ist $f(x) = x^2 + 4x - 3$ und $f'(x) = 2x + 4$. Gleichsetzen der 1. Ableitung: $f'(x) = 2x + 4 = -2 \Rightarrow x_P = -3$. Durch Einsetzen in $f(x)$ wird die y-Koordinate des Punktes bestimmt. Damit ist der gesuchte Punkt P $(-3 \mid -6)$. Setzt man P $(-3 \mid -6)$ und $m_t = -2$ in die Tangentengleichung $y = f'(u) \cdot (x - u) + f(u)$ ein, so erhält man $y = -2 \cdot (x - (-3)) + (-6)$ und damit die Tangentengleichung $t: \ y = -2x - 12$.

II) Da die Tangente orthogonal zu der angegebenen Geraden g ist, gilt für ihre Steigung $m_t = -\frac{1}{m_g}$, die Steigung der Tangente ist damit $m_t = -\frac{1}{-\frac{1}{3}} = 3$. Nun muss der Punkt P bestimmt werden, in dem die Tangente die Kurve berührt: Da in diesem Punkt die Steigung der Kurve gleich 3 sein muss, setzt man die 1. Ableitung gleich 3 und löst nach x auf: $f'(x) = 2x + 4 = 3 \Rightarrow x_P = -\frac{1}{2}$. Durch Einsetzen in $f(x)$ wird die y-Koordinate des Punktes bestimmt. Damit ist der gesuchte Punkt P $\left(-\frac{1}{2} \mid -\frac{19}{4}\right)$. Setzt man P $\left(-\frac{1}{2} \mid -\frac{19}{4}\right)$ und $m_t = 3$ in die Tangentengleichung $y = f'(u) \cdot (x - u) + f(u)$ ein, so erhält man $y = 3 \cdot \left(x - \left(-\frac{1}{2}\right)\right) + \left(-\frac{19}{4}\right)$ und damit die Tangentengleichung: $t: \ y = 3x - \frac{13}{4}$.

III) Da die Tangente parallel zur angegebenen Geraden ist und die Tangentensteigung damit gleich groß ist wie die Geradensteigung, muss zuerst der Punkt P bestimmt werden, in dem die Tangente die Kurve berührt: In diesem Punkt ist die Steigung gleich 4. Daher setzt man die 1. Ableitung gleich 4: $f'(x) = 2x + 4 = 4 \Rightarrow x_P = 0$. Durch Einsetzen in $f(x)$ wird der y-Wert des Punktes bestimmt. Damit ist der gesuchte Punkt P $(0 \mid -3)$. Setzt man P $(0 \mid -3)$ und $m_t = 4$ in die Tangentengleichung $y = f'(u) \cdot (x - u) + f(u)$ ein, so erhält man $y = 4 \cdot (x - 0) + (-3)$ und damit die Tangentengleichung $t: \ y = 4x - 3$.

d) Die Tangente berührt die Kurve in einem noch unbekannten Punkt B $(u \mid f(u))$ beziehungsweise B $\left(u \mid u^2 - 2u + 3\right)$. Die Tangentensteigung in diesem Punkt bestimmt man mithilfe der 1. Ableitung: Es ist $f(x) = x^2 - 2x + 3$ und $f'(x) = 2x - 2$.
Somit gilt: $m_t = f'(u) = 2u - 2$.

Setzt man B $(u \mid f(u))$ und $m_t = f'(u)$ in die Tangentengleichung $y = f'(u) \cdot (x-u) + f(u)$ ein, so erhält man als Tangentengleichung in Abhängigkeit von u:

$$t:\ y = (2u-2) \cdot (x-u) + \left(u^2 - 2u + 3\right)$$

Da P $(0 \mid -6)$ auf der Tangente liegt, kann man diesen in die Tangentengleichung einsetzen:
$-6 = (2u-2) \cdot (0-u) + \left(u^2 - 2u + 3\right)$ bzw. $u^2 = 9 \Rightarrow u_1 = 3 \quad u_2 = -3$.
Setzt man u_1 bzw. u_2 in B $(u \mid f(u))$ ein, so erhält man B$_1$ $(3 \mid 6)$ und B$_2$ $(-3 \mid 18)$.
Setzt man u_1 bzw. u_2 in die Tangentengleichung ein, so erhält man:
$y = (2 \cdot 3 - 2) \cdot (x-3) + \left(3^2 - 2 \cdot 3 + 3\right)$ bzw.
$y = (2 \cdot (-3) - 2) \cdot (x - (-3)) + \left((-3)^2 - 2 \cdot (-3) + 3\right)$.
Somit ergeben sich als Tangentengleichungen $t_1:\ y = 4x - 6$ und $t_2:\ y = -8x - 6$.

4.5.4 Berührpunkte zweier Graphen

Wenn sich zwei Graphen K_f und K_g in einem Punkt B $(x_B \mid y_B)$ berühren, gelten folgende zwei Bedingungen:

1. Da B gemeinsamer Punkt ist, gilt $f(x_B) = g(x_B)$.
2. Da in B eine gemeinsame Tangente vorhanden ist, gilt $f'(x_B) = g'(x_B)$.

a) Es genügt zu zeigen, dass im Punkt B $(0 \mid 3)$ die beiden Bedingungen $f(x) = g(x)$ und $f'(x) = g'(x)$ erfüllt sind:
Es ist $f(0) = \frac{1}{5} \cdot 0^3 - 2 \cdot 0^2 + 5 \cdot 0 + 3 = 3$ und $g(0) = -0^2 + 5 \cdot 0 + 3 = 3$, also $f(0) = g(0)$, d.h. B $(0 \mid 3)$ ist gemeinsamer Punkt.
Ferner gilt $f'(x) = \frac{3}{5}x^2 - 4x + 5$ und $g'(x) = -2x + 5$.
Es ist $f'(0) = \frac{3}{5} \cdot 0^2 - 4 \cdot 0 + 5 = 5$ und $g'(0) = -2 \cdot 0 + 5 = 5$,
also $f'(0) = g'(0)$, d.h. in B $(0 \mid 3)$ existiert eine gemeinsame Tangente. Somit berühren sich die beiden Kurven in B $(0 \mid 3)$.

b) Es genügt zu zeigen, dass im Punkt B $\left(\frac{1}{2} \mid \frac{3}{4}\right)$ die beiden Bedingungen $f(x) = g(x)$ und $f'(x) = g'(x)$ erfüllt sind:
Es ist $f\left(\frac{1}{2}\right) = \left(\frac{1}{2}\right)^2 + \frac{1}{2} = \frac{1}{4} + \frac{1}{2} = \frac{3}{4}$ und $g\left(\frac{1}{2}\right) = -4 \cdot \left(\frac{1}{2}\right)^4 + 4 \cdot \left(\frac{1}{2}\right)^3 + \frac{1}{2} = \frac{3}{4}$, also $f\left(\frac{1}{2}\right) = g\left(\frac{1}{2}\right)$, d.h. B $\left(\frac{1}{2} \mid \frac{3}{4}\right)$ ist gemeinsamer Punkt.
Ferner gilt $f'(x) = 2x$ und $g'(x) = -16x^3 + 12x^2$.
Es ist $f'\left(\frac{1}{2}\right) = 2 \cdot \frac{1}{2} = 1$ und $g'\left(\frac{1}{2}\right) = -16 \cdot \left(\frac{1}{2}\right)^3 + 12 \cdot \left(\frac{1}{2}\right)^2 = -\frac{16}{8} + \frac{12}{4} = 1$,
also $f'\left(\frac{1}{2}\right) = g'\left(\frac{1}{2}\right)$, d.h. in B $\left(\frac{1}{2} \mid \frac{3}{4}\right)$ existiert eine gemeinsame Tangente. Somit berühren sich die beiden Kurven in B $\left(\frac{1}{2} \mid \frac{3}{4}\right)$.

c) Um mögliche Berührpunkte zu berechnen, kann man entweder die Funktionsgleichungen oder die Tangentensteigungen gleichsetzen. Anschließend muss die jeweils andere Bedingung überprüft werden. Es ist $f'(x) = x^2 - 4x + 3$ und $g'(x) = -2x + 3$.

Gleichsetzen der Tangentensteigungen führt auf $x^2 - 4x + 3 = -2x + 3$ bzw. $x^2 - 2x = 0$ mit den Lösungen $x_1 = 2$ und $x_2 = 0$.
Setzt man $x_1 = 2$ in $f(x)$ bzw. $g(x)$ ein, so ergibt sich $f(2) = \frac{1}{3} \cdot 2^3 - 2 \cdot 2^2 + 3 \cdot 2 + 4 = 4\frac{2}{3}$ und $g(2) = -2^2 + 3 \cdot 2 + 4 = 6$, d.h. $f(2) \neq g(2)$, also liegt kein gemeinsamer Punkt vor.
Setzt man $x_2 = 0$ in $f(x)$ bzw. $g(x)$ ein, so ergibt sich $f(0) = \frac{1}{3} \cdot 0^3 - 2 \cdot 0^2 + 3 \cdot 0 + 4 = 4$ und $g(0) = -0^2 + 3 \cdot 0 + 4 = 4$, also ist auch $f(0) = g(0)$, d.h. B $(0 \mid 4)$ ist ein Berührpunkt.

d) Um mögliche Berührpunkte zu berechnen, kann man entweder die Funktionsgleichungen oder die Tangentensteigungen gleichsetzen. Anschließend muss die jeweils andere Bedingung überprüft werden.
Es ist $f'(x) = 2x$ und $g'(x) = -x^3 + 3x^2$.
Gleichsetzen der Tangentensteigungen führt auf $2x = -x^3 + 3x^2$ bzw. $x^3 - 3x^2 + 2x = 0$ bzw. $x \cdot \left(x^2 - 3x + 2\right) = 0$ mit den Lösungen $x_1 = 0$, $x_2 = 1$ und $x_3 = 2$.
Setzt man $x_1 = 0$ in $f(x)$ bzw. $g(x)$ ein, so ergibt sich $f(0) = 0^2 + 1 = 1$ und $g(0) = -\frac{1}{4} \cdot 0^4 + 0^3 + 1 = 1$, also ist $f(0) = g(0)$, und somit $B_1\,(0 \mid 1)$ ein Berührpunkt.
Setzt man $x_2 = 1$ in $f(x)$ bzw. $g(x)$ ein, so ergibt sich $f(1) = 1^2 + 1 = 2$ und $g(1) = -\frac{1}{4} \cdot 1^4 + 1^3 + 1 = \frac{7}{4}$, also $f(1) \neq g(1) \Rightarrow$ kein Berührpunkt.
Setzt man $x_3 = 2$ in $f(x)$ bzw. $g(x)$ ein, so ergibt sich $f(2) = 2^2 + 1 = 5$ und $g(2) = -\frac{1}{4} \cdot 2^4 + 2^3 + 1 = 5$, also ist $f(2) = g(2)$, und somit $B_2\,(2 \mid 5)$ ein Berührpunkt.
Ergebnis: $B_1\,(0 \mid 1)$ und $B_2\,(2 \mid 5)$ sind Berührpunkte.

4.5.5 Funktionen mit Parameter

a) I) Es handelt sich bei den Graphen von f_t um Geraden, die alle durch den Punkt $(2 \mid 0)$ gehen. Man kann dies an der Funktion sehen, wenn man t ausklammert:
$f_t(x) = tx - 2t = t(x-2)$. Es handelt sich um eine gegenüber der Geraden $y = t \cdot x$ um 2 LE nach rechts verschobene Gerade (siehe Zeichnung).

II) Die Koordinaten des Punktes $P_1(3 \mid 2)$ werden in die Gleichung eingesetzt: $2 = t \cdot 3 - 2 \cdot t \Rightarrow t = 2$. Die Funktion ist damit $f_2(x) = 2x - 4$.
Die Koordinaten des Punktes $P_2(1 \mid \frac{1}{2})$ werden in die Gleichung eingesetzt: $\frac{1}{2} = t \cdot 1 - 2 \cdot t \Rightarrow t = -\frac{1}{2}$. Die Funktion ist damit $f_{-\frac{1}{2}}(x) = -\frac{1}{2}x + 1$.

b) I) Es handelt sich bei den Graphen von f_t um Parabeln, die symmetrisch zur y-Achse sind. Je nach Wert von t sind die Parabeln «gestreckt» oder «gestaucht». Für positive Werte von t sind die Parabeln nach oben geöffnet, für negative Werte sind sie nach unten geöffnet (siehe Zeichnung).

II) Die Koordinaten des Punktes $P_1(2 \mid 2)$ werden in die Gleichung eingesetzt: $2 = t \cdot 2^2 \Rightarrow t = \frac{1}{2}$. Die Funktion damit $f_{\frac{1}{2}}(x) = \frac{1}{2}x^2$.
Die Koordinaten des Punktes $P_2(-1 \mid -2)$ werden in die Gleichung eingesetzt: $-2 = t \cdot (-1)^2 \Rightarrow t = -2$. Die Funktion ist damit $f_{-2}(x) = -2x^2$.

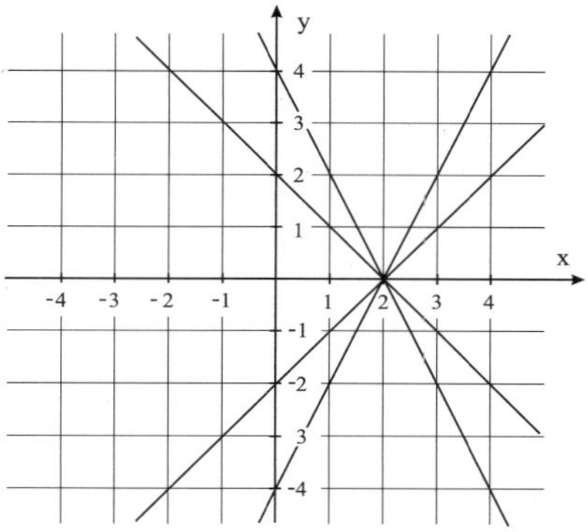

a)

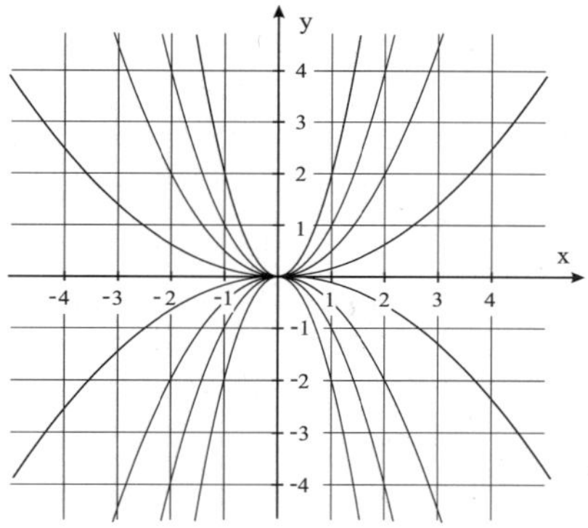

b)

c) Die Ableitungen der Funktionen sind:
$f(x) = -x^2 + 2 \Rightarrow f'(x) = -2x \quad g_t(x) = tx^2 - 1 \Rightarrow g_t{}'(x) = 2tx$
Damit die Graphen der Funktionen im Schnittpunkt aufeinander senkrecht stehen, müssen folgende Gleichungen gelten:

$$\begin{array}{lrcl} \text{I} & f(x) & = & g_t(x) \\ \text{II} & f'(x) \cdot g_t{}'(x) & = & -1 \end{array}$$

Dabei ist Gleichung I die Gleichung für den Schnittpunkt und Gleichung II die Orthogonalitätsbedingung. Setzt man die Funktionen bzw. die Ableitungen ein, führt dies zu:

$$\begin{array}{lrclcrclcrcl} \text{Ia} & -x^2+2 & = & tx^2-1 & \Rightarrow & 3 & = & x^2 \cdot (t+1) & \Rightarrow & x^2 & = & \frac{3}{t+1} \\ \text{IIa} & -2x \cdot 2tx & = & -1 & \Rightarrow & & & & & -4tx^2 & = & -1 \end{array}$$

Nun setzt man Gleichung Ia in Gleichung IIa ein: $-4t \cdot \frac{3}{t+1} = -1$. Auflösen nach t ergibt $t = \frac{1}{11}$. Die beiden Kurven stehen also für $t = \frac{1}{11}$ im Schnittpunkt senkrecht aufeinander.

d) Es ist $f_t(x) = (2x+t) \cdot e^{-x}$; $x \in \mathbb{R}$; $t \geqslant 0$. Um den abgebildeten Graphen der Funktionen f_t den jeweiligen Parameter t zuzuordnen, kann man die Nullstellen der Graphen betrachten. Die Nullstelle von f_t erhält man rechnerisch, indem man die Funktionsgleichung gleich Null setzt:
$f_t(x) = 0$ führt zu $(2x+t) \cdot e^{-x} = 0$ bzw. $2x + t = 0 \Rightarrow x = -\frac{t}{2}$ ist einzige Nullstelle.
Der Graph G hat als einzige Nullstelle $x = -2$, somit gilt: $-\frac{t}{2} = -2 \Rightarrow t = 4$.
Der Graph G* hat als einzige Nullstelle $x = -1$, somit gilt: $-\frac{t}{2} = -1 \Rightarrow t = 2$.
Der Graph G** hat als einzige Nullstelle $x = 0$, somit gilt: $-\frac{t}{2} = 0 \Rightarrow t = 0$.
Damit gehört zu G der Parameter $t = 4$, zu G* der Parameter $t = 2$ und zu G** der Parameter $t = 0$.

Alternativ kann man auch den Schnittpunkt mit der y-Achse untersuchen. Für $x = 0$ ergibt sich: $f_t(0) = (2 \cdot 0 + t) \cdot e^{-0} = t \cdot 1 = t$. Anhand der Graphen kommt man zu den gleichen Lösungen wie oben angegeben.

4.6 Verständnis von Zusammenhängen

a) Gegeben sind die Funktionen $f(x) = 9 - x^2$ und $g(x) = x^2 - 9$.
Mithilfe des Rechenschritts (1) $9 - x^2 = x^2 - 9 \Rightarrow x_1 = -3$ und $x_2 = 3$ werden die Schnittstellen der Graphen der beiden Funktionen bestimmt.
Durch das Integral $\int_{-3}^{3} \left(9 - x^2 - \left(x^2 - 9\right)\right) \mathrm{d}x = 72$ wird der Inhalt der Fläche, die von den Graphen der beiden Funktionen f und g eingeschlossen wird, bestimmt. Er beträgt 72 FE.

b) In Rechenschritt (1) wird $x = 2$ in $f(x)$ eingesetzt, so dass man den zugehörigen y-Wert erhält; damit werden die Koordinaten eines Punktes P des Graphen von f berechnet: $P(2 \mid 1)$.
In Rechenschritt (2) wird die 1. Ableitung von f bestimmt und der x-Wert des Punktes P eingesetzt; damit erhält man die (Tangenten-)Steigung $m = f'(2) = 3$ im Punkt P.
In Schritt (3) werden m und die Koordinaten von P in die Punkt-Steigungsform einer Geraden eingesetzt; so erhält man die Gleichung der Tangente in P an den Graphen von f.

c) Eine ganzrationale Funktion f vierten Grades hat allgemein die Gleichung
$f(x) = ax^4 + bx^3 + cx^2 + dx + e$ mit $f'(x) = 4ax^3 + 3bx^2 + 2cx + d$ und
$f''(x) = 12ax^2 + 6bx + 2c$.
Als notwendige Bedingung für Wendepunkte des Graphen von f müsste man die Gleichung $f''(x) = 0$ lösen, also $12ax^2 + 6bx + 2c = 0$. Dies ist eine quadratische Gleichung, welche maximal zwei Lösungen für x hat. Damit hat der Graph von f auch nur maximal zwei Wendepunkte.
Somit gibt es keine ganzrationale Funktion vierten Grades, deren Graph drei Wendepunkte besitzt.

d) Die Graphen von f und g zeigt folgende Abbildung:

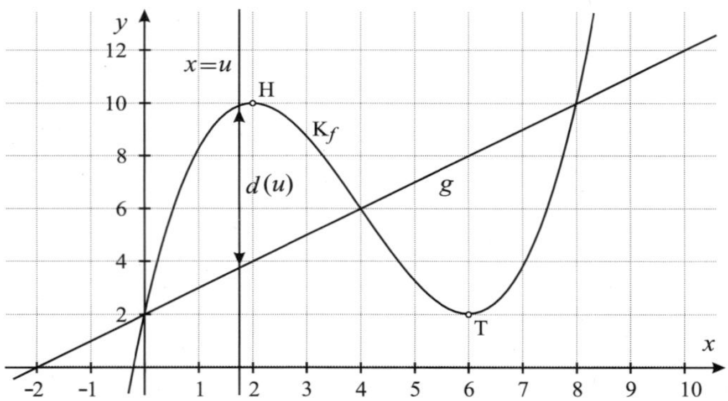

In Rechenschritt (1) schneidet die Gerade $x = u$ für $0 \leqslant u \leqslant 4$ aus den beiden Schaubildern eine Strecke mit der Länge $d(u)$ aus.
In Rechenschritt (2) wird die 1. Ableitung der Längenfunktion $d(u)$ gleich Null gesetzt, d.h. es werden die Extremstellen u_1 und u_2 von $d(u)$ berechnet.

In Rechenschritt (3) wird eine der Extremstellen in die 2. Ableitung von $d(u)$ eingesetzt. Da das Ergebnis negativ ist, handelt es sich um ein Maximum.
Somit hat die Strecke zwischen den beiden Graphen im Bereich $0 \leqslant u \leqslant 4$ für $u \approx 1,69$ die maximale Länge.

e) Gegeben ist die Funktion f mit $f(x) = x^2$. Ihr Graph sei K_f.
In Rechenschritt (1) werden die Koordinaten eines Punktes P, der auf dem Graphen K_f liegt, in Abhängigkeit von x festgelegt. In Rechenschritt (2) wird der Abstand von P zum Ursprung in Abhängigkeit von x bestimmt und mit $\sqrt{20}$ gleichgesetzt, d.h. der Abstand von P zum Ursprung soll $\sqrt{20}$ LE betragen. In Rechenschritt (3) werden die Lösungen der Gleichung angegeben sowie die zugehörigen Punkte, d.h. die Punkte $P_1(-2 \mid 4)$ und $P_2(2 \mid 4)$ haben vom Ursprung den Abstand $\sqrt{20}$ LE.

Geometrie

5 Punkte, Geraden und Ebenen

5.1 Rechnen mit Vektoren

5.1.1 Rechenregeln

Gegeben sind die Vektoren $\vec{a} = \begin{pmatrix} -1 \\ 2 \\ 4 \end{pmatrix}$ und $\vec{b} = \begin{pmatrix} 3 \\ 1 \\ 2 \end{pmatrix}$.

a) $\vec{a}+\vec{b} = \begin{pmatrix} 2 \\ 3 \\ 6 \end{pmatrix}$ b) $\vec{a}-\vec{b} = \begin{pmatrix} -4 \\ 1 \\ 2 \end{pmatrix}$ c) $2 \cdot \vec{a} = \begin{pmatrix} -2 \\ 4 \\ 8 \end{pmatrix}$

d) $-\vec{a} = \begin{pmatrix} 1 \\ -2 \\ -4 \end{pmatrix}$ e) $2\vec{a}+3\vec{b} = \begin{pmatrix} 7 \\ 7 \\ 14 \end{pmatrix}$

f) $\vec{a} \cdot \vec{b} = (-1) \cdot 3 + 2 \cdot 1 + 4 \cdot 2 = 7$

g) $|\vec{a}| = \sqrt{(-1)^2 + 2^2 + 4^2} = \sqrt{1+4+16} = \sqrt{21}$

h) $|\vec{b}| = \sqrt{3^2 + 1^2 + 2^2} = \sqrt{14}$

i) $|\vec{a}+\vec{b}| = \left| \begin{pmatrix} 2 \\ 3 \\ 6 \end{pmatrix} \right| = \sqrt{2^2+3^2+6^2} = \sqrt{49} = 7$

j) $\vec{a} \times \vec{b} = \begin{pmatrix} -1 \\ 2 \\ 4 \end{pmatrix} \times \begin{pmatrix} 3 \\ 1 \\ 2 \end{pmatrix} = \begin{pmatrix} 2 \cdot 2 - 4 \cdot 1 \\ 4 \cdot 3 - (-1) \cdot 2 \\ (-1) \cdot 1 - 2 \cdot 3 \end{pmatrix} = \begin{pmatrix} 0 \\ 14 \\ -7 \end{pmatrix}$

5.1.2 Orts- und Verbindungsvektoren

a) Gegeben sind die Punkte A (2 | 3 | 2), B (7 | 4 | 3) und C (1 | 5 | −2).

Die Ortsvektoren sind: $\vec{a} = \begin{pmatrix} 2 \\ 3 \\ 2 \end{pmatrix}$, $\vec{b} = \begin{pmatrix} 7 \\ 4 \\ 3 \end{pmatrix}$, $\vec{c} = \begin{pmatrix} 1 \\ 5 \\ -2 \end{pmatrix}$.

Die Verbindungsvektoren sind:

$$\overrightarrow{AB} = \vec{b} - \vec{a} = \begin{pmatrix} 7 \\ 4 \\ 3 \end{pmatrix} - \begin{pmatrix} 2 \\ 3 \\ 2 \end{pmatrix} = \begin{pmatrix} 5 \\ 1 \\ 1 \end{pmatrix}$$

$$\overrightarrow{AC} = \vec{c} - \vec{a} = \begin{pmatrix} 1 \\ 5 \\ -2 \end{pmatrix} - \begin{pmatrix} 2 \\ 3 \\ 2 \end{pmatrix} = \begin{pmatrix} -1 \\ 2 \\ -4 \end{pmatrix}$$

$$\overrightarrow{BC} = \vec{c} - \vec{b} = \begin{pmatrix} 1 \\ 5 \\ -2 \end{pmatrix} - \begin{pmatrix} 7 \\ 4 \\ 3 \end{pmatrix} = \begin{pmatrix} -6 \\ 1 \\ -5 \end{pmatrix}$$

Die Längen der Dreiecksseiten erhält man mithilfe der Beträge der Verbindungsvektoren:

$$\overline{AB} = \left|\overrightarrow{AB}\right| = \left|\begin{pmatrix} 5 \\ 1 \\ 1 \end{pmatrix}\right| = \sqrt{5^2 + 1^2 + 1^2} = \sqrt{27}$$

$$\overline{AC} = \left|\overrightarrow{AC}\right| = \left|\begin{pmatrix} -1 \\ 2 \\ -4 \end{pmatrix}\right| = \sqrt{(-1)^2 + 2^2 + (-4)^2} = \sqrt{21}$$

$$\overline{BC} = \left|\overrightarrow{BC}\right| = \left|\begin{pmatrix} -6 \\ 1 \\ -5 \end{pmatrix}\right| = \sqrt{(-6)^2 + 1^2 + (-5)^2} = \sqrt{62}$$

Da alle drei Seiten des Dreiecks unterschiedlich lang sind, ist das Dreieck ABC nicht gleichschenklig.

b) I) $\overrightarrow{AB} = \begin{pmatrix} -4 \\ -2 \\ -1 \end{pmatrix}, \overrightarrow{AC} = \begin{pmatrix} -1 \\ -4 \\ -2 \end{pmatrix}, \overrightarrow{BC} = \begin{pmatrix} 3 \\ -2 \\ -1 \end{pmatrix}$.

Die Länge der Dreiecksseiten erhält man mithilfe der Beträge der Verbindungsvektoren:

$$\overline{AB} = \left|\overrightarrow{AB}\right| = \left|\begin{pmatrix} -4 \\ -2 \\ -1 \end{pmatrix}\right| = \sqrt{(-4)^2 + (-2)^2 + (-1)^2} = \sqrt{21}$$

$$\overline{AC} = \left|\overrightarrow{AC}\right| = \left|\begin{pmatrix} -1 \\ -4 \\ -2 \end{pmatrix}\right| = \sqrt{(-1)^2 + (-4)^2 + (-2)^2} = \sqrt{21}$$

Wegen $\overline{AB} = \overline{AC} = \sqrt{21}$ ist das Dreieck ABC gleichschenklig.

II) $\overrightarrow{AB} = \begin{pmatrix} 5 \\ 3 \\ -2 \end{pmatrix}, \overrightarrow{AC} = \begin{pmatrix} 4 \\ 4 \\ -2 \end{pmatrix}, \overrightarrow{BC} = \begin{pmatrix} -1 \\ 1 \\ 0 \end{pmatrix}$, es ist $\overline{AB} = \sqrt{38}$, $\overline{AC} = 6$ und $\overline{BC} = \sqrt{2}$, damit ist das Dreieck ABC nicht gleichschenklig.

c) I)

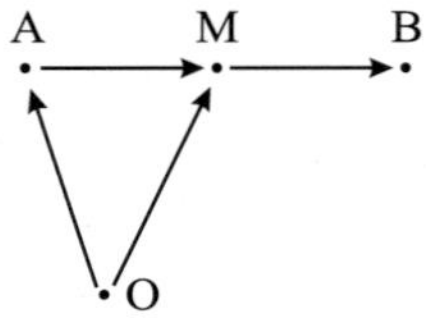

$$\overrightarrow{OM} = \overrightarrow{OA} + \tfrac{1}{2}\overrightarrow{AB} = \begin{pmatrix} 4 \\ 1 \\ 3 \end{pmatrix} + \tfrac{1}{2} \cdot \begin{pmatrix} -6 \\ 4 \\ -8 \end{pmatrix} = \begin{pmatrix} 1 \\ 3 \\ -1 \end{pmatrix}$$

$\Rightarrow$ M(1 | 3 | −1)

II)

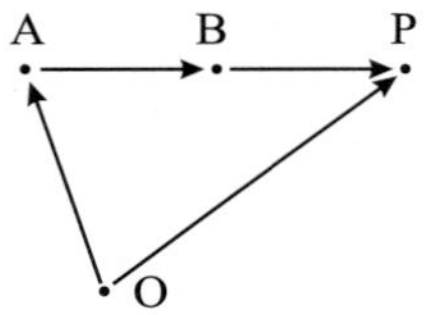

$$\overrightarrow{OP} = \overrightarrow{OA} + 2 \cdot \overrightarrow{AB} = \begin{pmatrix} 3 \\ -1 \\ -4 \end{pmatrix} + 2 \cdot \begin{pmatrix} 1 \\ 3 \\ 9 \end{pmatrix} = \begin{pmatrix} 5 \\ 5 \\ 14 \end{pmatrix}$$

$\Rightarrow$ P(5 | 5 | 14)

d)

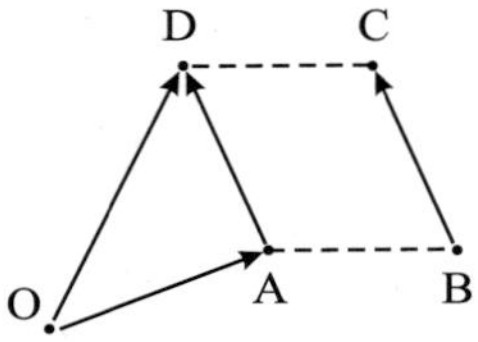

$$\overrightarrow{OD} = \overrightarrow{OA} + \overrightarrow{BC} = \begin{pmatrix} 4 \\ 2 \\ 3 \end{pmatrix} + \begin{pmatrix} -3 \\ -7 \\ -8 \end{pmatrix} = \begin{pmatrix} 1 \\ -5 \\ -5 \end{pmatrix}$$

$\Rightarrow$ D(1 | −5 | −5)

e) I) Es ergeben sich folgende mögliche Vektorketten:

$$\overrightarrow{OD} = \overrightarrow{OA} + \overrightarrow{BC} = \begin{pmatrix} 3 \\ 1 \\ 4 \end{pmatrix} + \begin{pmatrix} 7 \\ -3 \\ 6 \end{pmatrix} = \begin{pmatrix} 10 \\ -2 \\ 10 \end{pmatrix} \Rightarrow D(10 \mid -2 \mid 10)$$

$$\overrightarrow{OE} = \overrightarrow{OA} + \overrightarrow{BF} = \begin{pmatrix} 3 \\ 1 \\ 4 \end{pmatrix} + \begin{pmatrix} 11 \\ 1 \\ 9 \end{pmatrix} = \begin{pmatrix} 14 \\ 2 \\ 13 \end{pmatrix} \Rightarrow E(14 \mid 2 \mid 13)$$

$$\overrightarrow{OG} = \overrightarrow{OC} + \overrightarrow{BF} = \begin{pmatrix} 5 \\ -2 \\ 3 \end{pmatrix} + \begin{pmatrix} 11 \\ 1 \\ 9 \end{pmatrix} = \begin{pmatrix} 16 \\ -1 \\ 12 \end{pmatrix} \Rightarrow G(16 \mid -1 \mid 12)$$

$$\overrightarrow{OH} = \overrightarrow{OD} + \overrightarrow{BF} = \begin{pmatrix} 10 \\ -2 \\ 10 \end{pmatrix} + \begin{pmatrix} 11 \\ 1 \\ 9 \end{pmatrix} = \begin{pmatrix} 21 \\ -1 \\ 19 \end{pmatrix} \Rightarrow H(21 \mid -1 \mid 19)$$

II) Die Länge der Raumdiagonalen AG ist die Länge des Verbindungsvektors $\overrightarrow{AG}$:

$$AG = |\overrightarrow{AG}| = \left| \begin{pmatrix} 13 \\ -2 \\ 8 \end{pmatrix} \right| = \sqrt{169 + 4 + 64} = \sqrt{237}\,\text{LE}.$$

f) Bei einem schiefen Dreiecksprisma sind folgende 3 Kanten parallel: AD, BE und CF $\Rightarrow$

$\overrightarrow{AD} = \overrightarrow{BE} = \overrightarrow{CF}$. Daher gilt: $\overrightarrow{OE} = \overrightarrow{OB} + \overrightarrow{AD} = \begin{pmatrix} 5 \\ -2 \\ -1 \end{pmatrix} + \begin{pmatrix} 3 \\ 3 \\ 5 \end{pmatrix} = \begin{pmatrix} 8 \\ 1 \\ 4 \end{pmatrix}$

$\Rightarrow$ E(8 | 1 | 4)

$$\overrightarrow{OF} = \overrightarrow{OC} + \overrightarrow{AD} = \begin{pmatrix} -1 \\ 3 \\ -2 \end{pmatrix} + \begin{pmatrix} 3 \\ 3 \\ 5 \end{pmatrix} = \begin{pmatrix} 2 \\ 6 \\ 3 \end{pmatrix} \Rightarrow F(2\,|\,6\,|\,3)$$

Die Länge der Kante EF ist $|\overrightarrow{EF}| = \left| \begin{pmatrix} -6 \\ 5 \\ -1 \end{pmatrix} \right| = \sqrt{36+25+1} = \sqrt{62}$ LE.

5.1.3 Orthogonalität von Vektoren

a) I) $\vec{a} \cdot \vec{b} = \begin{pmatrix} -1 \\ 0 \\ 1 \end{pmatrix} \cdot \begin{pmatrix} 2 \\ 2 \\ 0 \end{pmatrix} = (-1) \cdot 2 + 0 \cdot 2 + 1 \cdot 0 = -2 \Rightarrow \vec{a}$ steht nicht orthogonal auf $\vec{b}$.

II) $\vec{r} \cdot \vec{n} = \begin{pmatrix} 5 \\ -1 \\ 3 \end{pmatrix} \cdot \begin{pmatrix} 2 \\ 1 \\ -3 \end{pmatrix} = 5 \cdot 2 + (-1) \cdot 1 + 3 \cdot (-3) = 0 \Rightarrow \vec{r}$ steht orthogonal auf $\vec{n}$.

III) $\vec{z} \cdot \vec{w} = \begin{pmatrix} 2 \\ -2 \\ 4 \end{pmatrix} \cdot \begin{pmatrix} 1 \\ 3 \\ 1 \end{pmatrix} = 2 \cdot 1 + (-2) \cdot 3 + 4 \cdot 1 = 0 \Rightarrow \vec{z}$ steht orthogonal auf $\vec{w}$.

b) Es sind Vektoren zu bestimmen, deren Skalarprodukt mit $\vec{n}$ Null ergibt. Dazu kann man zwei Komponenten des Vektors frei wählen, die dritte ergibt sich dann, z.B.:

$$\vec{a} = \begin{pmatrix} 4 \\ -2 \\ 0 \end{pmatrix}, \text{ denn } \vec{a} \cdot \vec{n} = \begin{pmatrix} 4 \\ -2 \\ 0 \end{pmatrix} \cdot \begin{pmatrix} 1 \\ 2 \\ -3 \end{pmatrix} = 4 \cdot 1 + (-2) \cdot 2 + 0 \cdot (-3) = 4 - 4 = 0$$

$$\vec{b} = \begin{pmatrix} 0 \\ 3 \\ 2 \end{pmatrix}, \text{ denn } \vec{b} \cdot \vec{n} = \begin{pmatrix} 0 \\ 3 \\ 2 \end{pmatrix} \cdot \begin{pmatrix} 1 \\ 2 \\ -3 \end{pmatrix} = 0 \cdot 1 + 3 \cdot 2 + 2 \cdot (-3) = 6 - 6 = 0$$

$$\vec{c} = \begin{pmatrix} 5 \\ -1 \\ 1 \end{pmatrix}, \text{ denn } \vec{c} \cdot \vec{n} = \begin{pmatrix} 5 \\ -1 \\ 1 \end{pmatrix} \cdot \begin{pmatrix} 1 \\ 2 \\ -3 \end{pmatrix} = 5 \cdot 1 + (-1) \cdot 2 + 1 \cdot (-3) = 5 - 2 - 3 = 0$$

c) $\overrightarrow{AB} = \begin{pmatrix} -4 \\ 4 \\ 2 \end{pmatrix}$, $\overrightarrow{AC} = \begin{pmatrix} -6 \\ 0 \\ 6 \end{pmatrix}$, $\overrightarrow{BC} = \begin{pmatrix} -2 \\ -4 \\ 4 \end{pmatrix}$

$$\overrightarrow{AB} \cdot \overrightarrow{AC} = \begin{pmatrix} -4 \\ 4 \\ 2 \end{pmatrix} \cdot \begin{pmatrix} -6 \\ 0 \\ 6 \end{pmatrix} = 24 + 0 + 12 = 36$$

$$\overrightarrow{BA}\cdot\overrightarrow{BC}=\begin{pmatrix}4\\-4\\-2\end{pmatrix}\cdot\begin{pmatrix}-2\\-4\\4\end{pmatrix}=-8+16-8=0$$

$$\overrightarrow{CA}\cdot\overrightarrow{CB}=\begin{pmatrix}6\\0\\-6\end{pmatrix}\cdot\begin{pmatrix}2\\4\\-4\end{pmatrix}=12+0+24=36$$

Da das Skalarprodukt von $\overrightarrow{BA}$ und $\overrightarrow{BC}$ gleich Null ist, stehen diese beiden Vektoren senkrecht aufeinander, d.h. das Dreieck ABC hat bei B einen rechten Winkel.

5.2 Geraden

5.2.1 Aufstellen von Geradengleichungen

Der Ortsvektor des einen Punktes wird als Stützvektor für die Gerade benutzt. Einen Richtungsvektor erhält man, indem man einen Verbindungsvektor zwischen den beiden Punkten aufstellt. Da es beliebig ist, welcher Punkt als «Stützpunkt» genommen wird bzw. in welche Richtung man den Richtungsvektor aufstellt, gibt es mehrere Lösungen.

a) I) $g:\ \vec{x}=\begin{pmatrix}1\\0\\2\end{pmatrix}+r\cdot\begin{pmatrix}2\\1\\1\end{pmatrix}$ II) $g:\ \vec{x}=\begin{pmatrix}3\\1\\3\end{pmatrix}+r\cdot\begin{pmatrix}2\\1\\1\end{pmatrix}$

III) $g:\ \vec{x}=\begin{pmatrix}1\\0\\2\end{pmatrix}+r\cdot\begin{pmatrix}-2\\-1\\-1\end{pmatrix}$ IV) $g:\ \vec{x}=\begin{pmatrix}3\\1\\3\end{pmatrix}+r\cdot\begin{pmatrix}-2\\-1\\-1\end{pmatrix}$

b) I) $g:\ \vec{x}=\begin{pmatrix}2\\1\\-4\end{pmatrix}+s\cdot\begin{pmatrix}2\\-1\\5\end{pmatrix}$ II) $g:\ \vec{x}=\begin{pmatrix}4\\0\\1\end{pmatrix}+s\cdot\begin{pmatrix}2\\-1\\5\end{pmatrix}$

III) $g:\ \vec{x}=\begin{pmatrix}2\\1\\-4\end{pmatrix}+s\cdot\begin{pmatrix}-2\\1\\-5\end{pmatrix}$ IV) $g:\ \vec{x}=\begin{pmatrix}4\\0\\1\end{pmatrix}+s\cdot\begin{pmatrix}-2\\1\\-.5\end{pmatrix}$

c) I) $g:\ \vec{x}=\begin{pmatrix}1\\1\\0\end{pmatrix}+t\cdot\begin{pmatrix}1\\1\\-1\end{pmatrix}$ II) $g:\ \vec{x}=\begin{pmatrix}0\\0\\1\end{pmatrix}+t\cdot\begin{pmatrix}1\\1\\-1\end{pmatrix}$

III) $g:\ \vec{x}=\begin{pmatrix}1\\1\\0\end{pmatrix}+t\cdot\begin{pmatrix}-1\\-1\\1\end{pmatrix}$ IV) $g:\ \vec{x}=\begin{pmatrix}0\\0\\1\end{pmatrix}+t\cdot\begin{pmatrix}-1\\-1\\1\end{pmatrix}$

5.2.2 Punktprobe

Die Ortsvektoren der Punkte werden in die Geradengleichung eingesetzt. Dann ermittelt man den Parameter mithilfe der Gleichungen des dazugehörigen Gleichungssystems. Es muss sich für alle drei Gleichungen der gleiche Parameter ergeben.

a) Einsetzen ergibt

$$\begin{array}{lrcrcr} \text{I} & 2 & = & 1 & + & r \\ \text{II} & 7 & = & 3 & + & 4r \\ \text{III} & 0 & = & -2 & + & 2r \end{array}$$

Lösen der Gleichungen I, II und III führt jeweils zu $r = 1$. Also liegt der Punkt A auf der Geraden.

b) Einsetzen ergibt

$$\begin{array}{lrcrcr} \text{I} & 3 & = & 1 & + & r \\ \text{II} & 11 & = & 3 & + & 4r \\ \text{III} & 3 & = & -2 & + & 2r \end{array}$$

Lösen der Gleichungen I und II führt jeweils zu $r = 2$. Lösen von Gleichung III ergibt $r = 2,5$. Dies ist ein Widerspruch. Der Punkt liegt also nicht auf der Geraden.

c) Lösen der Gleichungen I, II und III führt jeweils zu $r = -3$. Also liegt der Punkt C auf der Geraden.

5.2.3 Gegenseitige Lage von Geraden

Für einige Aufgaben ist die Lösung ausführlich dargestellt, ansonsten sind Zwischenergebnisse und das Endergebnis angegeben.

a) Die Richtungsvektoren der Geraden sind kein Vielfaches voneinander, da es kein k gibt, so dass gilt: $k \cdot \begin{pmatrix} 1 \\ 1 \\ 2 \end{pmatrix} = \begin{pmatrix} -3 \\ 4 \\ 2 \end{pmatrix}$, also können sich die Geraden schneiden oder windschief sein.

Gleichsetzen der Geraden führt zu:

$$\begin{array}{lrcrcrcr} \text{I} & 4 & + & t & = & 5 & - & 3r \\ \text{II} & 2 & + & t & = & -4 & + & 4r \\ \text{III} & 5 & + & 2t & = & -1 & + & 2r \end{array}$$

Gleichung I − Gleichung II ergibt $r = 1$. Eingesetzt in Gleichung I ergibt: $t = -2$. Prüfen in Gleichung III ergibt eine wahre Aussage: $1 = 1$. Setzt man $t = -2$ in g_1 oder $r = 1$ in g_2 ein, ergibt sich der Schnittpunkt S mit $S\,(2 \mid 0 \mid 1)$.

b) Die Richtungsvektoren der Geraden sind kein Vielfaches voneinander, da es kein k gibt, mit: $k \cdot \begin{pmatrix} -2 \\ 1 \\ 3 \end{pmatrix} = \begin{pmatrix} 3 \\ 4 \\ 5 \end{pmatrix}$, also können sich die Geraden schneiden oder windschief sein.

Gleichsetzen der Geraden führt zu:

$$\begin{array}{lrcrcrcl} \text{I} & -4 & - & 2r & = & 3 & + & 3t \\ \text{II} & & & r & = & 2 & + & 4t \\ \text{III} & 4 & + & 3r & = & 3 & + & 5t \end{array}$$

Gleichung I + 2·Gleichung II ergibt $t = -1$. Eingesetzt in Gleichung II ergibt sich $r = -2$. Prüfen in Gleichung III ergibt eine wahre Aussage: $-2 = -2$. Setzt man $t = -1$ in g_2 oder $r = -2$ in g_1 ein, ergibt sich der Schnittpunkt S mit $S(0 \mid -2 \mid -2)$.

c) Die Richtungsvektoren der Geraden sind kein Vielfaches voneinander, da es kein k gibt, so dass gilt: $k \cdot \begin{pmatrix} 2 \\ 1 \\ -3 \end{pmatrix} = \begin{pmatrix} 4 \\ -5 \\ -1 \end{pmatrix}$.

Gleichsetzen der Geraden führt zu

$$\begin{array}{lrcrcrcl} \text{I} & 1 & + & 2s & = & 5 & + & 4t \\ \text{II} & -3 & + & s & = & 1 & - & 5t \\ \text{III} & 5 & - & 3s & = & -3 & - & t \end{array}$$

Gleichung I − 2· Gleichung II ergibt $t = \frac{2}{7}$. Eingesetzt in Gleichung II ergibt sich $s = \frac{18}{7}$. Prüfen in Gleichung III ergibt: $-\frac{19}{7} = -\frac{23}{7}$. Dies ist ein Widerspruch, also sind die Geraden windschief.

d) Die Richtungsvektoren der Geraden sind kein Vielfaches voneinander, da es kein k gibt, so dass gilt: $k \cdot \begin{pmatrix} 2 \\ 0 \\ 1 \end{pmatrix} = \begin{pmatrix} 0 \\ 1 \\ -1 \end{pmatrix}$. Gleichsetzen der Geradengleichungen und Berechnen von t und r mit Gleichung I und II ergibt $t = \frac{1}{2}$ und $r = -1$. Prüfen in Gleichung III führt auf einen Widerspruch, also sind die Geraden windschief.

e) Prüfung der Richtungsvektoren:

$k \cdot \begin{pmatrix} 2 \\ -1 \\ 3 \end{pmatrix} = \begin{pmatrix} -2 \\ 1 \\ -3 \end{pmatrix} \Rightarrow k = -1$, d.h. die Richtungsvektoren sind ein Vielfaches voneinander (linear abhängig), also können die Geraden parallel oder identisch sein.

Man prüft nun, ob $P(4 \mid 0 \mid 1)$ der Geraden g auch auf der Geraden h liegt:

$$\begin{pmatrix} 4 \\ 0 \\ 1 \end{pmatrix} = \begin{pmatrix} 6 \\ -1 \\ 4 \end{pmatrix} + t \cdot \begin{pmatrix} -2 \\ 1 \\ -3 \end{pmatrix}$$

$4 = 6 - 2t \Rightarrow t = 1$

$0 = -1 + t \Rightarrow t = 1$

$1 = 4 - 3t \Rightarrow t = 1$, positive Punktprobe, also sind die Geraden identisch.

f) Prüfung der Richtungsvektoren:

$k \cdot \begin{pmatrix} 1 \\ -1 \\ 2 \end{pmatrix} = \begin{pmatrix} -3 \\ 3 \\ -6 \end{pmatrix} \Rightarrow k = -3$, d.h. die Richtungsvektoren sind ein Vielfaches voneinander (linear abhängig), also können die Geraden parallel oder identisch sein.

Man prüft nun, ob $P(1 \mid 2 \mid 3)$ der Geraden h auch auf der Geraden g liegt:

$$\begin{pmatrix} 1 \\ 2 \\ 3 \end{pmatrix} = \begin{pmatrix} -1 \\ 4 \\ -1 \end{pmatrix} + s \cdot \begin{pmatrix} -3 \\ 3 \\ -6 \end{pmatrix}$$

$1 = -1 - 3s \Rightarrow s = -\frac{2}{3}$

$2 = 4 + 3s \Rightarrow s = -\frac{2}{3}$

$3 = -1 - 6s \Rightarrow s = -\frac{2}{3}$, positive Punktprobe, also sind die Geraden identisch.

g) Prüfung der Richtungsvektoren:

$k \cdot \begin{pmatrix} -2 \\ -1 \\ 3 \end{pmatrix} = \begin{pmatrix} 4 \\ 2 \\ -6 \end{pmatrix} \Rightarrow k = -2$, d.h. die Richtungsvektoren sind ein Vielfaches voneinander (linear abhängig), also können die Geraden parallel oder identisch sein.

Man prüft nun, ob $P(1 \mid 4 \mid -2)$ der Geraden g auch auf der Geraden h liegt:

$$\begin{pmatrix} 1 \\ 4 \\ -2 \end{pmatrix} = \begin{pmatrix} -1 \\ 3 \\ -1 \end{pmatrix} + r \cdot \begin{pmatrix} 4 \\ 2 \\ -6 \end{pmatrix}$$

$1 = -1 + 4r \Rightarrow r = \frac{1}{2}$

$4 = 3 + 2r \Rightarrow r = \frac{1}{2}$

$-2 = -1 - 6r \Rightarrow r = \frac{1}{6}$, dies ist ein Widerspruch, d.h. negative Punktprobe, also sind die Geraden parallel.

h) Prüfung der Richtungsvektoren:

$k \cdot \begin{pmatrix} 4 \\ 6 \\ -8 \end{pmatrix} = \begin{pmatrix} 2 \\ 3 \\ -4 \end{pmatrix} \Rightarrow k = \frac{1}{2}$, d.h. die Richtungsvektoren sind ein Vielfaches voneinander (linear abhängig), also können die Geraden parallel oder identisch sein.

Man prüft nun, ob $P(0 \mid 1 \mid 4)$ der Geraden g auch auf der Geraden h liegt:

$$\begin{pmatrix} 0 \\ 1 \\ 4 \end{pmatrix} = \begin{pmatrix} 4 \\ 8 \\ -4 \end{pmatrix} + t \cdot \begin{pmatrix} 2 \\ 3 \\ -4 \end{pmatrix}$$

$0 = 4 + 2t \Rightarrow t = -2$

$1 = 8 + 3t \Rightarrow t = -\frac{7}{3}$

$4 = -4 - 4t \Rightarrow t = -2$, Widerspruch, d.h. negative Punktprobe, also sind die Geraden parallel.

5.3 Ebenen

5.3.1 Parameterform der Ebenengleichung

a) Einer der angegebenen Punkte, z.B. A, wird als «Stützpunkt» genommen; die Verbindungsvektoren $\overrightarrow{AB}$ und $\overrightarrow{AC}$ sind dann die Spannvektoren der Ebene. Damit ergibt sich:

$$E\colon \vec{x} = \begin{pmatrix} 1 \\ 4 \\ 3 \end{pmatrix} + r \cdot \begin{pmatrix} 1 \\ 3 \\ -6 \end{pmatrix} + s \cdot \begin{pmatrix} 2 \\ 1 \\ -2 \end{pmatrix}$$

b) Auch hier wird einer der angegebenen Punkte als Stützpunkt genommen, die Verbindungsvektoren $\overrightarrow{PQ}$ und $\overrightarrow{PR}$ ermittelt und als Spannvektoren genommen. Damit gilt:

$$E\colon \vec{x} = \begin{pmatrix} 3 \\ 1 \\ 2 \end{pmatrix} + r \cdot \begin{pmatrix} 1 \\ 6 \\ 1 \end{pmatrix} + s \cdot \begin{pmatrix} 1 \\ -1 \\ -3 \end{pmatrix}$$

c) Der «Stützpunkt» und der erste Spannvektor können direkt von der Geraden g übernommen werden. Den zweiten Spannvektor erhält man, indem man den Verbindungsvektor zwischen dem Stützpunkt und dem angegebenen Punkt aufstellt. Damit gilt:

$$E\colon \vec{x} = \begin{pmatrix} -1 \\ 2 \\ 4 \end{pmatrix} + r \cdot \begin{pmatrix} 3 \\ 6 \\ -1 \end{pmatrix} + s \cdot \begin{pmatrix} 2 \\ 1 \\ 2 \end{pmatrix}$$

d) Auch hier können der «Stützpunkt» und der erste Spannvektor direkt von der Geraden g übernommen werden. Den zweiten Spannvektor erhält man, indem man den Verbindungsvektor zwischen dem angegebenen Punkt und dem Stützpunkt aufstellt. Damit gilt:

$$E\colon \vec{x} = \begin{pmatrix} 7 \\ 3 \\ 2 \end{pmatrix} + r \cdot \begin{pmatrix} 1 \\ 2 \\ 1 \end{pmatrix} + s \cdot \begin{pmatrix} 7 \\ 2 \\ 0 \end{pmatrix}$$

5.3.2 Koordinatengleichung einer Ebene

a) Setzt man den Normalenvektor $\vec{n} = \begin{pmatrix} 2 \\ 3 \\ 1 \end{pmatrix}$ in den Ansatz $ax_1 + bx_2 + cx_3 = d$ ein, ergibt sich:

$$2x_1 + 3x_2 + x_3 = d$$

Setzt man die Koordinaten des Punktes P(3 | 1 | 2) in den Ansatz $2x_1 + 3x_2 + x_3 = d$ ein, erhält man:

$$2 \cdot 3 + 3 \cdot 1 + 2 = d \;\Rightarrow\; d = 11$$

Damit erhält man die Koordinatengleichung: $E\colon 2x_1 + 3x_2 + x_3 = 11$.

b) Setzt man den Normalenvektor $\vec{n} = \begin{pmatrix} 2 \\ -1 \\ 3 \end{pmatrix}$ in den Ansatz $ax_1 + bx_2 + cx_3 = d$ ein, ergibt sich:

$$2x_1 - x_2 + 3x_3 = d$$

Setzt man die Koordinaten des Punktes $Q(-5 \mid 4 \mid -1)$ in den Ansatz $2x_1 - x_2 + 3x_3 = d$ ein, erhält man:

$$2 \cdot (-5) + 4 + 3 \cdot (-1) = d \Rightarrow d = -17$$

Damit erhält man die Koordinatengleichung: $E\colon\ 2x_1 - x_2 + 3x_3 = -17$.

c) Zuerst legt man fest, welcher Ortsvektor als Stützvektor benutzt wird, dann bildet man zwei Spannvektoren und errechnet mit diesen den Normalenvektor $\vec{n}$.

Als Stützvektor wird $\vec{a}$ gewählt, damit ergibt sich für die Spannvektoren $\overrightarrow{AB} = \begin{pmatrix} 2 \\ -1 \\ 1 \end{pmatrix}$ und $\overrightarrow{AC} = \begin{pmatrix} 6 \\ 2 \\ 3 \end{pmatrix}$. Das Vektorprodukt (siehe Seite 43) der Spannvektoren ergibt $\begin{pmatrix} -5 \\ 0 \\ 10 \end{pmatrix}$.

Ausklammern von 5 führt zu $\vec{n} = \begin{pmatrix} -1 \\ 0 \\ 2 \end{pmatrix}$.

Setzt man die Koordinaten des Punktes $A(2 \mid 2 \mid 2)$ in den Ansatz $-x_1 + 2x_3 = d$ ein, erhält man:

$$-2 + 2 \cdot 2 = d \Rightarrow d = 2$$

Damit erhält man die Koordinatengleichung: $E\colon\ -x_1 + 2x_3 = 2$.

d) Als Stützvektor wird $\vec{p}$ gewählt, die Spannvektoren sind $\overrightarrow{PQ} = \begin{pmatrix} 1 \\ 4 \\ -2 \end{pmatrix}$ und $\overrightarrow{PR} = \begin{pmatrix} 4 \\ -2 \\ -2 \end{pmatrix}$.

Das Vektorprodukt (siehe Seite 43) der Spannvektoren ergibt $\begin{pmatrix} -12 \\ -6 \\ -18 \end{pmatrix}$. Ausklammern von (-6) führt zu $\vec{n} = \begin{pmatrix} 2 \\ 1 \\ 3 \end{pmatrix}$. Setzt man die Koordinaten des Punktes $P(1 \mid 3 \mid 5)$ in den Ansatz $2x_1 + x_2 + 3x_3 = d$ ein, erhält man:

$$2 \cdot 1 + 3 + 3 \cdot 5 = d \Rightarrow d = 20$$

Damit erhält man die Koordinatengleichung: $E\colon\ 2x_1 + x_2 + 3x_3 = 20$.

e) Der Stützvektor der Geraden wird als Punkt der Ebene benutzt. Der erste Spannvektor ist der Richtungsvektor der Geraden, der zweite Spannvektor ergibt sich als Verbindungsvektor des «Stützpunktes» der Geraden zu dem gegebenen Punkt. Mit den beiden Spannvektoren wird $\vec{n}$ berechnet.

Stützvektor: $\vec{s} = \begin{pmatrix} 3 \\ 5 \\ 7 \end{pmatrix}$, Spannvektoren $\begin{pmatrix} 1 \\ 1 \\ 1 \end{pmatrix}$ und $\begin{pmatrix} 1 \\ -4 \\ -5 \end{pmatrix}$. Das Vektorprodukt (siehe Seite 43) der Spannvektoren und Ausklammern von (-1) führt zu $\vec{n} = \begin{pmatrix} 1 \\ -6 \\ 5 \end{pmatrix}$.

Setzt man die Koordinaten des Punktes $S(3 \mid 5 \mid 7)$ in den Ansatz $x_1 - 6x_2 + 5x_3 = d$ ein, erhält man:

$$3 - 6 \cdot 5 + 5 \cdot 7 = d \Rightarrow d = 8$$

Damit erhält man die Koordinatengleichung: $E\colon x_1 - 6x_2 + 5x_3 = 8$.

f) Stützvektor: $\vec{s} = \begin{pmatrix} 7 \\ 2 \\ 3 \end{pmatrix}$, Spannvektoren $\begin{pmatrix} 1 \\ -3 \\ -3 \end{pmatrix}$ und $\begin{pmatrix} -3 \\ 1 \\ 1 \end{pmatrix}$. Das Vektorprodukt (siehe Seite 43) der Spannvektoren und Ausklammern von 8 führt zu $\vec{n} = \begin{pmatrix} 0 \\ 1 \\ -1 \end{pmatrix}$.

Setzt man die Koordinaten des Punktes $S(7 \mid 2 \mid 3)$ in den Ansatz $x_2 - x_3 = d$ ein, erhält man:

$$2 - 3 = d \Rightarrow d = -1$$

Damit erhält man die Koordinatengleichung: $E\colon x_2 - x_3 = -1$.

g) Zuerst wird der Schnittpunkt der Geraden ermittelt, um auszuschließen, dass die Geraden windschief sind. Bevor man die Gleichungen gleichsetzt, überprüft man, ob sie den gleichen Stützvektor besitzen. Der eine Richtungsvektor bildet einen Spannvektor, der andere Richtungsvektor den anderen. Mit den beiden Spannvektoren wird $\vec{n}$ mithilfe des Vektorprodukts berechnet.

Beide Geraden besitzen den gleichen Stützvektor $\vec{s} = \begin{pmatrix} 1 \\ 2 \\ 3 \end{pmatrix}$, die Spannvektoren sind $\begin{pmatrix} 1 \\ 3 \\ 4 \end{pmatrix}$ und $\begin{pmatrix} 2 \\ -1 \\ 3 \end{pmatrix}$. Damit ergibt sich $\vec{n} = \begin{pmatrix} 13 \\ 5 \\ -7 \end{pmatrix}$.

Setzt man die Koordinaten des Punktes $S(1 \mid 2 \mid 3)$ in den Ansatz $13x_1 + 5x_2 - 7x_3 = d$ ein, erhält man:

$$13 \cdot 1 + 5 \cdot 2 - 7 \cdot 3 = d \Rightarrow d = 2$$

Damit erhält man die Koordinatengleichung: $E\colon 13x_1 + 5x_2 - 7x_3 = 2$.

h) Die Geraden besitzen nicht den gleichen Stützvektor, daher wird zuerst der Schnittpunkt der Geraden durch Gleichsetzen der dazugehörigen Gleichungen bestimmt:

$$\begin{array}{lcccccccc} \text{I} & 1 & + & s & = & 3 & + & 2t \\ \text{II} & 2 & + & 3s & = & 3 & + & t \\ \text{III} & 4 & + & 2s & = & 7 & + & 3t \end{array}$$

Die Gleichung II wird mit -2 multipliziert und zu I addiert. Auflösen nach s ergibt: $s = 0$. Einsetzen in I führt zu $t = -1$. Beide Variablen müssen noch in III überprüft werden. Um den Schnittpunkt zu bestimmen, setzt man s oder t in eine der beiden Geradengleichungen ein. Der Schnittpunkt S ist damit $S\,(1\mid 2\mid 4)$. Nun wählt man wieder die beiden Richtungsvektoren als Spannvektoren und bestimmt $\vec{n}$ mithilfe des Vektorprodukts: $\vec{n} = \begin{pmatrix} 7 \\ 1 \\ -5 \end{pmatrix}$.

Setzt man die Koordinaten des Punktes $S\,(1\mid 2\mid 4)$ in den Ansatz $7x_1 + x_2 - 5x_3 = d$ ein, erhält man:

$$7\cdot 1 + 2 - 5\cdot 4 = d \Rightarrow d = -11$$

Damit erhält man die Koordinatengleichung: $E\colon\ 7x_1 + x_2 - 5x_3 = -11$.

i) Zuerst wird der Schnittpunkt durch Gleichsetzen der Gleichungen bestimmt: $s = -1$ und $t = 2$. Der Schnittpunkt S ist damit $S\,(1\mid 0\mid 2)$. Nun wählt man wieder die beiden Richtungsvektoren als Spannvektoren und bestimmt $\vec{n}$ mithilfe des Vektorprodukts der Spannvektoren (siehe Seite 43): $\vec{n} = \begin{pmatrix} -17 \\ 6 \\ 7 \end{pmatrix}$.

Setzt man die Koordinaten des Punktes $S\,(1\mid 0\mid 2)$ in den Ansatz $-17x_1 + 6x_2 + 7x_3 = d$ ein, erhält man:

$$-17\cdot 1 + 6\cdot 0 + 7\cdot 2 = d \Rightarrow d = -3$$

Damit erhält man die Koordinatengleichung: $E\colon\ -17x_1 + 6x_2 + 7x_3 = -3$.

j) Die beiden Richtungsvektoren sind Vielfache voneinander, also sind g_1 und g_2 parallel. Der erste Spannvektor der Ebene ist der Richtungsvektor der Geraden g_1, der zweite Spannvektor ergibt sich aus dem Verbindungsvektor zwischen den «Stützpunkten» der beiden Geraden. Mit den beiden Spannvektoren wird $\vec{n}$ berechnet. Der Stützvektor ist $\vec{p} = \begin{pmatrix} 1 \\ 0 \\ 2 \end{pmatrix}$, die Spannvektoren sind $\begin{pmatrix} 3 \\ 1 \\ 2 \end{pmatrix}$ und $\begin{pmatrix} 4 \\ 1 \\ 1 \end{pmatrix} - \begin{pmatrix} 1 \\ 0 \\ 2 \end{pmatrix} = \begin{pmatrix} 3 \\ 1 \\ -1 \end{pmatrix}$.

Das Vektorprodukt (siehe Seite 43) der Spannvektoren und Ausklammern von (-3) führt zu $\vec{n} = \begin{pmatrix} 1 \\ -3 \\ 0 \end{pmatrix}$. Setzt man nun die Koordinaten des Punktes $P(1 \mid 0 \mid 2)$ in den Ansatz $x_1 - 3x_2 = d$ ein, erhält man:

$$1 - 3 \cdot 0 = d \Rightarrow d = 1$$

Damit erhält man die Koordinatengleichung: $E: x_1 - 3x_2 = 1$.

k) Die beiden Richtungsvektoren sind Vielfache voneinander, also sind g und h parallel. Der erste Spannvektor der Ebene ist der Richtungsvektor der Geraden g, der zweite Spannvektor ergibt sich aus dem Verbindungsvektor zwischen den «Stützpunkten» der beiden Geraden. Mit den beiden Spannvektoren wird $\vec{n}$ berechnet. Der Stützvektor ist $\vec{p} = \begin{pmatrix} 0 \\ 1 \\ 0 \end{pmatrix}$, die Spannvektoren sind $\begin{pmatrix} 2 \\ 1 \\ 2 \end{pmatrix}$ und $\begin{pmatrix} 2 \\ 0 \\ 2 \end{pmatrix} - \begin{pmatrix} 0 \\ 1 \\ 0 \end{pmatrix} = \begin{pmatrix} 2 \\ -1 \\ 2 \end{pmatrix}$.

Das Vektorprodukt (siehe Seite 43) der Spannvektoren und Ausklammern von 4 führt zu $\vec{n} = \begin{pmatrix} 1 \\ 0 \\ -1 \end{pmatrix}$. Setzt man nun die Koordinaten des Punktes $P(0 \mid 1 \mid 0)$ in den Ansatz $x_1 - x_3 = d$ ein, erhält man:

$$0 - 0 = d \Rightarrow d = 0$$

Damit erhält man die Koordinatengleichung: $E: x_1 - x_3 = 0$.

l) Der Verbindungsvektor $\overrightarrow{AA^*}$ ist orthogonal zur Spiegelebene. Damit kann man ihn als Normalenvektor der Ebene benutzen. Dann wird der Punkt P in der Mitte der beiden Punkte ausgerechnet.

Es ist $\overrightarrow{AA^*} = \begin{pmatrix} 2 \\ -2 \\ -4 \end{pmatrix}$. Ausklammern von 2 ergibt $\vec{n} = \begin{pmatrix} 1 \\ -1 \\ -2 \end{pmatrix}$. Für $\vec{p}$ ergibt sich

$$\vec{p} = \overrightarrow{OA} + \frac{1}{2} \cdot \overrightarrow{AA^*} = \begin{pmatrix} 2 \\ 3 \\ 5 \end{pmatrix}$$

Setzt man nun die Koordinaten des Punktes $P(2 \mid 3 \mid 5)$ in den Ansatz $x_1 - x_2 - 2x_3 = d$ ein, erhält man:

$$2 - 3 - 2 \cdot 5 = d \Rightarrow d = -11$$

Damit erhält man die Koordinatengleichung: $E: x_1 - x_2 - 2x_3 = -11$.

m) Mit drei Punkten wird eine Ebene aufgestellt. Anschließend prüft man, ob der 4. Punkt in der Ebene liegt. Da eine Punktprobe in der Parameterform relativ aufwändig ist, lohnt es sich, die Koordinatenform aufzustellen.

Als Stützvektor wird $\vec{a}$ gewählt, damit ergibt sich für die Spannvektoren $\overrightarrow{AB} = \begin{pmatrix} 2 \\ 2 \\ 2 \end{pmatrix}$ und $\overrightarrow{AC} = \begin{pmatrix} 5 \\ 1 \\ 1 \end{pmatrix}$. Das Vektorprodukt (siehe Seite 43) der Spannvektoren und Ausklammern von 8 führt zu $\vec{n} = \begin{pmatrix} 0 \\ 1 \\ -1 \end{pmatrix}$.

Setzt man die Koordinaten des Punktes A $(2 \mid 1 \mid 2)$ in den Ansatz $x_2 - x_3 = d$ ein, erhält man:

$$1 - 2 = d \Rightarrow d = -1$$

Damit erhält man die Koordinatengleichung: E: $x_2 - x_3 = -1$.
Einsetzen von D $(8 \mid -1 \mid 0)$ in die Koordinatengleichung ergibt $-1 = -1$.
Aufgrund der wahren Aussage liegen damit alle vier Punkte in einer Ebene.

5.3.3 Punktprobe

a) Der Ortsvektor von Punkt A wird in die Ebenengleichung eingesetzt:

$$\begin{pmatrix} 1 \\ 3 \\ 5 \end{pmatrix} = \begin{pmatrix} 1 \\ 2 \\ -1 \end{pmatrix} + s \cdot \begin{pmatrix} 2 \\ 1 \\ 0 \end{pmatrix} + t \cdot \begin{pmatrix} -1 \\ 0 \\ 3 \end{pmatrix} \Rightarrow \begin{array}{lrcrcrcr} \text{I} & 1 & = & 1 & + & 2s & - & t \\ \text{II} & 3 & = & 2 & + & s & & \\ \text{III} & 5 & = & -1 & & & + & 3t \end{array}$$

Lösen führt zu

$$\begin{array}{lrcrcl} \text{Ia} & 2s & - & t & = & 0 \\ \text{IIa} & s & & & = & 1 \\ \text{IIIa} & & & 3t & = & 6 \end{array}$$

Entsprechend gilt: $s = 1$ und $t = 2$. Probe in Ia, indem man s und t einsetzt: $2 \cdot 1 - 2 = 0$. d.h. $0 = 0$. Die Aussage ist wahr, also liegt A in E.
Für die Punktprobe in F werden die Koordinaten von Punkt A in die Koordinatengleichung von F eingesetzt:

$$\text{F: } 4 \cdot 1 + 2 \cdot 3 - 3 \cdot 5 = -4$$

Es ergibt sich $-5 = -4$, ein Widerspruch, damit liegt Punkt A nicht in F.

b) Der Ortsvektor von Punkt B wird in die Ebenengleichung eingesetzt.

$$\begin{pmatrix} 0 \\ 1 \\ 2 \end{pmatrix} = \begin{pmatrix} 1 \\ 2 \\ -1 \end{pmatrix} + s \cdot \begin{pmatrix} 2 \\ 1 \\ 0 \end{pmatrix} + t \cdot \begin{pmatrix} -1 \\ 0 \\ 3 \end{pmatrix} \Rightarrow \begin{array}{lrcrcrcr} \text{I} & 0 & = & 1 & + & 2s & - & t \\ \text{II} & 1 & = & 2 & + & s & & \\ \text{III} & 2 & = & -1 & & & + & 3t \end{array}$$

Lösen führt zu

$$\begin{array}{lrcrcr} \text{Ia} & 2s & - & t & = & -1 \\ \text{IIa} & s & & & = & -1 \\ \text{IIIa} & & & 3t & = & 3 \end{array}$$

Entsprechend gilt: $s = -1$ und $t = 1$. Probe in Ia: $2 \cdot (-1) - 1 = -1$, d.h. $-3 = -1$. Dies ist ein Widerspruch, also liegt B nicht in E.

Für die Punktprobe in F werden die Koordinaten von Punkt B in die Koordinatengleichung von F eingesetzt:

$$F\colon\ 4 \cdot 0 + 2 \cdot 1 - 3 \cdot 2 = -4$$

Es ergibt sich $-4 = -4$, eine wahre Aussage, damit liegt Punkt B in F.

c) Der Ortsvektor von Punkt C wird in die Ebenengleichung eingesetzt.

$$\begin{pmatrix} 5 \\ 4 \\ -1 \end{pmatrix} = \begin{pmatrix} 1 \\ 2 \\ -1 \end{pmatrix} + s \cdot \begin{pmatrix} 2 \\ 1 \\ 0 \end{pmatrix} + t \cdot \begin{pmatrix} -1 \\ 0 \\ 3 \end{pmatrix} \Rightarrow \begin{array}{lrcrcrcr} \text{I} & 5 & = & 1 & + & 2s & - & t \\ \text{II} & 4 & = & 2 & + & s & & \\ \text{III} & -1 & = & -1 & & & + & 3t \end{array}$$

Lösen führt zu

$$\begin{array}{lrcrcr} \text{Ia} & 2s & - & t & = & 4 \\ \text{IIa} & s & & & = & 2 \\ \text{IIIa} & & & 3t & = & 0 \end{array}$$

Entsprechend gilt: $s = 2$ und $t = 0$. Probe in Ia: $2 \cdot 2 - 0 = 4$, d.h. $4 = 4$. Die Aussage ist wahr, also liegt C in E.

Für die Punktprobe in F werden die Koordinaten von Punkt A in die Koordinatengleichung von F eingesetzt:

$$F\colon\ 4 \cdot 5 + 2 \cdot 4 - 3 \cdot (-1) = -4$$

Es ergibt sich $31 = -4$, ein Widerspruch, damit liegt Punkt C nicht in F.

5.3.4 Spurpunkte

Die Spurpunkte einer Ebene liegen auf den Koordinatenachsen. Für den Spurpunkt S_1 auf der x_1-Achse sind die x_2- und die x_3-Koordinate des Punktes gleich Null. Also setzt man in der Koordinatengleichung für diese Null ein und löst die entstandene Gleichung nach x_1 auf. Entsprechend verfährt man mit den anderen Spurpunkten. Die Spurgeraden sind die Verbindungsgeraden der entsprechenden Spurpunkte.

a) Koordinatengleichung von E: $3x_1 + 4x_2 + 3x_3 = 12$. Spurpunkt auf der x_1-Achse: Für x_2 und x_3 wird 0 eingesetzt, man erhält $3x_1 = 12 \Rightarrow x_1 = 4 \Rightarrow$ Spurpunkt $S_1\,(4\,|\,0\,|\,0)$. Entsprechend verfährt man für die anderen Punkte: $4x_2 = 12 \Rightarrow x_2 = 3 \Rightarrow S_2\,(0\,|\,3\,|\,0)$ und $3x_3 = 12 \Rightarrow x_3 = 4 \Rightarrow S_3\,(0\,|\,0\,|\,4)$.

b) $E: 4x_1 - 8x_2 + 4x_3 = 16$. Spurpunkte: $4x_1 = 16, \Rightarrow S_1\,(4\,|\,0\,|\,0)$, $-8x_2 = 16 \Rightarrow S_2\,(0\,|\,-2\,|\,0)$ und $4x_3 = 16 \Rightarrow S_3\,(0\,|\,0\,|\,4)$.

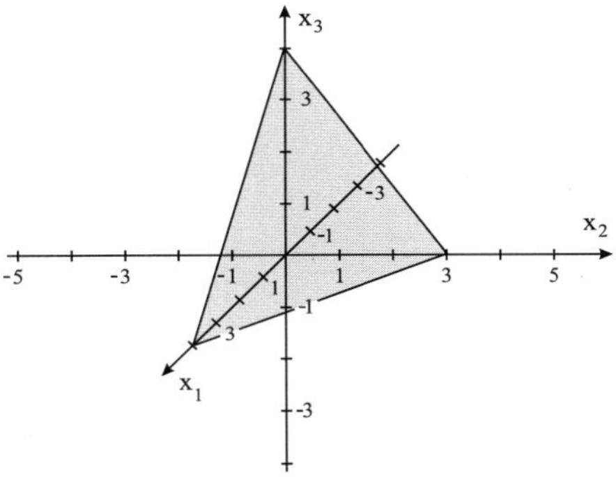

Aufgabe a)

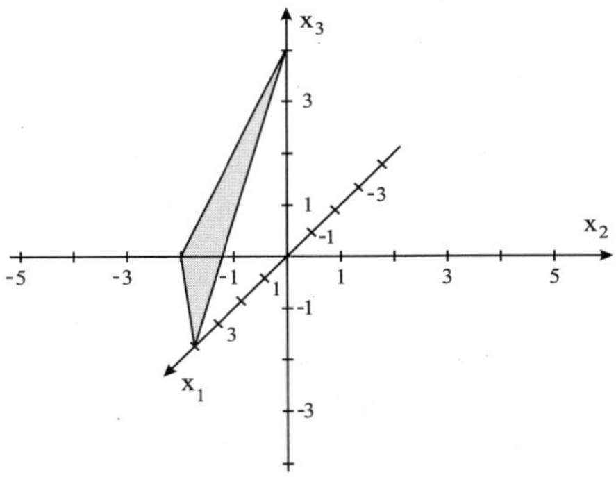

Aufgabe b)

c) $E: 3x_1 - 3x_2 - 3x_3 = 9$. Spurpunkte: $3x_1 = 9 \Rightarrow S_1\,(3\,|\,0\,|\,0)$, $-3x_2 = 9 \Rightarrow S_2\,(0\,|\,-3\,|\,0)$ und $-3x_3 = 9 \Rightarrow S_3\,(0\,|\,0\,|\,-3)$.

d) $E: 2x_1 + 4x_2 = 8$. Spurpunkte: $2x_1 = 8 \Rightarrow S_1\,(4\,|\,0\,|\,0)$ und $4x_2 = 8 \Rightarrow S_2\,(0\,|\,2\,|\,0)$. Da es keinen Spurpunkt auf der x_3-Achse gibt, bedeutet dies, dass die Ebene parallel zur x_3-Achse ist.

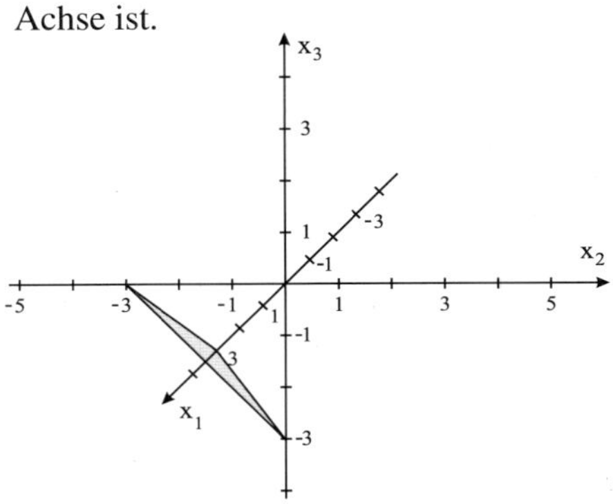

Aufgabe c)

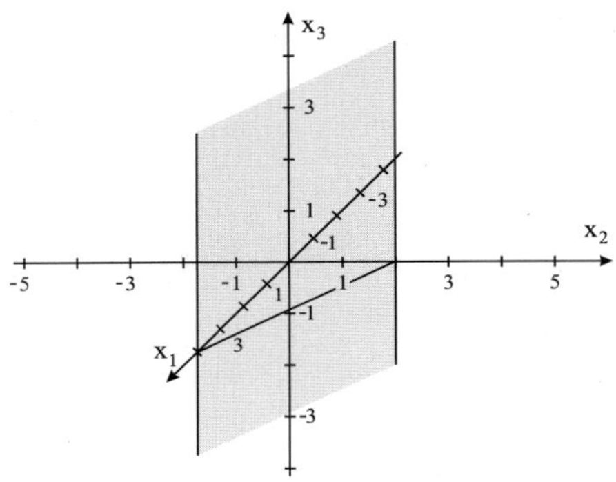

Aufgabe d)

e) $E: x_1 + 2x_3 = 4$. Spurpunkte: $x_1 = 4 \Rightarrow S_1\,(4 \mid 0 \mid 0)$ und $2x_3 = 4 \Rightarrow S_3\,(0 \mid 0 \mid 2)$. Da es keinen Spurpunkt auf der x_2-Achse gibt, bedeutet dies, dass die Ebene parallel zur x_2-Achse ist.

f) $E: 3x_2 + x_3 = 3$. Spurpunkte: $3x_2 = 3 \Rightarrow S_2\,(0 \mid 1 \mid 0)$ und $x_3 = 3 \Rightarrow S_3\,(0 \mid 0 \mid 3)$. Da es keinen Spurpunkt auf der x_1-Achse gibt, bedeutet dies, dass die Ebene parallel zur x_1-Achse ist.

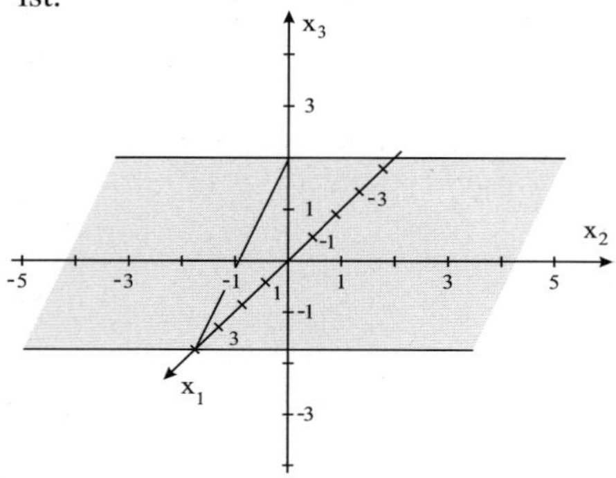

Aufgabe e)

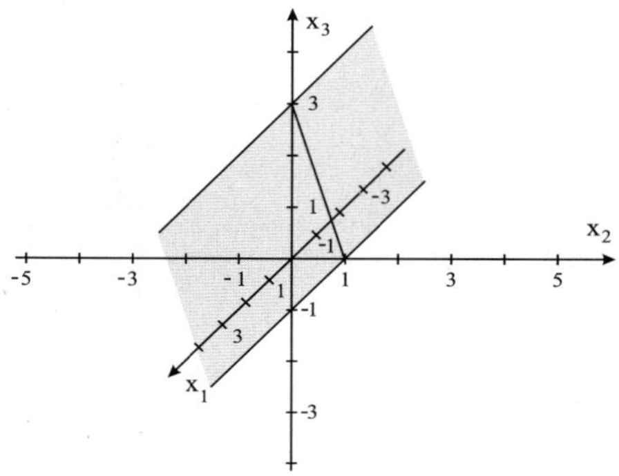

Aufgabe f)

g) $E: x_2 = 3$. Spurpunkt: $x_2 = 3 \Rightarrow S_2\,(0 \mid 3 \mid 0)$. Da es keinen Spurpunkt auf der x_1- und der x_3-Achse gibt, bedeutet dies, dass die Ebene parallel zur x_1x_3-Ebene ist.

h) $E: x_1 - x_2 = 0$. Spurpunkte: $x_1 = 0 \Rightarrow S_1\,(0 \mid 0 \mid 0)$ und $-x_2 = 0 \Rightarrow S_2\,(0 \mid 0 \mid 0)$. Die x_3-Achse ist in E enthalten. Wählt man noch einen Punkt von E, z.B. $P\,(4 \mid 4 \mid 0)$, so kann man die Ebene darstellen.

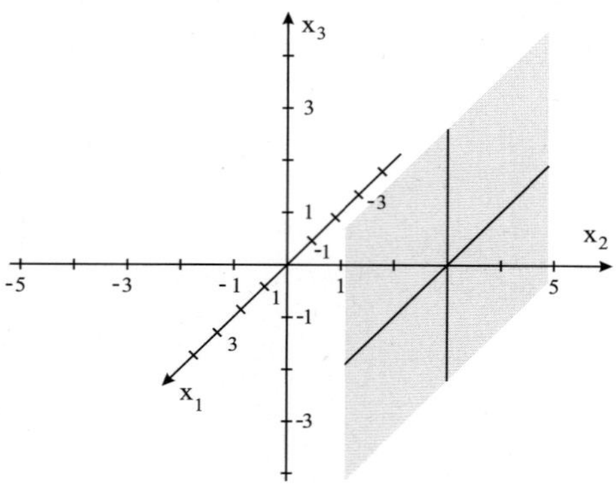

Aufgabe g)

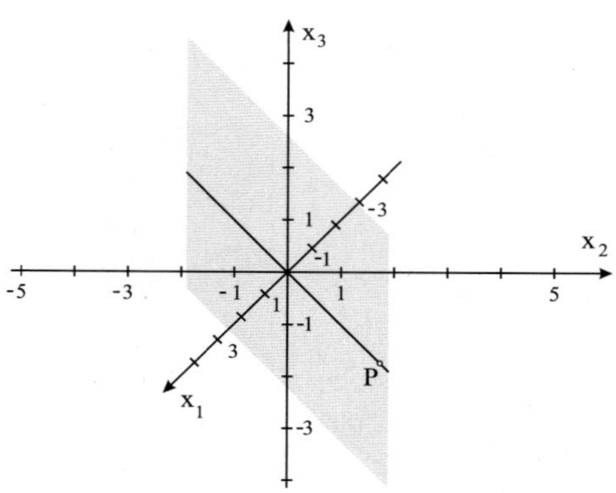

Aufgabe h)

5.3.5 Bestimmen von Geraden und Ebenen in einem Quader

a) $\overrightarrow{OB} = \overrightarrow{OA} + \overrightarrow{OC} \Rightarrow \overrightarrow{OB} = \begin{pmatrix} 4 \\ 6 \\ 0 \end{pmatrix} \Rightarrow \text{B}(4\,|\,6\,|\,0)$

$\overrightarrow{OD} = \overrightarrow{OA} + \overrightarrow{OG} \Rightarrow \text{D}(4\,|\,0\,|\,5)$ $\quad\overrightarrow{OE} = \overrightarrow{OB} + \overrightarrow{OG} \Rightarrow \text{E}(4\,|\,6\,|\,5)$

$\overrightarrow{OF} = \overrightarrow{OC} + \overrightarrow{OG} \Rightarrow \text{F}(0\,|\,6\,|\,5)$ $\quad\overrightarrow{OM} = \overrightarrow{OB} + \frac{1}{2} \cdot \overrightarrow{OG} \Rightarrow \text{M}(4\,|\,6\,|\,2,5)$

$\overrightarrow{ON} = \overrightarrow{OC} + \frac{1}{2} \cdot \overrightarrow{OG} \Rightarrow \text{N}(0\,|\,6\,|\,2,5)$

b) Wenn man ein kartesisches Koordinatensystem zugrundelegt, ergibt sich aus der Zeichnung für den Normalenvektor $\vec{n} = \begin{pmatrix} 0 \\ 1 \\ 0 \end{pmatrix}$. Setzt man nun die Koordinaten des Punktes B $(4\,|\,6\,|\,0)$ in den Ansatz $x_2 = d$ ein, ergibt sich:

$$6 = d$$

Damit erhält man die Koordinatengleichung: $x_2 = 6$.

c) Der Ortsvektor von A wird als Stützvektor genommen, der Verbindungsvektor von A zu N ist der Richtungsvektor. Die Gerade ist damit

$$g: \vec{x} = \begin{pmatrix} 4 \\ 0 \\ 0 \end{pmatrix} + r \cdot \begin{pmatrix} -4 \\ 6 \\ 2,5 \end{pmatrix}$$

Für die zweite Gerade verfährt man analog:

$$h: \vec{x} = \begin{pmatrix} 0 \\ 0 \\ 5 \end{pmatrix} + r \cdot \begin{pmatrix} 4 \\ 6 \\ -2,5 \end{pmatrix}$$

d) Einen Normalenvektor $\vec{n}$ der gesuchten Ebene erhält man mithilfe des Vektorprodukts (siehe Seite 43) der Spannvektoren $\overrightarrow{OE}$ und $\overrightarrow{OF}$:

$$\begin{pmatrix} 4 \\ 6 \\ 5 \end{pmatrix} \times \begin{pmatrix} 0 \\ 6 \\ 5 \end{pmatrix} = \begin{pmatrix} 0 \\ -20 \\ 24 \end{pmatrix} = 4 \cdot \begin{pmatrix} 0 \\ -5 \\ 6 \end{pmatrix} \Rightarrow \vec{n} = \begin{pmatrix} 0 \\ -5 \\ 6 \end{pmatrix}$$

Setzt man die Koordinaten des Punktes O $(0\,|\,0\,|\,0)$ in den Ansatz $-5x_2 + 6x_3 = d$ ein, ergibt sich:

$$-5 \cdot 0 + 6 \cdot 0 = d \Rightarrow d = 0$$

Damit erhält man die Koordinatengleichung: $-5x_2 + 6x_3 = 0$.

5.4 Gegenseitige Lage von Geraden und Ebenen

5.4.1 Gegenseitige Lage

a) Für die Gerade gilt:

$$\begin{aligned} x_1 &= 4 + t \\ x_2 &= 6 + 2t \\ x_3 &= 2 + 3t \end{aligned}$$

Die Gerade wird als «allgemeiner Punkt» $P_t\,(4+t \mid 6+2t \mid 2+3t)$ umgeschrieben und in die Ebenengleichung eingesetzt:
$2\cdot(4+t)+4\cdot(6+2t)+6\cdot(2+3t)+12=0$. Auflösen der Klammern führt zu: $28t+56=0$ bzw. zu $t=-2$. Setzt man $t=-2$ in P_t ein, erhält man den Schnittpunkt $S\,(2 \mid 2 \mid -4)$.

b) Die Gerade wird als «allgemeiner Punkt» $P_s\,(3+2s \mid 2+5s \mid 2+7s)$ umgeschrieben und in die Ebenengleichung eingesetzt: $2\cdot(3+2s)+1\cdot(2+5s)-3\cdot(2+7s)=4 \Rightarrow s=-\frac{1}{6}$. Damit ergibt sich der Schnittpunkt $S\left(\frac{8}{3} \mid \frac{7}{6} \mid \frac{5}{6}\right)$.

c) Die Gerade wird als «allgemeiner Punkt» $P_t\,(4+2t \mid 1-t \mid 3+t)$ umgeschrieben und in die Ebenengleichung $E\colon x_1-3x_2-5x_3=17$ eingesetzt:
$4+2t-3\cdot(1-t)-5\cdot(3+t)=17 \Rightarrow -14=17$. Dies ist ein Widerspruch, die Gleichung hat keine Lösung, also ist die Gerade echt parallel zur Ebene.

d) Die Gerade wird als «allgemeiner Punkt» $P_t\,(3+t \mid 4 \mid 7+t)$ umgeschrieben und in die Ebenengleichung $E\colon -x_1+6x_2-5x_3=-8$ eingesetzt: $-(3+t)+6\cdot 4-5\cdot(7+t)=-8 \Rightarrow$ $t=-1$
Einsetzen von $t=-1$ in P_t führt zum Schnittpunkt $S\,(2 \mid 4 \mid 6)$.

e) Die Gerade wird als «allgemeiner Punkt» $P_s\,(1+2s \mid -2+s \mid 3+2s)$ umgeschrieben und in die Ebenengleichung eingesetzt: $1\cdot(1+2s)-1\cdot(3+2s)=0 \Rightarrow -2=0$. Dies ist ein Widerspruch, die Gleichung hat keine Lösung, also ist die Gerade echt parallel zur Ebene.

f) Die Gerade wird als «allgemeiner Punkt» $P_t\,(1+t \mid 2+3t \mid 3+4t)$ umgeschrieben und in die Ebenengleichung eingesetzt: $13\cdot(1+t)+5\cdot(2+3t)-7\cdot(3+4t)-2=0 \Rightarrow 0=0$. Aufgrund der wahren Aussage liegt die Gerade in der Ebene.

5.4.2 Vermischte Aufgaben

a) Als Stützvektor der Geraden wählt man $\vec{p}=\begin{pmatrix}4\\9\\7\end{pmatrix}$, der Normalenvektor der Ebene ist $\vec{n}=\begin{pmatrix}2\\1\\-2\end{pmatrix}$. Nun ist ein Richtungsvektor $\vec{u}$ so zu wählen, dass $\vec{u}\cdot\vec{n}=0$.

Beispiel:

$\vec{u} = \begin{pmatrix} 1 \\ -2 \\ 0 \end{pmatrix}$ oder $\vec{u} = \begin{pmatrix} 1 \\ 0 \\ 1 \end{pmatrix}$. Eine mögliche Geradengleichung ist

$$g: \vec{x} = \begin{pmatrix} 4 \\ 9 \\ 7 \end{pmatrix} + t \cdot \begin{pmatrix} 1 \\ -2 \\ 0 \end{pmatrix}; t \in \mathbb{R}$$

b) Als Stützvektor der Geraden wählt man $\vec{q} = \begin{pmatrix} 4 \\ -1 \\ 3 \end{pmatrix}$, der Normalenvektor der Ebene ist

$\vec{n} = \begin{pmatrix} 4 \\ -3 \\ 5 \end{pmatrix}$. Da $g \perp$ E ist, kann man $\vec{u} = 1 \cdot \vec{n}$ wählen (oder ein anderes Vielfaches).

Eine mögliche Geradengleichung ist

$$g: \vec{x} = \begin{pmatrix} 4 \\ -1 \\ 3 \end{pmatrix} + t \cdot \begin{pmatrix} 4 \\ -3 \\ 5 \end{pmatrix}; t \in \mathbb{R}$$

c) Die Gerade wird als «allgemeiner Punkt» $P_t\,(4+t \mid 6+2t \mid 8+2t)$ in die Ebenengleichung eingesetzt: $4 \cdot (4+t) - 3 \cdot (6+2t) + 8 + 2t = 7 \Rightarrow 6 = 7$. Aufgrund des Widerspruchs haben g und E keine gemeinsamen Punkte.

d) Die Gerade wird als «allgemeiner Punkt» $P_t\,(4+t \mid 6+2t \mid 8+3t)$ in die Ebenengleichung eingesetzt: $4 \cdot (4+t) - 2 \cdot (6+2t) = 4 \Rightarrow 4 = 4$. Aufgrund der wahren Aussage liegt die Gerade in der Ebene.

5.5 Gegenseitige Lage von Ebenen

5.5.1 Schnittgerade von zwei Ebenen

a) Die beiden Ebenen sind nicht identisch, da die beiden Normalenvektoren $\overrightarrow{n_1} = \begin{pmatrix} 0 \\ 2 \\ 4 \end{pmatrix}$ und $\overrightarrow{n_2} = \begin{pmatrix} 2 \\ 1 \\ 0 \end{pmatrix}$ kein Vielfaches voneinander sind: $\overrightarrow{n_1} \neq k \cdot \overrightarrow{n_2}$.

Die angegebene Schnittgerade $s\colon \vec{x} = \begin{pmatrix} -3 \\ 4 \\ 0 \end{pmatrix} + t \cdot \begin{pmatrix} 1 \\ -2 \\ 1 \end{pmatrix}$ wird als allgemeiner Punkt $\mathrm{P}_t(-3+t \mid 4-2t \mid t)$ umgeschrieben und in E_1 bzw. in E_2 eingesetzt:

$$2 \cdot (4-2t) + 4 \cdot t = 8 \Rightarrow 8 = 8 \Rightarrow s \text{ liegt in } \mathrm{E}_1$$
$$2 \cdot (-3+t) + 4 - 2t = -2 \Rightarrow -2 = -2 \Rightarrow s \text{ liegt in } \mathrm{E}_2$$

Da s in beiden Ebenen enthalten ist, ist s die Schnittgerade der beiden Ebenen.

b) Die beiden Ebenen sind nicht identisch, da die beiden Normalenvektoren $\overrightarrow{n_1} = \begin{pmatrix} 0 \\ 4 \\ 0 \end{pmatrix}$ und $\overrightarrow{n_2} = \begin{pmatrix} 2 \\ 0 \\ 6 \end{pmatrix}$ kein Vielfaches voneinander sind: $\overrightarrow{n_1} \neq k \cdot \overrightarrow{n_2}$.

Die angegebene Schnittgerade $s\colon \vec{x} = \begin{pmatrix} 0 \\ 2 \\ 0 \end{pmatrix} + t \cdot \begin{pmatrix} -3 \\ 0 \\ 1 \end{pmatrix}$ wird als allgemeiner Punkt $\mathrm{P}_t(-3t \mid 2 \mid t)$ umgeschrieben und in E_1 bzw. in E_2 eingesetzt:

$$4 \cdot 2 = 8 \Rightarrow 8 = 8 \Rightarrow s \in \mathrm{E}_1$$
$$2 \cdot (-3t) + 6 \cdot t = 0 \Rightarrow 0 = 0 \Rightarrow s \in \mathrm{E}_2$$

Da s in beiden Ebenen enthalten ist, ist s die Schnittgerade der beiden Ebenen.

5.5.2 Parallele Ebenen

a) Die Normalenvektoren $\overrightarrow{n_\mathrm{E}} = \begin{pmatrix} 4 \\ 3 \\ -2 \end{pmatrix}$ und $\overrightarrow{n_\mathrm{F}} = \begin{pmatrix} 8 \\ 6 \\ -4 \end{pmatrix}$ sind ein Vielfaches voneinander: $\overrightarrow{n_\mathrm{F}} = -2 \cdot \overrightarrow{n_\mathrm{E}}$, also sind die beiden Ebenen parallel oder identisch. Die beiden Ebenengleichungen werden so addiert, dass x_1 wegfällt: $-2 \cdot \mathrm{I} + \mathrm{II}$: Es ergibt sich $0 = 1$, dies ist ein Widerspruch; es gibt keine Lösung für das Gleichungssystem, die Ebenen sind echt parallel.

b) Die Normalenvektoren $\overrightarrow{n_E} = \begin{pmatrix} -1 \\ 1 \\ 2 \end{pmatrix}$ und $\overrightarrow{n_F} = \begin{pmatrix} 2 \\ -2 \\ -4 \end{pmatrix}$ sind ein Vielfaches voneinander: $\overrightarrow{n_F} = -2 \cdot \overrightarrow{n_E}$, also sind die beiden Ebenen parallel oder identisch. Die beiden Ebenengleichungen werden so addiert, dass x_1 wegfällt: $2 \cdot \text{I} + \text{II}$: Es ergibt sich $0 = 10$, dies ist ein Widerspruch; es gibt keine Lösung für das Gleichungssystem, die Ebenen sind echt parallel.

c) Die Normalenvektoren $\overrightarrow{n_E} = \begin{pmatrix} 3 \\ 6 \\ 0 \end{pmatrix}$ und $\overrightarrow{n_F} = \begin{pmatrix} -1 \\ 2 \\ 0 \end{pmatrix}$ sind ein Vielfaches voneinander: $\overrightarrow{n_E} = -3 \cdot \overrightarrow{n_F}$, also sind die beiden Ebenen parallel oder identisch. Die beiden Ebenengleichungen werden so addiert, dass x_1 wegfällt: $\text{I} + 3 \cdot \text{II}$: Es ergibt sich $21 = 5$, dies ist ein Widerspruch; es gibt keine Lösung für das Gleichungssystem, die Ebenen sind echt parallel.

5.5.3 Orthogonale Ebenen

a) Wenn die Ebenen orthogonal zueinander sind, muss das Skalarprodukt der beiden Normalenvektoren gleich Null sein. Es ist

$$\begin{pmatrix} 3 \\ 4 \\ -2 \end{pmatrix} \cdot \begin{pmatrix} 2 \\ 1 \\ 5 \end{pmatrix} = 3 \cdot 2 + 4 \cdot 1 + (-2) \cdot 5 = 6 + 4 - 10 = 0$$

Also sind die beiden Ebenen orthogonal.

b) Um zu prüfen, ob die Ebenen $\text{E}: \; 2x_1 - 4x_2 - 2x_3 = 7$ und $\text{F}: \; 3x_1 + 2x_2 + x_3 = 9$ orthogonal zueinander sind, berechnet man das Skalarprodukt der beiden Normalenvektoren:

$$\begin{pmatrix} 2 \\ -4 \\ -2 \end{pmatrix} \cdot \begin{pmatrix} 3 \\ 2 \\ 1 \end{pmatrix} = 2 \cdot 3 + (-4) \cdot 2 + (-2) \cdot 1 = 6 - 8 - 2 = -4 \neq 0$$

Da das Skalarprodukt der beiden Normalenvektoren nicht Null ergibt, sind die beiden Ebenen nicht orthogonal zueinander.

c) Um zu prüfen, ob $\text{E}: \; 2x_1 - x_2 - 4x_3 = 7$ orthogonal zu $\text{F}: \; -x_1 - 2x_2 = -7$ ist, berechnet man das Skalarprodukt der beiden Normalenvektoren:

$$\begin{pmatrix} 2 \\ -1 \\ -4 \end{pmatrix} \cdot \begin{pmatrix} -1 \\ -2 \\ 0 \end{pmatrix} = 2 \cdot (-1) + (-1) \cdot (-2) + (-4) \cdot 0 = -2 + 2 + 0 = 0$$

Da das Skalarprodukt der beiden Normalenvektoren Null ergibt, sind die beiden Ebenen orthogonal zueinander.

5.5.4 Lineare Gleichungssysteme

a) Gegeben ist das Gleichungssystem:

$$\begin{array}{lrcrcrcr} \text{I} & 4x_1 & + & x_2 & - & 2x_3 & = & 9 \\ \text{II} & -2x_1 & + & 3x_2 & + & 3x_3 & = & 4 \\ \text{III} & x_1 & - & 2x_2 & - & x_3 & = & -4 \end{array}$$

Addiert man das 2-fache von Gleichung II zu Gleichung I und subtrahiert man das 4-fache von Gleichung III von Gleichung I, ergibt sich:

$$\begin{array}{lrcrcrcr} \text{I} & 4x_1 & + & x_2 & - & 2x_3 & = & 9 \\ \text{IIa} & & & 7x_2 & + & 4x_3 & = & 17 \\ \text{IIIa} & & & 9x_2 & + & 2x_3 & = & 25 \end{array}$$

Subtrahiert man das 7-fache von Gleichung IIIa vom 9-fachen von Gleichung IIa, erhält man:

$$\begin{array}{lrcrcrcr} \text{I} & 4x_1 & + & x_2 & - & 2x_3 & = & 9 \\ \text{IIa} & & & 7x_2 & + & 4x_3 & = & 17 \\ \text{IIIb} & & & & & 22x_3 & = & -22 \end{array}$$

Aus IIIb folgt: $x_3 = -1$. Einsetzen in IIa ergibt: $7x_2 + 4 \cdot (-1) = 17 \Rightarrow x_2 = 3$.
Einsetzen in I ergibt: $4x_1 + 3 - 2 \cdot (-1) = 9 \Rightarrow x_1 = 1$.
Die eindeutige Lösung ist damit: $L = \{(1; 3; -1)\}$.

b) Gegeben ist das Gleichungssystem:

$$\begin{array}{lrcrcrcr} \text{I} & x_1 & + & 2x_2 & - & 2x_3 & = & 7 \\ \text{II} & 2x_1 & & & + & x_3 & = & 8 \\ \text{III} & -3x_1 & + & x_2 & + & 2x_3 & = & -1 \end{array}$$

Subtrahiert man Gleichung II vom 2-fachen von Gleichung I und addiert man das 3-fache von Gleichung I zu Gleichung III, ergibt sich:

$$\begin{array}{lrcrcrcr} \text{I} & x_1 & + & 2x_2 & - & 2x_3 & = & 7 \\ \text{IIa} & & & 4x_2 & - & 5x_3 & = & 6 \\ \text{IIIa} & & & 7x_2 & - & 4x_3 & = & 20 \end{array}$$

Subtrahiert man das 4-fache von Gleichung IIIa vom 7-fachen von Gleichung IIa, erhält man:

$$\begin{array}{lrcrcrcr} \text{I} & x_1 & + & 2x_2 & - & 2x_3 & = & 7 \\ \text{IIa} & & & 4x_2 & - & 5x_3 & = & 6 \\ \text{IIIb} & & & & & -19x_3 & = & -38 \end{array}$$

Aus IIIb folgt: $x_3 = 2$. Einsetzen in IIa ergibt: $4x_2 - 5 \cdot 2 = 6 \Rightarrow x_2 = 4$.
Einsetzen in I ergibt: $x_1 + 2 \cdot 4 - 2 \cdot 2 = 7 \Rightarrow x_1 = 3$.
Die eindeutige Lösung ist damit: $L = \{(3; 4; 2)\}$.

c) Gegeben ist das Gleichungssystem:

$$\begin{array}{lrcrcrcr} \text{I} & x_1 & + & x_2 & + & 7x_3 & = & 2 \\ \text{II} & 2x_1 & - & x_2 & - & 3x_3 & = & -5 \\ \text{III} & & - & x_2 & + & 4x_3 & = & -3 \end{array}$$

Multiplikation von I mit (-2) und Addieren zu II führt zu:

$$\begin{array}{lrcrcrcr} \text{I} & x_1 & + & x_2 & + & 7x_3 & = & 2 \\ \text{IIa} & & - & 3x_2 & - & 17x_3 & = & -9 \\ \text{III} & & - & x_2 & + & 4x_3 & = & -3 \end{array}$$

Multiplikation von III mit (-3) und Addieren zu IIa führt zu:

$$\begin{array}{lrcrcrcr} \text{I} & x_1 & + & x_2 & + & 7x_3 & = & 2 \\ \text{IIa} & & - & 3x_2 & - & 17x_3 & = & -9 \\ \text{IIIa} & & & & - & 29x_3 & = & 0 \end{array}$$

Aus IIIa folgt: $x_3 = 0$. Einsetzen in IIa ergibt: $-3x_2 - 17 \cdot 0 = -9 \Rightarrow x_2 = 3$.
Einsetzen in I ergibt: $x_1 + 3 + 7 \cdot 0 = 2 \Rightarrow x_1 = -1$.
Die eindeutige Lösung ist damit: $\mathrm{L} = \{(-1\,;3\,;0)\}$.

d) Gegeben ist das Gleichungssystem:

$$\begin{array}{lrcrcrcr} \text{I} & x_1 & + & 2x_2 & - & x_3 & = & 4 \\ \text{II} & -x_1 & + & 2x_2 & - & 3x_3 & = & 6 \\ \text{III} & 2x_1 & & & + & 2x_3 & = & -2 \end{array}$$

Addiert man Gleichung I zu Gleichung II und subtrahiert man Gleichung III vom 2-fachen von Gleichung I, ergibt sich:

$$\begin{array}{lrcrcrcr} \text{I} & x_1 & + & 2x_2 & - & x_3 & = & 4 \\ \text{IIa} & & & 4x_2 & - & 4x_3 & = & 10 \\ \text{IIIa} & & & 4x_2 & - & 4x_3 & = & 10 \end{array}$$

Subtrahiert man Gleichung IIIa von Gleichung IIa, erhält man:

$$\begin{array}{lrcrcrcr} \text{I} & x_1 & + & 2x_2 & - & x_3 & = & 4 \\ \text{IIa} & & & 4x_2 & - & 4x_3 & = & 10 \\ \text{IIIb} & & & & & 0 & = & 0 \end{array}$$

Aufgrund der wahren Aussage gibt es unendlich viele Lösungen.

e) Gegeben ist das Gleichungssystem:

$$\begin{array}{lrcrcrcr} \text{I} & 2x_1 & + & x_2 & + & x_3 & = & 4 \\ \text{II} & & & 2x_2 & - & 6x_3 & = & 4 \\ \text{III} & -3x_1 & & & - & 6x_3 & = & -3 \end{array}$$

Addiert man das 3-fache von Gleichung I zum 2-fachen von Gleichung III, ergibt sich:

$$\begin{array}{lrcrcrcr} \text{I} & 2x_1 & + & x_2 & + & x_3 & = & 4 \\ \text{II} & & & 2x_2 & - & 6x_3 & = & 4 \\ \text{IIIa} & & & 3x_2 & - & 9x_3 & = & 6 \end{array}$$

Subtrahiert man das 2-fache von Gleichung IIIa vom 3-fachen von Gleichung II, erhält man:

$$\begin{array}{lrcrcrcr} \text{I} & 2x_1 & + & x_2 & + & x_3 & = & 4 \\ \text{II} & & & 2x_2 & - & 6x_3 & = & 4 \\ \text{IIIb} & & & & & 0 & = & 0 \end{array}$$

Aufgrund der wahren Aussage gibt es unendlich viele Lösungen.

f) Gegeben ist das Gleichungssystem:

$$\begin{array}{lrcrcrcr} \text{I} & x_1 & + & 2x_2 & + & x_3 & = & 4 \\ \text{II} & -x_1 & - & 4x_2 & + & x_3 & = & 7 \\ \text{III} & 2x_1 & + & 8x_2 & - & 2x_3 & = & 18 \end{array}$$

Addiert man Gleichung I zu Gleichung II und subtrahiert man Gleichung III vom 2-fachen von Gleichung I, ergibt sich:

$$\begin{array}{lrcrcrcr} \text{I} & x_1 & + & 2x_2 & + & x_3 & = & 4 \\ \text{IIa} & & - & 2x_2 & + & 2x_3 & = & 11 \\ \text{IIIa} & & - & 4x_2 & + & 4x_3 & = & -10 \end{array}$$

Subtrahiert man Gleichung IIIa vom 2-fachen von Gleichung IIa, erhält man:

$$\begin{array}{lrcrcrcr} \text{I} & x_1 & + & 2x_2 & + & x_3 & = & 4 \\ \text{IIa} & & - & 2x_2 & + & 2x_3 & = & 11 \\ \text{IIIb} & & & & & 0 & = & 32 \end{array}$$

Gleichung IIIb ist ein Widerspruch. Damit ist das Gleichungssystem nicht lösbar und es gibt keine Lösung.

6 Abstände, Winkel und Spiegelungen

6.1 Abstandsberechnungen

6.1.1 Abstand Punkt– Punkt

a) Den Abstand d der Punkte A(3 | −2 | 4) und B(2 | 0 | 2) erhält man, indem man den Betrag des zugehörigen Verbindungsvektors berechnet:

$$\mathrm{d} = |\overrightarrow{\mathrm{AB}}| = \left|\begin{pmatrix}-1\\2\\-2\end{pmatrix}\right| = \sqrt{(-1)^2+2^2+(-2)^2} = \sqrt{9} = 3$$

b) Den Abstand d der Punkte C(2 | 1 | c) und A(5 | 1 | 3) erhält man, indem man den Betrag des zugehörigen Verbindungsvektors berechnet:

$$\mathrm{d} = |\overrightarrow{\mathrm{AC}}| = \left|\begin{pmatrix}-3\\0\\c-3\end{pmatrix}\right| = \sqrt{(-3)^2+0^2+(c-3)^2} = \sqrt{9+c^2-6c+9} = \sqrt{c^2-6c+18}$$

Da der Abstand 5 LE betragen soll, löst man die Gleichung d = 5 nach c auf:

$$\begin{aligned}\sqrt{c^2-6c+18} &= 5\\ c^2-6c+18 &= 25\\ c^2-6c-7 &= 0\end{aligned}$$

Mit Hilfe der abc-Formel erhält man die Lösungen $c_1 = 7$ und $c_2 = -1$.

c) Da die beiden gesuchten Punkte P_1 und P_2 auf g die Entfernung 3 LE vom Punkt A haben, gilt $|\overrightarrow{\mathrm{AP}}| = 3$. Die Gerade wird als «allgemeiner Punkt» umgeschrieben und eingesetzt: $\mathrm{P}_t\,(1+2t \mid t \mid 2+2t)$. Damit ist

$$|\overrightarrow{\mathrm{AP}_t}| = \left|\begin{pmatrix}2t-2\\t-1\\2t-2\end{pmatrix}\right| = \sqrt{(2t-2)^2+(t-1)^2+(2t-2)^2} = 3$$

Die Gleichung wird zuerst quadriert, dann werden die Klammern aufgelöst. Es ergibt sich $9t^2-18t=0$. Ausklammern von t oder Auflösen mithilfe der pq- oder abc-Formel führt zu $t_1 = 2$ und $t_2 = 0$. Setzt man $t_1 = 2$ bzw. $t_2 = 0$ in P_t ein, ergeben sich die $\mathrm{P}_1\,(5 \mid 2 \mid 6)$ und $\mathrm{P}_2\,(1 \mid 0 \mid 2)$.

6.1.2 Abstand Punkt – Ebene

a) Die Koordinaten des Punktes P(2 | 4 | −1) werden in die Abstandsformel eingesetzt. Mit E : $2x_1 - x_2 + 2x_3 = 1$ ergibt sich:

$$\mathrm{d}(\mathrm{P};\mathrm{E}) = \frac{|2\cdot 2-1\cdot 4+2\cdot(-1)-1|}{\sqrt{2^2+(-1)^2+2^2}} = \frac{|-3|}{\sqrt{9}} = 1\,\mathrm{LE}$$

Alternativ kann man auch das Lotfußpunktverfahren anwenden:
Dazu stellt man eine Lotgerade l auf, die orthogonal zu E ist und durch P geht. Als Richtungsvektor von l verwendet man den Normalenvektor von E. Damit ergibt sich:

$$l\colon \vec{x} = \begin{pmatrix} 2 \\ 4 \\ -1 \end{pmatrix} + t \cdot \begin{pmatrix} 2 \\ -1 \\ 2 \end{pmatrix}$$

Den Schnittpunkt S von l und E erhält man, indem man den allgemeinen Punkt $P_t(2+2t \mid 4-t \mid -1+2t)$ von l in E einsetzt:

$$\begin{aligned} 2\cdot(2+2t)-(4-t)+2\cdot(-1+2t) &= 1 \\ 4+4t-4+t-2+4t &= 1 \\ 9t &= 3 \\ t &= \frac{1}{3} \end{aligned}$$

Setzt man $t=\frac{1}{3}$ in $P_t(2+2t \mid 4-t \mid -1+2t)$ ein, erhält man die Koordinaten des Schnittpunkts $S\left(\frac{8}{3} \mid \frac{11}{3} \mid -\frac{1}{3}\right)$.
Der Abstand von P zu E ist der Abstand von P zu S:

$$\begin{aligned} d(P;E) = \overline{PS} = \left|\overrightarrow{PS}\right| &= \left|\begin{pmatrix} \frac{2}{3} \\ -\frac{1}{3} \\ \frac{2}{3} \end{pmatrix}\right| = \sqrt{\left(\frac{2}{3}\right)^2+\left(-\frac{1}{3}\right)^2+\left(\frac{2}{3}\right)^2} \\ &= \sqrt{\frac{4}{9}+\frac{1}{9}+\frac{4}{9}} = \sqrt{\frac{9}{9}} = \sqrt{1} = 1\,\text{LE} \end{aligned}$$

b) Die Koordinaten des Punktes $Q(7 \mid 4 \mid 3)$ werden in die Abstandsformel eingesetzt. Mit $E:\ x_1+2x_2+2x_3=3$ ergibt sich:

$$d(Q;E) = \frac{|7+2\cdot 4+2\cdot 3-3|}{\sqrt{1^2+2^2+2^2}} = \frac{|18|}{\sqrt{9}} = 6\,\text{LE}$$

Alternativ kann man auch das Lotfußpunktverfahren anwenden:
Dazu stellt man eine Lotgerade l auf, die orthogonal zu E ist und durch Q geht. Als Richtungsvektor von l verwendet man den Normalenvektor von E. Damit ergibt sich:

$$l\colon \vec{x} = \begin{pmatrix} 7 \\ 4 \\ 3 \end{pmatrix} + t \cdot \begin{pmatrix} 1 \\ 2 \\ 2 \end{pmatrix}$$

Den Schnittpunkt S von l und E erhält man, indem man die Koeffizienten des allgemeinen

Punktes $P_t(7+t \mid 4+2t \mid 3+2t)$ von l in E einsetzt:

$$\begin{aligned} 7+t+2\cdot(4+2t)+2\cdot(3+2t) &= 3 \\ 7+t+8+4t+6+4t &= 3 \\ 9t &= -18 \\ t &= -2 \end{aligned}$$

Setzt man $t=-2$ in $P_t(7+t \mid 4+2t \mid 3+2t)$ ein, erhält man die Koordinaten des Schnittpunkts $S(5 \mid 0 \mid -1)$.
Der Abstand von Q zu E ist der Abstand von Q zu S:

$$d(Q;E) = \overline{QS} = \left|\overrightarrow{QS}\right| = \left|\begin{pmatrix} -2 \\ -4 \\ -4 \end{pmatrix}\right| = \sqrt{(-2)^2+(-4)^2+(-4)^2}$$
$$= \sqrt{4+16+16} = \sqrt{36} = 6\,\text{LE}$$

c) Die Koordinaten des Punktes $T(8 \mid 1 \mid 1)$ werden in die Abstandsformel eingesetzt. Mit $E: x_1-4x_2-4x_3=0$ ergibt sich:

$$d(T;E) = \frac{|1\cdot 8-4\cdot 1-4\cdot 1|}{\sqrt{1^2+(-4)^2+(-4)^2}} = \frac{|0|}{\sqrt{33}} = 0\,\text{LE} \Rightarrow \ Q \in E$$

Alternativ kann man auch das Lotfußpunktverfahren anwenden:
Dazu stellt man eine Lotgerade l auf, die orthogonal zu E ist und durch T geht. Als Richtungsvektor von l verwendet man den Normalenvektor von E. Damit ergibt sich:

$$l: \vec{x} = \begin{pmatrix} 8 \\ 1 \\ 1 \end{pmatrix} + t\cdot\begin{pmatrix} 1 \\ -4 \\ -4 \end{pmatrix}$$

Den Schnittpunkt S von l und E erhält man, indem man den allgemeinen Punkt $P_t(8+t \mid 1-4t \mid 1-4t)$ von l in E einsetzt:

$$\begin{aligned} 8+t-4\cdot(1-4t)-4\cdot(1-4t) &= 0 \\ 32t &= 0 \\ t &= 0 \end{aligned}$$

Setzt man $t=0$ in $P_t(8+t \mid 1-4t \mid 1-4t)$ ein, erhält man die Koordinaten des Schnittpunkts $S(8 \mid 1 \mid 1)$.
Der Abstand von T zu E ist der Abstand von T zu S:

$$d(T;E) = \overline{TS} = \left|\overrightarrow{TS}\right| = \left|\begin{pmatrix} 0 \\ 0 \\ 0 \end{pmatrix}\right| = 0\,\text{LE}$$

Somit liegt der Punkt T auf der Ebene E.

d) Die gegebene Ebenengleichung E : $\vec{x} = \begin{pmatrix} 7 \\ 5 \\ 2 \end{pmatrix} + r \cdot \begin{pmatrix} 3 \\ -2 \\ -2 \end{pmatrix} + s \cdot \begin{pmatrix} 1 \\ 1 \\ -4 \end{pmatrix}$ wird zuerst in die Koordinatenform umgewandelt. Den Normalenvektor $\vec{n}$ erhält man mithilfe des Vektorprodukts der beiden Spannvektoren:

$$\begin{pmatrix} 3 \\ -2 \\ -2 \end{pmatrix} \times \begin{pmatrix} 1 \\ 1 \\ -4 \end{pmatrix} = \begin{pmatrix} 10 \\ 10 \\ 5 \end{pmatrix} = 5 \cdot \begin{pmatrix} 2 \\ 2 \\ 1 \end{pmatrix} \Rightarrow \vec{n} = \begin{pmatrix} 2 \\ 2 \\ 1 \end{pmatrix}$$

Setzt man den Punkt P(7 | 5 | 2) von E in den Ansatz $2x_1 + 2x_2 + x_3 = d$ ein, ergibt sich: $2 \cdot 7 + 2 \cdot 5 + 2 = d \Rightarrow d = 26$.
Somit erhält man die Koordinatenform: E : $2x_1 + 2x_2 + x_3 = 26$.
Die Koordinaten des Punktes R (6 | 9 | 4) werden in die Abstandsformel eingesetzt:

$$\mathrm{d}(\mathrm{R};\mathrm{E}) = \frac{|2 \cdot 6 + 2 \cdot 9 + 4 - 26|}{\sqrt{2^2 + 2^2 + 1^2}} = \frac{|8|}{\sqrt{9}} = \frac{8}{3}\,\mathrm{LE}$$

Alternativ kann man auch das Lotfußpunktverfahren anwenden:
Dazu stellt man eine Lotgerade l auf, die orthogonal zu E ist und durch R geht. Als Richtungsvektor von l verwendet man den Normalenvektor von E. Damit ergibt sich:

$$l\colon \vec{x} = \begin{pmatrix} 6 \\ 9 \\ 4 \end{pmatrix} + t \cdot \begin{pmatrix} 2 \\ 2 \\ 1 \end{pmatrix}$$

Den Schnittpunkt S von l und E erhält man, indem man den allgemeinen Punkt $\mathrm{P}_t(6 + 2t \mid 9 + 2t \mid 4 + t)$ von l in E einsetzt:

$$\begin{aligned} 2 \cdot (6 + 2t) + 2 \cdot (9 + 2t) + 4 + t &= 26 \\ 34 + 9t &= 26 \\ 9t &= -8 \\ t &= -\frac{8}{9} \end{aligned}$$

Setzt man $t = -\frac{8}{9}$ in $\mathrm{P}_t(6 + 2t \mid 9 + 2t \mid 4 + t)$ ein, erhält man die Koordinaten des Schnittpunkts $\mathrm{S}\left(\frac{38}{9} \mid \frac{65}{9} \mid \frac{28}{9}\right)$.
Der Abstand von R zu E ist der Abstand von R zu S:

$$\mathrm{d}(\mathrm{R};\mathrm{E}) = \overline{\mathrm{RS}} = \left|\overrightarrow{\mathrm{RS}}\right| = \left|\begin{pmatrix} -\frac{16}{9} \\ -\frac{16}{9} \\ -\frac{8}{9} \end{pmatrix}\right| = \sqrt{\left(-\frac{16}{9}\right)^2 + \left(-\frac{16}{9}\right)^2 + \left(-\frac{8}{9}\right)^2}$$

$$= \sqrt{\frac{256}{81} + \frac{256}{81} + \frac{64}{81}} = \sqrt{\frac{576}{81}} = \frac{24}{9} = \frac{8}{3}\,\mathrm{LE}$$

6.1.3 Abstand Gerade – Ebene

a) Wenn g parallel zu E ist, müssen der Richtungsvektor der Geraden $\vec{u}$ und der Normalenvektor $\vec{n}$ der Ebene senkrecht aufeinander stehen:

$\vec{u}\cdot\vec{n}=0$: $\begin{pmatrix} 2 \\ -1 \\ 3 \end{pmatrix} \cdot \begin{pmatrix} 4 \\ -1 \\ -3 \end{pmatrix} = 8+1-9=0 \Rightarrow$ g ist parallel zu E bzw. g könnte in E liegen. Der Abstand d von g zu E ist der Abstand des «Stützpunktes» $A(1 \mid 2 \mid 3)$ von g zu E:

$$\mathrm{d}(g;\mathrm{E}) = \mathrm{d}(\mathrm{A};\mathrm{E}) = \frac{|4\cdot 1 - 1\cdot 2 - 3\cdot 3 - 19|}{\sqrt{4^2+(-1)^2+(-3)^2}} = \frac{|-26|}{\sqrt{26}} = \frac{26}{\sqrt{26}}$$

Der Abstand beträgt $\frac{26}{\sqrt{26}}$ LE.
Alternativ kann man auch das Lotfußpunktverfahren anwenden (siehe Abstand Punkt-Ebene).

b) Wenn g parallel zu E ist, müssen der Richtungsvektor der Geraden $\vec{u}$ und der Normalenvektor $\vec{n}$ der Ebene senkrecht aufeinander stehen:

$\vec{u}\cdot\vec{n}=0$: $\begin{pmatrix} -2 \\ 1 \\ -1 \end{pmatrix} \cdot \begin{pmatrix} 2 \\ 1 \\ -3 \end{pmatrix} = -4+1+3=0 \Rightarrow$ g ist parallel zu E bzw. g könnte in E liegen. Der Abstand d von g zu E ist der Abstand des «Stützpunktes» $A(1 \mid 8 \mid 1)$ von g zu E:

$$\mathrm{d}(g;\mathrm{E}) = \mathrm{d}(\mathrm{A};\mathrm{E}) = \frac{|2\cdot 1 + 8 - 3\cdot 1 - 14|}{\sqrt{2^2+1^2+(-3)^2}} = \frac{|-7|}{\sqrt{14}} = \frac{7}{\sqrt{14}}$$

Der Abstand beträgt $\frac{7}{\sqrt{14}}$ LE.
Alternativ kann man auch das Lotfußpunktverfahren anwenden (siehe Abstand Punkt-Ebene).

6.1.4 Abstand paralleler Ebenen

a) Wenn die Ebenen parallel zueinander liegen, müssen die beiden Normalenvektoren ein Vielfaches voneinander (linear abhängig) sein. Es ist $\vec{n}_1 = (-1)\cdot\vec{n}_2$, damit ist bewiesen, dass die Ebenen parallel liegen (bzw. identisch sein können). Man bestimmt einen Punkt $P(p_1 \mid p_2 \mid p_3)$ von E_2 und berechnet den Abstand des Punktes zu E_1. Es werden z.B. p_1 und p_2 gleich Null gesetzt: $-2\cdot 0 + 3\cdot 0 - 1\cdot p_3 = -7 \Rightarrow p_3 = 7$. Damit ist $P(0 \mid 0 \mid 7)$ ein Punkt von E_2. Setzt man P und die Ebene E_1 in die Abstandsformel ein, ergibt sich:

$$\mathrm{d}(\mathrm{E}_1;\mathrm{E}_2) = \mathrm{d}(\mathrm{P};\mathrm{E}_1) = \frac{|2\cdot 0 - 3\cdot 0 + 7 - 4|}{\sqrt{2^2+(-3)^2+1^2}} = \frac{3}{\sqrt{14}}\ \mathrm{LE}$$

Alternativ kann man auch das Lotfußpunktverfahren anwenden (siehe Abstand Punkt-Ebene).

b) Die Normalenvektoren $\vec{n}_E = \begin{pmatrix} -1 \\ 1 \\ 2 \end{pmatrix}$ und $\vec{n}_F = \begin{pmatrix} 2 \\ -2 \\ -4 \end{pmatrix}$ sind ein Vielfaches voneinander: $\vec{n}_F = -2 \cdot \vec{n}_E$, also sind die beiden Ebenen parallel oder identisch. Setzt man den Punkt $A(5 \mid 2 \mid -1)$ von F und die Ebene E in die Abstandsformel ein, ergibt sich:

$$d(E;F) = d(A;E) = \frac{|-1 \cdot 5 + 2 + 2 \cdot (-1) - 0|}{\sqrt{(-1)^2 + 1^2 + 2^2}} = \frac{|-5|}{\sqrt{6}} = \frac{5}{\sqrt{6}}\ \text{LE}$$

Alternativ kann man auch das Lotfußpunktverfahren anwenden (siehe Abstand Punkt-Ebene).

6.2 Winkelberechnungen

6.2.1 Winkel zwischen Vektoren und zwischen Geraden

Zuerst stellt man die Verbindungsvektoren auf. Anschließend setzt man in die Formel für den Winkel ein. Dabei lässt sich ohne Taschenrechner teilweise nur der Kosinuswert des Winkels bestimmen.

a)

$$\cos(\beta) = \frac{\overrightarrow{BA} \cdot \overrightarrow{BC}}{|\overrightarrow{BA}| \cdot |\overrightarrow{BC}|} = \frac{\begin{pmatrix} 2 \\ -4 \\ 4 \end{pmatrix} \cdot \begin{pmatrix} -4 \\ 2 \\ 4 \end{pmatrix}}{\sqrt{2^2 + (-4)^2 + 4^2} \cdot \sqrt{(-4)^2 + 2^2 + 4^2}} = 0 \Rightarrow \beta = 90^\circ$$

$$\cos(\gamma) = \frac{\overrightarrow{CA} \cdot \overrightarrow{CB}}{|\overrightarrow{CA}| \cdot |\overrightarrow{CB}|} = \frac{\begin{pmatrix} 6 \\ -6 \\ 0 \end{pmatrix} \cdot \begin{pmatrix} 4 \\ -2 \\ -4 \end{pmatrix}}{\sqrt{72} \cdot 6} = \frac{36}{\sqrt{72} \cdot 6} = \frac{6}{\sqrt{72}} = \frac{6}{\sqrt{36} \cdot \sqrt{2}} = \frac{6}{6 \cdot \sqrt{2}} = \frac{1}{\sqrt{2}}$$

$$\cos(\alpha) = \frac{\overrightarrow{AB} \cdot \overrightarrow{AC}}{|\overrightarrow{AB}| \cdot |\overrightarrow{AC}|} = \frac{\begin{pmatrix} -2 \\ 4 \\ -4 \end{pmatrix} \cdot \begin{pmatrix} -6 \\ 6 \\ 0 \end{pmatrix}}{6 \cdot \sqrt{72}} = \frac{36}{6 \cdot \sqrt{72}} = \frac{6}{\sqrt{72}} = \frac{1}{\sqrt{2}}$$

Da $\cos(\alpha) = \cos(\gamma)$ ist, bedeutet dies im Dreieck, dass auch die Winkel gleich sein müssen. Da $\beta = 90^\circ$ ist, sind $\alpha = 45^\circ$ und $\gamma = 45^\circ$.

b) I) Durch die Aufgabenstellung ist vorausgesetzt, dass sich die beiden Geraden tatsächlich schneiden, dies hätte sonst geprüft werden müssen. Der Winkel zwischen den beiden Geraden wird berechnet, indem man den Winkel zwischen den Richtungsvektoren berechnet:

$$\cos(\varphi) = \frac{\left|\begin{pmatrix} -1 \\ 3 \\ 5 \end{pmatrix} \cdot \begin{pmatrix} 7 \\ -1 \\ 2 \end{pmatrix}\right|}{\sqrt{35} \cdot \sqrt{54}} = \frac{|-7 - 3 + 10|}{\sqrt{35} \cdot \sqrt{54}} = \frac{|0|}{\sqrt{35} \cdot \sqrt{54}} = 0 \Rightarrow \varphi = 90^\circ$$

II) Auch hier wird der Winkel φ zwischen den Richtungsvektoren bestimmt; man erhält folgenden Rechenausdruck:

$$\cos(\varphi) = \frac{\left|\begin{pmatrix} 2 \\ -6 \\ 10 \end{pmatrix} \cdot \begin{pmatrix} 2 \\ 3 \\ 5 \end{pmatrix}\right|}{\sqrt{140} \cdot \sqrt{38}} = \frac{|4-18+50|}{\sqrt{140} \cdot \sqrt{38}} = \frac{36}{\sqrt{140} \cdot \sqrt{38}} \Rightarrow \varphi \approx 60{,}42^\circ$$

6.2.2 Winkel zwischen Ebenen

a) Der Winkel zwischen zwei Ebenen wird berechnet, indem man den Winkel zwischen den Normalenvektoren berechnet. Man erhält folgenden Rechenausdruck:

$$\cos(\varphi) = \frac{\left|\begin{pmatrix} 1 \\ -1 \\ 2 \end{pmatrix} \cdot \begin{pmatrix} 6 \\ 1 \\ -1 \end{pmatrix}\right|}{\sqrt{1^2+(-1)^2+2^2} \cdot \sqrt{6^2+1^2+(-1)^2}} = \frac{|6-1-2|}{\sqrt{6} \cdot \sqrt{38}} = \frac{3}{\sqrt{6} \cdot \sqrt{38}} \Rightarrow \varphi \approx 78{,}54^\circ$$

b) Auch hier wird der Winkel zwischen den Normalenvektoren bestimmt:

$$\cos(\varphi) = \frac{\left|\begin{pmatrix} 0 \\ 4 \\ 0 \end{pmatrix} \cdot \begin{pmatrix} 6 \\ 0 \\ 5 \end{pmatrix}\right|}{4 \cdot \sqrt{6^2+5^2}} = \frac{0}{4 \cdot \sqrt{61}} = 0 \Rightarrow \varphi = 90^\circ$$

6.2.3 Winkel zwischen Gerade und Ebene

a) Der Winkel zwischen einer Geraden und einer Ebene wird berechnet, indem man den Winkel zwischen dem Richtungsvektor der Geraden und dem Normalenvektor der Ebene berechnet. Dabei wird im Unterschied zum Winkel zwischen zwei Geraden oder zwischen zwei Ebenen der *Sinus* des Winkels bestimmt:

$$\sin(\varphi) = \frac{\left|\begin{pmatrix} 1 \\ 2 \\ -1 \end{pmatrix} \cdot \begin{pmatrix} 3 \\ 5 \\ -2 \end{pmatrix}\right|}{\sqrt{6} \cdot \sqrt{38}} = \frac{|3+10+2|}{\sqrt{6} \cdot \sqrt{38}} = \frac{15}{\sqrt{6} \cdot \sqrt{38}} \Rightarrow \varphi \approx 83{,}41^\circ$$

b) Es ist:

$$\sin(\varphi) = \frac{\left|\begin{pmatrix} 0 \\ 1 \\ 0 \end{pmatrix} \cdot \begin{pmatrix} 6 \\ 10 \\ -4 \end{pmatrix}\right|}{\sqrt{1} \cdot \sqrt{152}} = \frac{|0+10+0|}{\sqrt{152}} = \frac{10}{\sqrt{4 \cdot 38}} = \frac{10}{\sqrt{4} \cdot \sqrt{38}} = \frac{5}{\sqrt{38}} \Rightarrow \varphi \approx 54{,}20^\circ$$

c) Es ist:

$$\sin(\varphi) = \frac{\left|\begin{pmatrix} 1 \\ 2 \\ 3 \end{pmatrix} \cdot \begin{pmatrix} 0 \\ 0 \\ 1 \end{pmatrix}\right|}{\sqrt{14} \cdot 1} = \frac{3}{\sqrt{14}} \Rightarrow \varphi \approx 53{,}30^\circ$$

6.3 Spiegelungen

Alle Spiegelpunkte sind im Folgenden mit einem Sternchen * versehen.

6.3.1 Punkt an Punkt

Um den Punkt P an Q zu spiegeln, wird der Vektor $\overrightarrow{PQ}$ an den Ortsvektor von Q einmal angehängt. (Alternativ kann man auch an den Ortsvektor von P den Vektor $\overrightarrow{PQ}$ zweimal anhängen). Damit ist:

a) $\overrightarrow{OP^*} = \overrightarrow{OQ} + \overrightarrow{PQ} = \begin{pmatrix} 2 \\ 1 \\ 2 \end{pmatrix} + \begin{pmatrix} -1 \\ -3 \\ -3 \end{pmatrix} = \begin{pmatrix} 1 \\ -2 \\ -1 \end{pmatrix}$, also ist $P^*\,(1 \mid -2 \mid -1)$.

b) $\overrightarrow{OP^*} = \overrightarrow{OR} + \overrightarrow{PR} = \begin{pmatrix} 0 \\ 3 \\ -2 \end{pmatrix} + \begin{pmatrix} -3 \\ -1 \\ -7 \end{pmatrix} = \begin{pmatrix} -3 \\ 2 \\ -9 \end{pmatrix}$, also ist $P^*\,(-3 \mid 2 \mid -9)$.

c) $\overrightarrow{OP^*} = \overrightarrow{OS} + \overrightarrow{PS} = \begin{pmatrix} -3 \\ 1 \\ 4 \end{pmatrix} + \begin{pmatrix} -6 \\ -3 \\ -1 \end{pmatrix} = \begin{pmatrix} -9 \\ -2 \\ 3 \end{pmatrix}$, also ist $P^*\,(-9 \mid -2 \mid 3)$.

6.3.2 Punkt an Ebene

Um einen Punkt P an einer Ebene zu spiegeln, braucht man zuerst den sog. Lotfußpunkt L, das ist der Punkt der Ebene, der den kürzesten Abstand zu P besitzt (es wird «das Lot von P auf die Ebene gefällt»). An diesem Punkt wird P gespiegelt. L bestimmt man, indem man eine Lotgerade durch den Punkt P aufstellt und als Richtungsvektor den Normalenvektor $\vec{n}$ der Ebene benutzt.

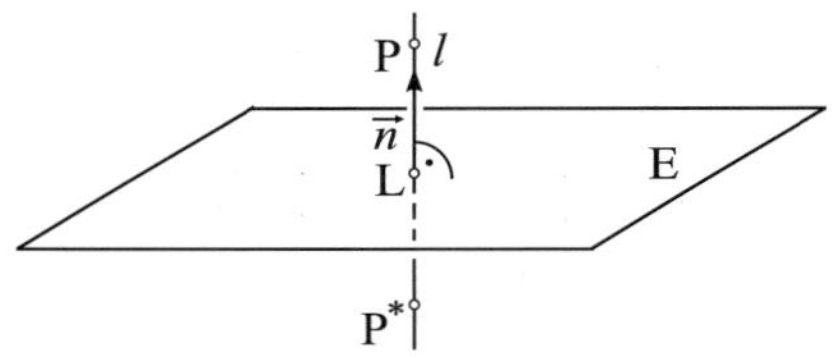

a) Die Lotgerade l hat die Gleichung $l:\ \vec{x} = \begin{pmatrix} 1 \\ 4 \\ 7 \end{pmatrix} + s \cdot \begin{pmatrix} 1 \\ -1 \\ -2 \end{pmatrix}$. Schneidet man l mit

$E:\ x_1 - x_2 - 2x_3 + 11 = 0$, ergibt sich:

$$1 + s - (4 - s) - 2(7 - 2s) + 11 = 0 \Rightarrow\ 6s = 6 \Rightarrow\ s = 1$$

Setzt man $s = 1$ in l ein, ergibt sich der Lotfußpunkt $L\,(2 \mid 3 \mid 5)$. Nun wird A an L gespiegelt: $\overrightarrow{OA^*} = \overrightarrow{OL} + \overrightarrow{AL}$, damit ist $A^*\,(3 \mid 2 \mid 3)$.

b) Die Lotgerade l hat die Gleichung $l:\ \vec{x} = \begin{pmatrix} -1 \\ -4 \\ -9 \end{pmatrix} + t \cdot \begin{pmatrix} 2 \\ -2 \\ 1 \end{pmatrix}$. Schneidet man l mit

$E:\ 2x_1 - 2x_2 + x_3 = 6$, ergibt sich:

$$2 \cdot (-1 + 2t) - 2 \cdot (-4 - 2t) + (-9 + t) = 6 \Rightarrow\ t = 1$$

Setzt man $t = 1$ in l ein, ergibt sich der Lotfußpunkt L$(1 \mid -6 \mid -8)$. Nun wird S an L gespiegelt: $\overrightarrow{OS^*} = \overrightarrow{OL} + \overrightarrow{SL}$, damit ist $S^*(3 \mid -8 \mid -7)$.

c) Die Lotgerade l hat die Gleichung $l:\ \vec{x} = \begin{pmatrix} 2 \\ 3 \\ 4 \end{pmatrix} + r \cdot \begin{pmatrix} 4 \\ 1 \\ -1 \end{pmatrix}$. Schneidet man l mit E: $4x_1 + x_2 - x_3 = 3$, ergibt sich:

$$4 \cdot (2+4r) + 3 + r - (4-r) = 3 \Rightarrow r = -\frac{2}{9}$$

Setzt man $r = -\frac{2}{9}$ in l ein, ergibt sich der Lotfußpunkt L$\left(\frac{10}{9} \mid \frac{25}{9} \mid \frac{38}{9}\right)$. Nun wird P an L gespiegelt: $\overrightarrow{OP^*} = \overrightarrow{OL} + \overrightarrow{PL}$, damit ist $P^*\left(\frac{2}{9} \mid \frac{23}{9} \mid \frac{40}{9}\right)$.

6.3.3 Gerade an Ebene

Um eine Gerade an einer Ebene zu spiegeln, prüft man zuerst mithilfe des Skalarprodukts, ob die Gerade die Ebene schneidet oder ob die Gerade und die Ebene parallel sind; gegebenenfalls wird der Schnittpunkt berechnet. Mithilfe einer Lotgeraden und einer Vektorkette wird der Stützpunkt der Geraden an der Ebene gespiegelt. Schließlich wird der Richtungsvektor der Spiegelgeraden bestimmt.

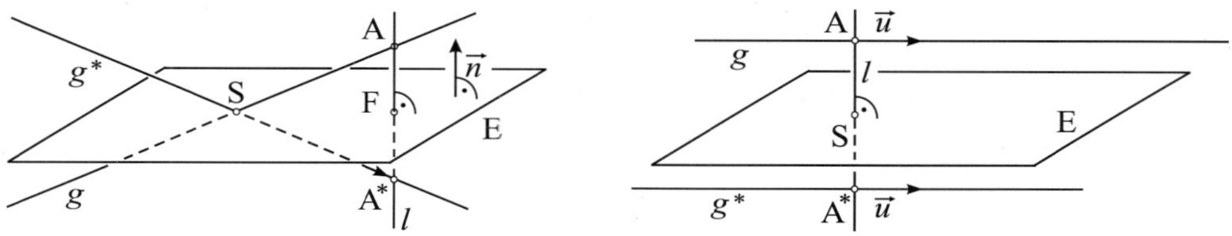

a) Die Gerade $g:\ \vec{x} = \begin{pmatrix} 6 \\ 2 \\ 0 \end{pmatrix} + t \cdot \begin{pmatrix} 3 \\ 1 \\ 5 \end{pmatrix}$ und die Ebene E: $x_1 - x_2 = 0$ schneiden sich, da das Skalarprodukt des Richtungsvektors der Geraden mit dem Normalenvektor der Ebene nicht Null ergibt:

$$\begin{pmatrix} 3 \\ 1 \\ 5 \end{pmatrix} \cdot \begin{pmatrix} 1 \\ -1 \\ 0 \end{pmatrix} = 3 \cdot 1 + 1 \cdot (-1) + 5 \cdot 0 = 2 \neq 0$$

Den Schnittpunkt S von g und E erhält man, indem man den «allgemeinen Punkt» $P_t(6+3t \mid 2+t \mid 5t)$ von g in E einsetzt:

$$6 + 3t - (2+t) = 0 \Rightarrow t = -2 \Rightarrow S(0 \mid 0 \mid -10)$$

Die Lotgerade l durch den Stützpunkt A$(6 \mid 2 \mid 0)$ von g hat die Gleichung:

$$l:\ \vec{x} = \begin{pmatrix} 6 \\ 2 \\ 0 \end{pmatrix} + s \cdot \begin{pmatrix} 1 \\ -1 \\ 0 \end{pmatrix}$$

Schneidet man l mit E, erhält man den Lotfußpunkt L:

$$6+s-(2-s)=0 \Rightarrow s=-2 \Rightarrow \mathrm{L}(4\mid 4\mid 0)$$

Nun wird A an L gespiegelt:

$$\overrightarrow{\mathrm{OA}^*}=\overrightarrow{\mathrm{OL}}+\overrightarrow{\mathrm{AL}}=\begin{pmatrix}4\\4\\0\end{pmatrix}+\begin{pmatrix}-2\\2\\0\end{pmatrix}=\begin{pmatrix}2\\6\\0\end{pmatrix} \Rightarrow \mathrm{A}^*(2\mid 6\mid 0)$$

Der Stützpunkt der Spiegelgeraden g^* ist beispielsweise S, der Richtungsvektor von g^* ist der Verbindungsvektor von S zu A^*. Damit ergibt sich:

$$g^*: \vec{x}=\begin{pmatrix}0\\0\\-10\end{pmatrix}+r\cdot\begin{pmatrix}2\\6\\10\end{pmatrix}$$

b) Die Gerade $g:\ \vec{x}=\begin{pmatrix}4\\9\\5\end{pmatrix}+t\cdot\begin{pmatrix}4\\-1\\-1\end{pmatrix}$ und die Ebene $\mathrm{E}: x_1+2x_2+2x_3=5$ sind parallel, da das Skalarprodukt des Richtungsvektors der Geraden mit dem Normalenvektor der Ebene Null ergibt:

$$\begin{pmatrix}4\\-1\\-1\end{pmatrix}\cdot\begin{pmatrix}1\\2\\2\end{pmatrix}=4\cdot 1+(-1)\cdot 2+(-1)\cdot 2=0$$

Die Lotgerade l durch den Stützpunkt $\mathrm{A}(4\mid 9\mid 5)$ von g hat die Gleichung:

$$l:\ \vec{x}=\begin{pmatrix}4\\9\\5\end{pmatrix}+s\cdot\begin{pmatrix}1\\2\\2\end{pmatrix}$$

Schneidet man l mit E, erhält man den Lotfußpunkt L:

$$4+s+2\cdot(9+2s)+2\cdot(5+2s)=5 \Rightarrow s=-3 \Rightarrow \mathrm{L}(1\mid 3\mid -1)$$

Nun wird A an L gespiegelt:

$$\overrightarrow{\mathrm{OA}^*}=\overrightarrow{\mathrm{OL}}+\overrightarrow{\mathrm{AL}}=\begin{pmatrix}1\\3\\-1\end{pmatrix}+\begin{pmatrix}-3\\-6\\-6\end{pmatrix}=\begin{pmatrix}-2\\-3\\-7\end{pmatrix} \Rightarrow \mathrm{A}^*(-2\mid -3\mid -7)$$

Der Stützpunkt der Spiegelgeraden g^* ist A^*, der Richtungsvektor von g^* ist der Richtungsvektor von g. Damit ergibt sich:

$$g^*: \vec{x}=\begin{pmatrix}-2\\-3\\-7\end{pmatrix}+r\cdot\begin{pmatrix}4\\-1\\-1\end{pmatrix}$$

6.4 Verständnis von Zusammenhängen

a) Mithilfe einer Skizze kann man die Problemstellung veranschaulichen:

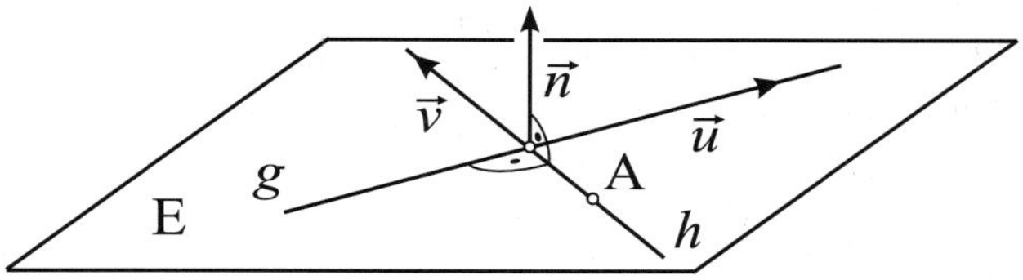

Als Stützpunkt der Geraden h kann man einen beliebigen Punkt A der Ebene E verwenden. Der Richtungsvektor $\vec{v}$ der Geraden h ist orthogonal zum Richtungsvektor $\vec{u}$ der Geraden g und orthogonal zum Normalenvektor $\vec{n}$ der Ebene E. Damit erhält man $\vec{v}$ mithilfe des Vektorprodukts: $\vec{v} = \vec{u} \times \vec{n}$.
Damit erhält man eine Gleichung von h: $\vec{x} = \vec{a} + t \cdot \vec{v}$.

b) Wegen $\vec{u} \cdot \vec{v} = 0$ stehen die beiden Vektoren $\vec{u}$ und $\vec{v}$ senkrecht aufeinander.
Wegen $|\vec{u}| = 1$ und $|\vec{v}| = 2$ ist der Vektor $\vec{v}$ doppelt so lang wie der Vektor $\vec{u}$.
Damit bilden alle Punkte X mit den Ortsvektoren $\vec{x} = r \cdot \vec{u} + s \cdot \vec{v}$ mit $0 \leqslant r, s \leqslant 1$ eine rechteckige Fläche:
Das Rechteck hat die Länge $a = |\vec{u}| = 1$ und die Breite $b = |\vec{v}| = 2$.
Damit gilt für den Flächeninhalt A des Rechtecks:

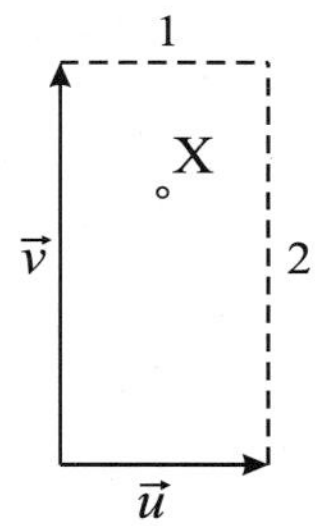

$$\text{A} = a \cdot b = 1 \cdot 2 = 2$$

Der Flächeninhalt der Figur beträgt 2 FE.

c) Zuerst spiegelt man den Stützpunkt A der Geraden g an der Ebene E:
Hierzu stellt man eine Lotgerade l auf, die den Punkt A enthält und orthogonal zu E ist.
Ein Normalenvektor $\vec{n}$ von E ist der Richtungsvektor von l. Damit hat l die Gleichung: $l\colon \vec{x} = \vec{a} + t \cdot \vec{n}$.

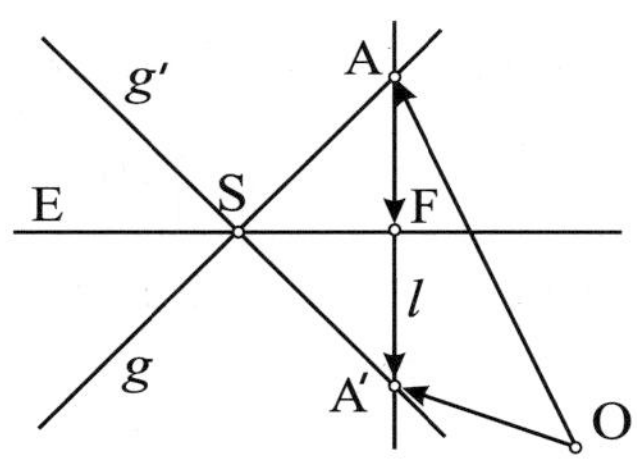

Schneidet man l und E, erhält man den Punkt F.
Den Spiegelpunkt A$'$ erhält man mithilfe einer Vektorkette: $\overrightarrow{\text{OA}'} = \overrightarrow{\text{OA}} + 2 \cdot \overrightarrow{\text{AF}}$
Anschließend stellt man mithilfe von S und A$'$ eine Geradengleichung der Spiegelgeraden g' auf:

$$g'\colon \vec{x} = \vec{s} + r \cdot \overrightarrow{\text{SA}'}$$

d) Die Situation veranschaulicht man am besten mithilfe einer Skizze:

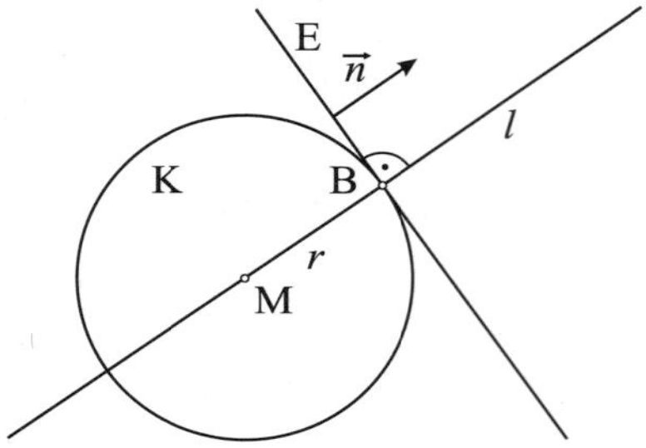

Den Kugelradius r erhält man, indem man den Abstand von $\mathrm{M}(m_1 \mid m_2 \mid m_3)$ zur Ebene $\mathrm{E}\colon ax_1 + bx_2 + cx_3 = d$ mithilfe der Abstandsformel bestimmt:

$$r = \frac{|a \cdot m_1 + b \cdot m_2 + c \cdot m_3 - d|}{\sqrt{a^2 + b^2 + c^2}}$$

Den Berührpunkt B erhält man, indem man eine Lotgerade l aufstellt, die durch den Punkt M geht und orthogonal zu E ist, d.h. man kann den Normalenvektor $\vec{n}$ der Ebene E als Richtungsvektor $\vec{r}_l$ von l wählen:

$$l\colon \vec{x} = \vec{m} + t \cdot \vec{n}$$

Anschließend schneidet man l und E. Der Schnittpunkt von l und E ist gleichzeitig der Berührpunkt B.
Alternativ kann man nun den Kugelradius r bestimmen, indem man den Abstand von $\mathrm{M}(m_1 \mid m_2 \mid m_3)$ zu $\mathrm{B}(b_1 \mid b_2 \mid b_3)$ berechnet:

$$r = \left|\overrightarrow{\mathrm{MB}}\right| = \sqrt{(b_1 - m_1)^2 + (b_2 - m_2)^2 + (b_3 - m_3)^2}$$

6.5 Flächen- und Volumenberechnungen

a) Es ist $\overrightarrow{\mathrm{AB}} = \begin{pmatrix} 2 \\ 1 \\ 2 \end{pmatrix}$ und $\overrightarrow{\mathrm{AD}} = \begin{pmatrix} -7 \\ -3 \\ 2 \end{pmatrix}$

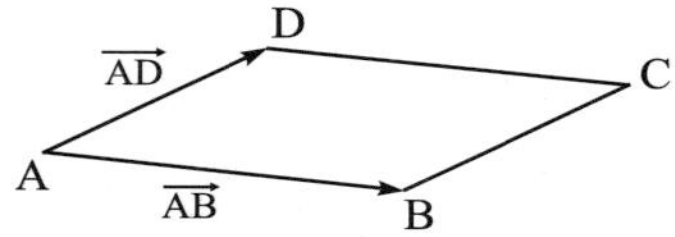

Für den Flächeninhalt A des Parallelogramms benötigt man das Vektorprodukt:

$$\overrightarrow{\mathrm{AB}} \times \overrightarrow{\mathrm{AD}} = \begin{pmatrix} 2 \\ 1 \\ 2 \end{pmatrix} \times \begin{pmatrix} -7 \\ -3 \\ 2 \end{pmatrix} = \begin{pmatrix} 8 \\ -18 \\ 1 \end{pmatrix}$$

Somit gilt für den Flächeninhalt:

$$\mathrm{A} = \left|\overrightarrow{\mathrm{AB}} \times \overrightarrow{\mathrm{AD}}\right| = \left|\begin{pmatrix} 8 \\ -18 \\ 1 \end{pmatrix}\right| = \sqrt{8^2 + (-18)^2 + 1^2} = \sqrt{389} \approx 19{,}72.$$

Der Flächeninhalt des Parallelogramms beträgt 19,72 FE.

b) Es ist $\overrightarrow{AB} = \begin{pmatrix} -2 \\ 3 \\ 4 \end{pmatrix}$ und $\overrightarrow{AC} = \begin{pmatrix} -3 \\ 1 \\ 5 \end{pmatrix}$

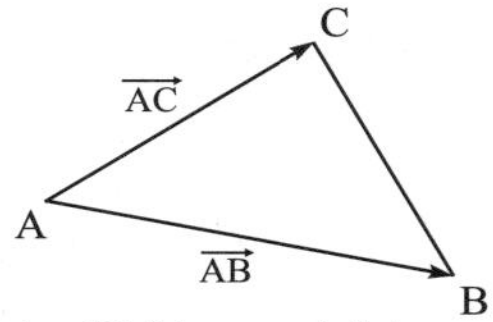

Für den Flächeninhalt des Dreiecks benötigt man das Vektorprodukt:

$$\overrightarrow{AB} \times \overrightarrow{AC} = \begin{pmatrix} -2 \\ 3 \\ 4 \end{pmatrix} \times \begin{pmatrix} -3 \\ 1 \\ 5 \end{pmatrix} = \begin{pmatrix} 11 \\ -2 \\ 7 \end{pmatrix}$$

Somit gilt für den Flächeninhalt:

$$A = \frac{1}{2} \cdot \left| \overrightarrow{AB} \times \overrightarrow{AC} \right| = \frac{1}{2} \cdot \left| \begin{pmatrix} 11 \\ -2 \\ 7 \end{pmatrix} \right| = \frac{1}{2} \cdot \sqrt{(11)^2 + (-2)^2 + 7^2} = \frac{1}{2} \cdot \sqrt{174} \approx 6,60$$

Der Flächeninhalt des Dreiecks beträgt 6,60 FE.

c) Die Spurpunkte der Ebene E mit $E: 2x_1 + 3x_2 + 4x_3 = 12$ sind $S_1(6 \mid 0 \mid 0)$, $S_2(0 \mid 4 \mid 0)$ und $S_3(0 \mid 0 \mid 3)$.

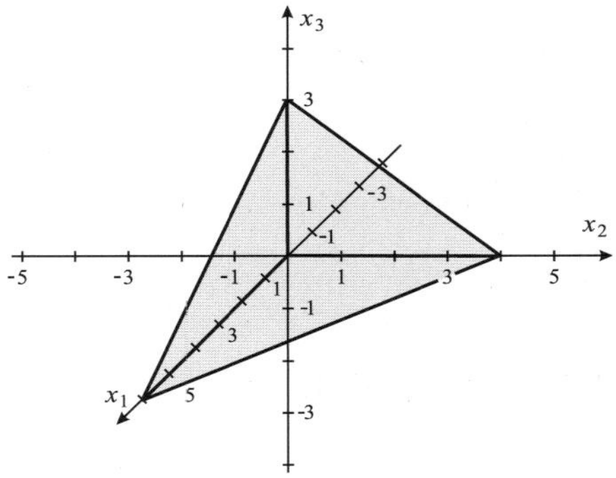

Das Volumen V der Pyramide, welche von den Spurpunkten und dem Ursprung gebildet wird, erhält man mit der Formel $V = \frac{1}{3} \cdot G \cdot h$. Die Grundfläche G wird vom Ursprung, S_1 und S_2 gebildet. Dies ist ein rechtwinkliges Dreieck mit den Kathetenlängen 6 und 4. Damit gilt:

$$G = \frac{6 \cdot 4}{2} = 12$$

Die Höhe h der Pyramide beträgt $h = 3$, da S_3 die Spitze der Pyramide ist und die x_3-Achse orthogonal zur Grundfläche steht.
Damit gilt:

$$V = \frac{1}{3} \cdot G \cdot h = \frac{1}{3} \cdot 12 \cdot 3 = 12$$

Das Volumen der Pyramide beträgt 12 VE.

d) Gegeben sind die Punkte $A(2 \mid 3 \mid 0)$, $B(1 \mid 2 \mid -2)$ und $C(3 \mid 1 \mid 2)$ sowie $S(1 \mid 3 \mid 5)$.
Für den Flächeninhalt G der Grundfläche ABC benötigt man das Vektorprodukt:

$$\overrightarrow{AB} \times \overrightarrow{AC} = \begin{pmatrix} -1 \\ -1 \\ -2 \end{pmatrix} \times \begin{pmatrix} 1 \\ -2 \\ 2 \end{pmatrix} = \begin{pmatrix} -6 \\ 0 \\ 3 \end{pmatrix}$$

Somit gilt für den Flächeninhalt:

$$G = \frac{1}{2} \cdot \left|\overrightarrow{AB} \times \overrightarrow{AC}\right| = \frac{1}{2} \cdot \left|\begin{pmatrix} -6 \\ 0 \\ 3 \end{pmatrix}\right| = \frac{1}{2} \cdot \sqrt{(-6)^2 + 0^2 + 3^2} = \frac{1}{2} \cdot \sqrt{36+9} = \frac{1}{2} \cdot \sqrt{45}$$

Das Volumen der Pyramide ABCS erhält man mit der Formel $V = \frac{1}{3} \cdot G \cdot h$.
Die Höhe h ist der Abstand des Punktes S zur Ebene E, in der die Punkte A, B und C liegen.
Eine Koordinatengleichung von E erhält man, indem man zuerst einen Normalenvektor $\vec{n}$ mithilfe des Vektorprodukts der Spannvektoren $\overrightarrow{AB}$ und $\overrightarrow{AC}$ bestimmt:

$$\overrightarrow{AB} \times \overrightarrow{AC} = \begin{pmatrix} -6 \\ 0 \\ 3 \end{pmatrix} = -3 \cdot \begin{pmatrix} 2 \\ 0 \\ -1 \end{pmatrix} \Rightarrow \vec{n} = \begin{pmatrix} 2 \\ 0 \\ -1 \end{pmatrix}$$

Die Ebene E hat damit die Koordinatenform $2x_1 - x_3 = d$.
Setzt man die Koordinaten von $A(2 \mid 3 \mid 0)$ in den Ansatz $2x_1 - x_3 = d$ ein, ergibt sich: $2 \cdot 2 - 0 = d \Rightarrow d = 4$.
Somit hat die Ebene E die Gleichung $E\colon 2x_1 - x_3 = 4$.
Den Abstand h des Punktes $S(1 \mid 3 \mid 5)$ zu E erhält man mit der Abstandsformel:

$$h = \frac{|2 \cdot 1 - 5 \cdot 1 - 4|}{\sqrt{2^2 + 0^2 + (-1)^2}} = \frac{|-7|}{\sqrt{5}} = \frac{7}{\sqrt{5}}$$

Damit erhält man das Volumen der Pyramide ABCS:

$$V = \frac{1}{3} \cdot G \cdot h = \frac{1}{3} \cdot \frac{1}{2} \cdot \sqrt{45} \cdot \frac{7}{\sqrt{5}} = \frac{1}{3} \cdot \frac{1}{2} \cdot \sqrt{\frac{45}{5}} \cdot 7 = \frac{1}{3} \cdot \frac{1}{2} \cdot \sqrt{9} \cdot 7 = \frac{1}{3} \cdot \frac{1}{2} \cdot 3 \cdot 7 = \frac{7}{2}$$

Das Volumen der Pyramide beträgt $\frac{7}{2}$ VE.

Stochastik

7 Wahrscheinlichkeitsrechnung

7.1 Baumdiagramme und Pfadregeln

7.1.1 Ziehen mit Zurücklegen

a)

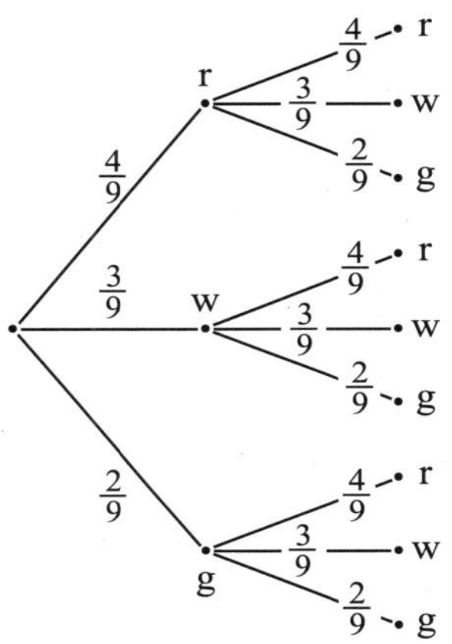

Da 4 rote, 3 weiße und 2 gelbe, also insgesamt 9 Kugeln in der Urne sind, betragen die Wahrscheinlichkeiten bei jedem Ziehen für rot (r), weiß (w) bzw. gelb (g): $\frac{4}{9}, \frac{3}{9}$ bzw. $\frac{2}{9}$.

Die Wahrscheinlichkeit für das Ereignis A, eine weiße und eine gelbe Kugel zu ziehen, erhält man mithilfe der 1. und 2. Pfadregel (Produkt- und Summenregel):

$$P(A) = P(wg) + P(gw) = \frac{3}{9} \cdot \frac{2}{9} + \frac{2}{9} \cdot \frac{3}{9} = \frac{4}{27}$$

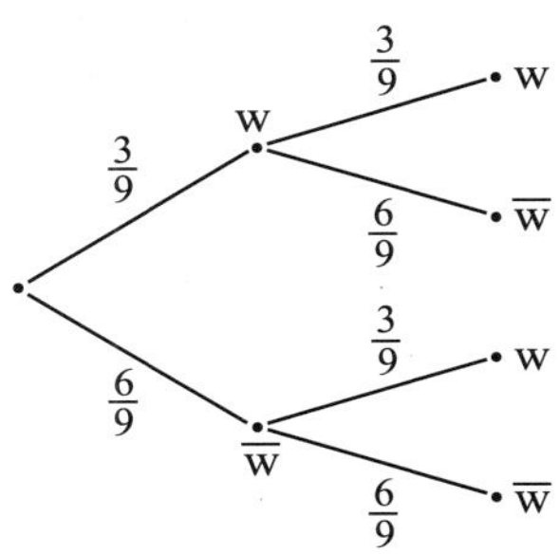

Da 3 weiße und 6 nicht weiße, also insgesamt 9 Kugeln in der Urne sind, beträgt die Wahrscheinlichkeit bei jedem Ziehen für weiß (w): $\frac{3}{9}$ und für nicht weiß ($\bar{w}$): $\frac{6}{9}$.

Die Wahrscheinlichkeit für das Ereignis B, keine weiße Kugel zu ziehen, erhält man mithilfe der 1. Pfadregel (Produktregel):

$$P(B) = P(\bar{w}\bar{w}) = \frac{6}{9} \cdot \frac{6}{9} = \frac{4}{9}$$

b) A:

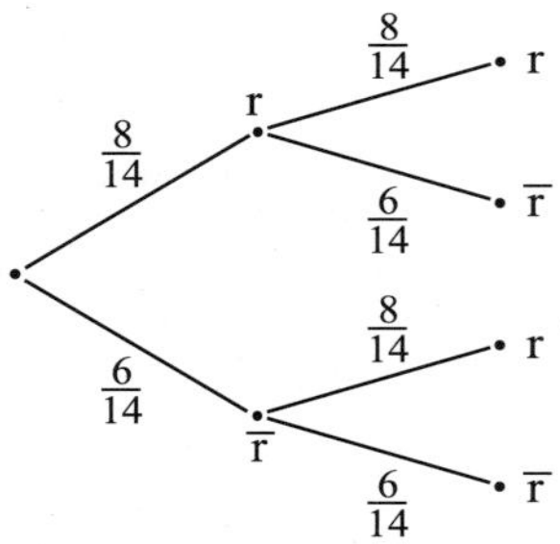

Da 8 rote und 6 nicht rote, also insgesamt 14 Kugeln in der Urne sind, beträgt die Wahrscheinlichkeit bei jedem Ziehen für rot (r): $\frac{8}{14}$ und für nicht rot ($\bar{r}$): $\frac{6}{14}$.
Die Wahrscheinlichkeit, keine rote Kugel zu ziehen, erhält man mithilfe der 1. Pfadregel (Produktregel):

$$P(\text{«keine rote Kugel»}) = P(\bar{r}\bar{r}) = \frac{6}{14} \cdot \frac{6}{14} = \frac{3}{7} \cdot \frac{3}{7} = \frac{9}{49}$$

B: Die Wahrscheinlichkeit, höchstens eine rote Kugel zu ziehen, erhält man mithilfe der 1. und 2. Pfadregel (Produkt- und Summenregel):

$$\begin{aligned} P(\text{«höchstens eine rote Kugel»}) &= P(\bar{r}\bar{r}) + P(\bar{r}r) + P(r\bar{r}) \\ &= \frac{6}{14} \cdot \frac{6}{14} + \frac{6}{14} \cdot \frac{8}{14} + \frac{8}{14} \cdot \frac{6}{14} \\ &= \frac{3}{7} \cdot \frac{3}{7} + \frac{3}{7} \cdot \frac{4}{7} + \frac{4}{7} \cdot \frac{3}{7} \\ &= \frac{9}{49} + \frac{12}{49} + \frac{12}{49} \\ &= \frac{33}{49} \end{aligned}$$

Alternativ kann man auch mit dem Gegenereignis rechnen:

$$\begin{aligned} P(\text{«höchstens eine rote Kugel»}) &= 1 - P(\text{«zwei rote Kugeln»}) \\ &= 1 - P(rr) \\ &= 1 - \frac{8}{14} \cdot \frac{8}{14} \\ &= 1 - \frac{4}{7} \cdot \frac{4}{7} \\ &= \frac{49}{49} - \frac{16}{49} \\ &= \frac{33}{49} \end{aligned}$$

c) I)

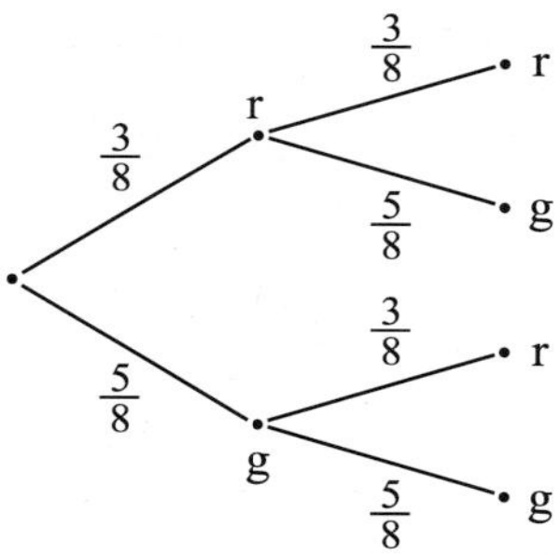

Da 3 rote und 5 gelbe, also insgesamt 8 Kugeln im Behälter sind, beträgt die Wahrscheinlichkeit bei jedem Ziehen für gelb (g): $\frac{5}{8}$ und für rot (r): $\frac{3}{8}$.
Die Wahrscheinlichkeit, mindestens eine gelbe Kugel zu ziehen, erhält man mithilfe der 1. und 2. Pfadregel (Produkt- und Summenregel):

$$\begin{aligned}
P(\text{«mindestens eine gelbe Kugel»}) &= P(rg) + P(gr) + P(gg) \\
&= \frac{3}{8} \cdot \frac{5}{8} + \frac{5}{8} \cdot \frac{3}{8} + \frac{5}{8} \cdot \frac{5}{8} \\
&= \frac{15}{64} + \frac{15}{64} + \frac{25}{64} \\
&= \frac{55}{64}
\end{aligned}$$

Alternativ kann man auch mit dem Gegenereignis rechnen:

$$\begin{aligned}
P(\text{«mindestens eine gelbe Kugel»}) &= 1 - P(\text{«keine gelbe Kugel»}) \\
&= 1 - P(rr) \\
&= 1 - \frac{3}{8} \cdot \frac{3}{8} \\
&= \frac{64}{64} - \frac{9}{64} \\
&= \frac{55}{64}
\end{aligned}$$

II)

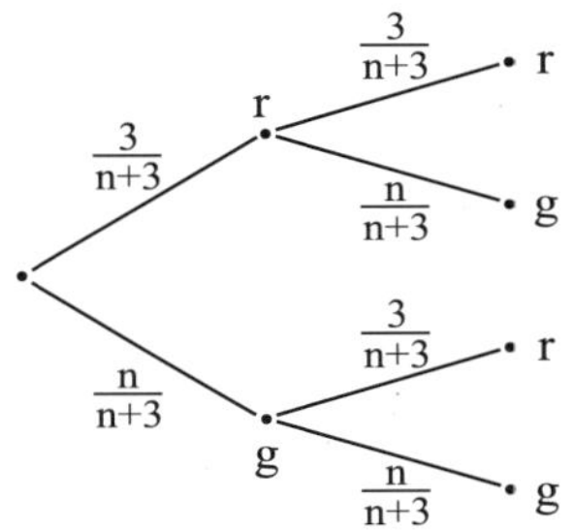

Wenn im Behälter 3 rote und eine unbekannte Anzahl (n) gelber Kugeln vorhanden sind, gibt es insgesamt $n + 3$ Kugeln. Damit beträgt die Wahrscheinlichkeit bei jedem Ziehen für gelb (g): $\frac{n}{n+3}$ und für rot (r): $\frac{3}{n+3}$.

d) I)

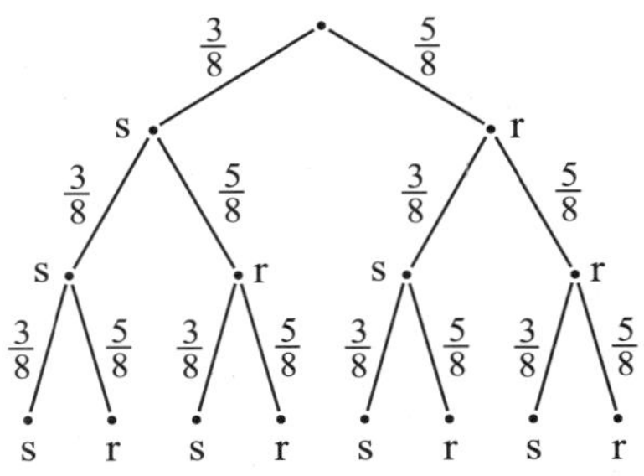

Zum Baumdiagramm passt z.B. folgende Situation:

In einer Urne befinden sich 5 rote und 3 schwarze Kugeln. Es werden drei Kugeln mit Zurücklegen gezogen, da die Wahrscheinlichkeiten beim 2. und beim 3. Zug gleich groß sind wie beim 1. Zug.

II) Die Wahrscheinlichkeit beträgt bei jedem Zug für rot (r): $\frac{5}{8}$ und für schwarz (s): $\frac{3}{8}$. Die Wahrscheinlichkeit, dass mindestens eine Kugel rot ist, erhält man am geschicktesten mithilfe des Gegenereignisses:

$$\begin{aligned} P(\text{«mindestens eine rote Kugel»}) &= 1 - P(\text{«keine rote Kugel»}) \\ &= 1 - P(\text{sss}) \\ &= 1 - \frac{3}{8} \cdot \frac{3}{8} \cdot \frac{3}{8} \\ &= \frac{512}{512} - \frac{27}{512} \\ &= \frac{485}{512} \end{aligned}$$

7.1.2 Ziehen ohne Zurücklegen

a)

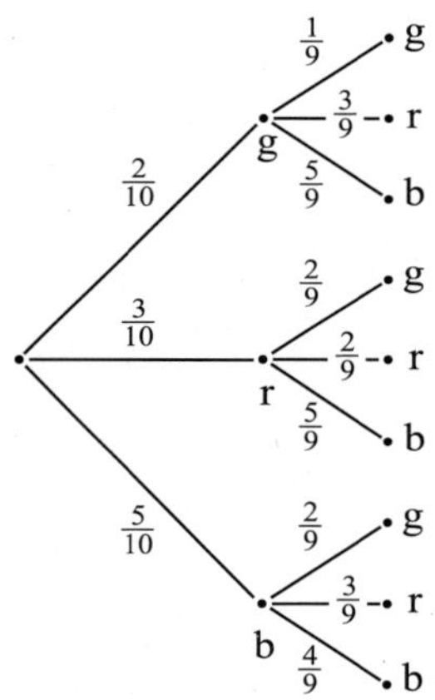

Da 2 grüne, 3 rote und 5 blaue, also insgesamt 10 Kugeln in der Urne sind, betragen die Wahrscheinlichkeiten beim 1. Ziehen für grün (g): $\frac{2}{10}$, für rot (r): $\frac{3}{10}$ und für blau (b): $\frac{5}{10}$.
Danach sind nur noch 9 Kugeln in der Urne und die Wahrscheinlichkeiten bei der 2. Ziehung hängen jeweils davon ab, welche Farbe beim 1. Mal gezogen wurde.

Die Wahrscheinlichkeit, dass eine grüne und eine rote Kugel gezogen wird, erhält man mithilfe der 1. und 2. Pfadregel (Produkt- und Summenregel):

$$\begin{aligned} P(A) &= P(\text{gr}) + P(\text{rg}) \\ &= \frac{2}{10} \cdot \frac{3}{9} + \frac{3}{10} \cdot \frac{2}{9} \\ &= \frac{12}{90} = \frac{2}{15} \end{aligned}$$

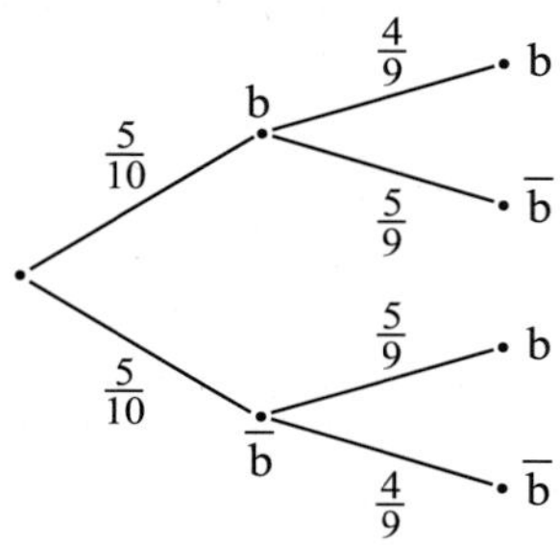

Da 5 blaue und 5 nicht blaue, also insgesamt 10 Kugeln in der Urne sind, betragen die Wahrscheinlichkeiten beim 1. Ziehen für blau (b): $\frac{5}{10}$ und für nicht blau ($\bar{b}$): $\frac{5}{10}$.
Danach sind nur noch 9 Kugeln in der Urne und die Wahrscheinlichkeiten bei der 2. Ziehung hängen jeweils davon ab, welche Farbe beim 1. Mal gezogen wurde.

Die Wahrscheinlichkeit für das Ereignis B, dass keine blaue Kugel gezogen wird, erhält man mithilfe der 1. Pfadregel (Produktregel):

$$P(B) = P(\bar{b}\bar{b}) = \frac{5}{10} \cdot \frac{4}{9} = \frac{20}{90} = \frac{2}{9}$$

b) I)

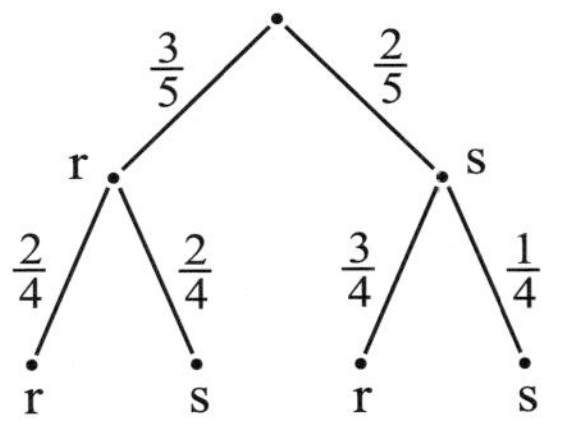

Zum Baumdiagramm passt z.B. folgende Situation:
In einer Urne befinden sich 3 rote und 2 schwarze Kugeln. Es werden zwei Kugeln ohne Zurücklegen gezogen, da die Wahrscheinlichkeiten beim 2. Zug anders sind als beim 1. Zug.

II) Die Wahrscheinlichkeit beträgt beim 1. Ziehen für rot (r): $\frac{3}{5}$ und für schwarz (s): $\frac{2}{5}$.
Danach sind nur noch 4 Kugeln in der Urne und die Wahrscheinlichkeiten bei der 2. Ziehung hängen jeweils davon ab, welche Farbe beim 1. Mal gezogen wurde.
Die Wahrscheinlichkeit, dass beide Kugeln gleichfarbig sind, erhält man mithilfe der 1. und 2. Pfadregel (Produkt- und Summenregel):

$$\begin{aligned} P(\text{«beide Kugeln gleichfarbig»}) &= P(rr) + P(ss) \\ &= \frac{3}{5} \cdot \frac{2}{4} + \frac{2}{5} \cdot \frac{1}{4} \\ &= \frac{6}{20} + \frac{2}{20} = \frac{8}{20} \\ &= \frac{2}{5} \end{aligned}$$

c) Das gleichzeitige Ziehen von Kugeln entspricht einem Ziehen ohne Zurücklegen.
Da 7 weiße, 5 schwarze und 3 rote, also insgesamt 15 Kugeln in der Urne sind, betragen die Wahrscheinlichkeiten beim 1. Ziehen für weiß (w): $\frac{7}{15}$, für schwarz (s): $\frac{5}{15}$ und für rot (r): $\frac{3}{15}$.
Danach sind nur noch 14 Kugeln in der Urne und die Wahrscheinlichkeiten bei der 2. Ziehung hängen jeweils davon ab, welche Farbe beim 1. Mal gezogen wurde. Schließlich sind nur noch 13 Kugeln in der Urne.

Die Wahrscheinlichkeit für das Ereignis A, dass eine weiße und zwei schwarze Kugeln gezogen werden, erhält man mithilfe der 1. und 2. Pfadregel (Produkt- und Summenregel):

$$\begin{aligned} P(A) &= P(wss) + P(sws) + P(ssw) \\ &= \frac{7}{15} \cdot \frac{5}{14} \cdot \frac{4}{13} + \frac{5}{15} \cdot \frac{7}{14} \cdot \frac{4}{13} + \frac{5}{15} \cdot \frac{4}{14} \cdot \frac{7}{13} \\ &= 3 \cdot \frac{7}{15} \cdot \frac{5}{14} \cdot \frac{4}{13} \\ &= \frac{2}{13} \end{aligned}$$

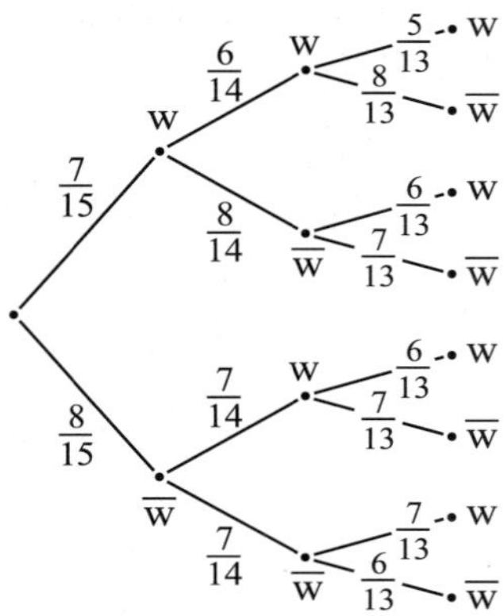

Da 7 weiße und 8 nicht weiße, also insgesamt 15 Kugeln in der Urne sind, betragen die Wahrscheinlichkeiten beim 1. Ziehen für weiß (w): $\frac{7}{15}$ und für nicht weiß $\bar{w}$: $\frac{8}{15}$.

Danach sind nur noch 14 Kugeln in der Urne und die Wahrscheinlichkeiten bei der 2. Ziehung hängen jeweils davon ab, welche Farbe beim 1. Mal gezogen wurde. Schließlich sind nur noch 13 Kugeln in der Urne.

Die Wahrscheinlichkeit für das Ereignis B, dass mindestens eine weiße Kugel gezogen wird, erhält man am geschicktesten mithilfe des Gegenereignisses:

$$\begin{aligned} P(B) &= 1 - P\left(\overline{B}\right) \\ &= 1 - P(\bar{w}\bar{w}\bar{w}) \\ &= 1 - \frac{8}{15} \cdot \frac{7}{14} \cdot \frac{6}{13} \\ &= 1 - \frac{8}{65} = \frac{57}{65} \end{aligned}$$

d) I)

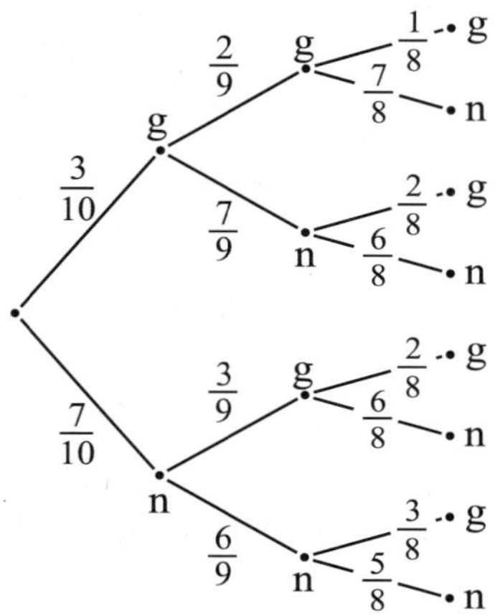

Da 3 Gewinne und 7 Nieten, also insgesamt 10 Lose in der Lostrommel sind, betragen die Wahrscheinlichkeiten beim 1. Ziehen für Gewinn (g): $\frac{3}{10}$ und für Niete (n): $\frac{7}{10}$.

Danach sind nur noch 9 Lose in der Trommel und die Wahrscheinlichkeiten bei der 2. und 3. Ziehung hängen jeweils davon ab, ob ein Gewinn oder eine Niete beim 1. bzw. 2. Mal gezogen wurde.

Die Wahrscheinlichkeit, dass genau zwei Gewinne gezogen werden, erhält man mithilfe der 1. und 2. Pfadregel (Produkt- und Summenregel):

$$\begin{aligned} P(\text{«genau zwei Gewinne»}) &= P(ggn) + P(gng) + P(ngg) \\ &= \frac{3}{10}\cdot\frac{2}{9}\cdot\frac{7}{8} + \frac{3}{10}\cdot\frac{7}{9}\cdot\frac{2}{8} + \frac{7}{10}\cdot\frac{3}{9}\cdot\frac{2}{8} \\ &= 3\cdot\frac{3}{10}\cdot\frac{2}{9}\cdot\frac{7}{8} \\ &= \frac{7}{40} \end{aligned}$$

II) Die Wahrscheinlichkeit, dass der Gewinn erst beim dritten Zug gezogen wird, erhält man mithilfe der 1. Pfadregel (Produktregel):

$$P(\text{«Gewinn beim dritten Zug»}) = P(nng) = \frac{7}{10}\cdot\frac{6}{9}\cdot\frac{3}{8} = \frac{7}{40}$$

7.2 Vierfeldertafel

7.2.1 Unabhängigkeit von Ereignissen

a) I)

	A	$\overline{A}$	
B	0,32	0,08	0,4
$\overline{B}$	0,48	0,12	0,6
	0,8	0,2	1

II)

	A	$\overline{A}$	
B	$\frac{3}{5}$	$\frac{1}{15}$	$\frac{2}{3}$
$\overline{B}$	$\frac{3}{10}$	$\frac{1}{30}$	$\frac{1}{3}$
	$\frac{9}{10}$	$\frac{1}{10}$	1

III)

	A	$\overline{A}$	
B	$\frac{1}{20}$	$\frac{1}{5}$	$\frac{1}{4}$
$\overline{B}$	$\frac{3}{20}$	$\frac{3}{5}$	$\frac{3}{4}$
	$\frac{1}{5}$	$\frac{4}{5}$	1

b) Es ist: $P(m) = \frac{90}{200} = 0,45$; $P(R) = \frac{80}{200} = 0,4$; $P(m \cap R) = \frac{36}{200} = 0,18$.
Wegen $P(m)\cdot P(R) = 0,45\cdot 0,4 = 0,18 = P(m\cap R)$ gilt der spezielle Multiplikationssatz und die Ereignisse sind unabhängig.
Alternativer Lösungsweg:
Man prüft nach, ob der Anteil an Rauchern unter allen Befragten genau so groß ist wie der Anteil an Rauchern unter den Männern.
Anteil der Raucher unter allen Befragten: $\frac{80}{200} = \frac{2}{5} = 0,4$.
Anteil der Raucher unter den Männern: $\frac{36}{90} = \frac{2}{5} = 0,4$.
Die Werte stimmen überein, also sind Geschlecht und Rauchverhalten unabhängig voneinander.

c) Es ergeben sich folgende ergänzte Tafeln:

I)

	A	$\overline{A}$	
B	0,3	0,1	0,4
$\overline{B}$	0,5	0,1	0,6
	0,8	0,2	1

II)

	A	$\overline{A}$	
B	$\frac{1}{8}$	$\frac{1}{2}$	$\frac{5}{8}$
$\overline{B}$	$\frac{1}{4}$	$\frac{1}{8}$	$\frac{3}{8}$
	$\frac{3}{8}$	$\frac{5}{8}$	1

I) Wegen $P(A) \cdot P(B) = 0,8 \cdot 0,4 = 0,32 \neq 0,3 = P(A \cap B)$ sind A und B nicht unabhängig.

II) Wegen $P(A) \cdot P(B) = \frac{3}{8} \cdot \frac{5}{8} = \frac{15}{64} \neq \frac{1}{8} = P(A \cap B)$ sind A und B nicht unabhängig.

d)

	F	$\overline{F}$	
S	0,4	0,2	0,6
$\overline{S}$	0,3	0,1	0,4
	0,7	0,3	1

Es sind:
F: mag Fußball
S: mag Schwimmen
$\overline{F}$: mag Fußball nicht
$\overline{S}$: mag Schwimmen nicht

Gegeben sind $P(F) = 0,7$ und $P(S) = 0,6$ sowie $P(\overline{F} \cap \overline{S}) = 0,1$, da sich 10 % der Schüler für keine der beiden Sportarten begeistern.
Aus der Vierfeldertafel ergibt sich: $P(F \cap S) = 0,4$.
Somit begeistern sich 40 % der Schüler für beide Sportarten.

7.2.2 Bedingte Wahrscheinlichkeit

a) Es ist a: über 40 Jahre, j: bis 40 Jahre und L: Leserin.
Aus den Angaben lassen sich folgende Wahrscheinlichkeiten bestimmen:
$P(a) = \frac{60}{100} = 0,6$.
$P(L) = \frac{40}{100} = 0,4$.
$P(a \cap L) = \frac{25}{100} = 0,25$.
$P_L(a) = \frac{25}{40}$ (für die Vierfeldertafel nicht nötig).

Die ersten drei Wahrscheinlichkeiten werden in eine Vierfeldertafel eingesetzt und diese wird vervollständigt.

	L	$\overline{L}$	
a	0,25	0,35	0,6
j	0,15	0,25	0,4
	0,4	0,6	1

I) Den Anteil der Leserinnen unter den über 40-jährigen erhält man mit Hilfe der bedingten Wahrscheinlichkeit:

$$P_a(L) = \frac{P(L \cap a)}{P(a)} = \frac{0,25}{0,6} = \frac{25}{60} = \frac{5}{12}$$

II) Den Anteil der Nicht-Leserinnen unter den jüngeren Befragten (bis 40 Jahre) erhält man mit Hilfe der bedingten Wahrscheinlichkeit:

$$P_j\left(\overline{L}\right) = \frac{P\left(\overline{L} \cap j\right)}{P(j)} = \frac{0,25}{0,4} = \frac{25}{40} = \frac{5}{8}$$

b) Es ist k: krank, g: gesund, «+»: positiv getestet, «−»: negativ getestet.

Aus den Angaben lassen sich folgende Wahrscheinlichkeiten bestimmen:
$P(k) = 0{,}2$; $P_k(+) = 0,95$; $P_g(-) = 0,9$.
Damit ist:
$P(g)=1-P(k) = 0,8$.
$P(k \cap +) = P(k) \cdot P_k(+) = 0,2 \cdot 0,95 = 0,19$
$P(g \cap -) = P(g) \cdot P_g(-) = 0,8 \cdot 0,9 = 0,72$
Somit erhält man nebenstehende Vierfeldertafel:

	k	g	
+	0,19	0,08	0,27
−	0,01	0,72	0,73
	0,2	0,8	1

I) Die Wahrscheinlichkeit, dass man bei einem positiven Testergebnis tatsächlich krank ist, erhält man, indem man mit Hilfe der bedingten Wahrscheinlichkeit folgendes berechnet:

$$P_+(k) = \frac{P(k \cap +)}{P(+)} = \frac{0,19}{0,27} = \frac{19}{27} \approx 0,70 = 70\,\%$$

II) Die Wahrscheinlichkeit, dass man bei einem negativen Testergebnis tatsächlich gesund ist, erhält man mit Hilfe der bedingten Wahrscheinlichkeit folgendermaßen:

$$P_-(g) = \frac{P(g \cap -)}{P(-)} = \frac{0,72}{0,73} = \frac{72}{73} \approx 0,99 = 99\,\%$$

c) Es ist a: älter als 70 Jahre, j $(= \overline{a})$: höchstens 70 Jahre, m: männlich, w$(= \overline{m})$: weiblich.
Gegeben sind $P(a) = 0,3$; $P_a(m) = 0,4$ und $P_j(m) = 0,5$.
Wegen $P_a(m) = \frac{P(m \cap a)}{P(a)}$ gilt:

$$P(m \cap a) = P(a) \cdot P_a(m) = 0,3 \cdot 0,4 = 0,12$$

Es ist $P(j) = 1 - P(a) = 0,7$.
Wegen $P_j(m) = \frac{P(m \cap j)}{P(j)}$ gilt:

$$P(m \cap j) = P(j) \cdot P_j(m) = 0,7 \cdot 0,5 = 0,35$$

$P(a)$, $P(j)$, $P(m \cap a)$ und $P(m \cap j)$ werden in die Vierfeldertafel eingetragen und diese wird vervollständigt:

	a	j	
m	0,12	0,35	0,47
w	0,18	0,35	0,53
	0,3	0,7	1

I) Den Anteil der Männer, die höchstens 70 Jahre alt sind, erhält man mit Hilfe der bedingten Wahrscheinlichkeit:

$$P_m(j) = \frac{P(m \cap j)}{P(m)} = \frac{0,35}{0,47} = \frac{35}{47}$$

II) Den Anteil der Frauen, die über 70 Jahre alt sind, erhält man mit Hilfe der bedingten Wahrscheinlichkeit:

$$P_w(a) = \frac{P(a \cap w)}{P(w)} = \frac{0,18}{0,53} = \frac{18}{53}$$

7.3 Binomialverteilung

Bei einem Bernoulli-Experiment wird die Wahrscheinlichkeit P eines Ereignisses mit genau k Treffern mit der Trefferwahrscheinlichkeit p und der Kettenlänge n (Anzahl der Durchführungen des Experiments) mit der sogenannten Bernoulli- Formel berechnet:

$$P(X = k) = \binom{n}{k} \cdot p^k \cdot (1-p)^{n-k}$$

a) Da es bei einem Wurf des Basketballers nur die beiden Ausgänge «Treffer» oder «Fehlwurf» gibt, handelt es sich um Bernoulli-Experiment. Er hat eine Trefferwahrscheinlichkeit von 90%. Da er 10 Mal wirft, beträgt die Kettenlänge $n = 10$.

I) Legt man X als Zufallsgröße für die Anzahl der Treffer fest, so ist X binomialverteilt mit den Parametern $p = 0,9$ und $n = 10$. Die Wahrscheinlichkeit, dass er genau 9 Mal trifft, erhält man mit der Bernoulli-Formel:

$$P(X = 9) = \binom{10}{9} \cdot 0,9^9 \cdot (1-0,9)^{10-9} = 10 \cdot 0,9^9 \cdot 0,1 = 0,9^9$$

II) Die Wahrscheinlichkeit für einen Fehlwurf beträgt 10%.
Legt man Y als Zufallsgröße für die Anzahl der Fehlwürfe fest, so ist Y binomialverteilt mit den Parametern $p = 0,1$ und $n = 10$. Die Wahrscheinlichkeit, dass der Basketballer höchstens einen Fehltreffer hat, erhält man mit der Bernoulli-Formel:

$$\begin{aligned} P(Y \leqslant 1) &= P(Y = 0) + P(Y = 1) \\ &= \binom{10}{0} \cdot 0,1^0 \cdot (1-0,1)^{10-0} + \binom{10}{1} \cdot 0,1^1 \cdot (1-0,1)^{10-1} \\ &= 1 \cdot 1 \cdot 0,9^{10} + 10 \cdot 0,1 \cdot 0,9^9 \end{aligned}$$

b) I) Da es bei der Stichprobe nur die beiden Ausgänge verdorben oder nicht verdorben gibt, handelt es sich um ein Bernoulliexperiment.
Die Wahrscheinlichkeit, dass eine Apfelsine verdorben ist, beträgt $p = 0,2 = \frac{1}{5}$, die Kettenlänge ist $n = 5$.

Legt man X als Zufallsgröße für die Anzahl der verdorbenen Apfelsinen fest, so ist X binomialverteilt mit den Parametern $n = 5$ und $p = \frac{1}{5}$. Die Wahrscheinlichkeit, dass in der Stichprobe genau eine verdorbene Apfelsine ist, erhält man mit der Bernoulli-Formel:

$$P(X = 1) = \binom{5}{1} \cdot \left(\frac{1}{5}\right)^1 \cdot \left(\frac{4}{5}\right)^4$$

II) Um ein Ereignis A anzugeben, formt man die gegebene Wahrscheinlichkeit um:

$$P(A) = \binom{5}{3} \cdot 0,2^3 \cdot 0,8^2 = P(X = 3)$$

Damit lautet das Ereignis A: In der Stichprobe sind genau drei verdorbene Apfelsinen enthalten.

Um ein Ereignis B anzugeben, formt man ebenfalls die gegebene Wahrscheinlichkeit um:

$$\begin{aligned} P(B) &= 1 - 0,2^5 \\ &= 1 - \binom{5}{5} \cdot 0,2^5 \cdot 0,8^0 \\ &= 1 - P(X = 5) \end{aligned}$$

Dies ist die Wahrscheinlichkeit für das Gegenereignis zu: Es sind alle 5 Apfelsinen verdorben.

Damit lautet das Ereignis B: Es ist mindestens eine Apfelsine nicht verdorben.

c) I) Da die Zufallsgröße X binomialverteilt ist mit $p = 0,2$ und $n = 20$, gilt:

$$P(X = 2) = \binom{20}{2} \cdot 0,2^2 \cdot (1 - 0,2)^{18} = \binom{20}{2} \cdot 0,2^2 \cdot 0,8^{18}$$

II) Aufgrund der Binomialverteilung mit $p = 0,2$ und $n = 20$ gilt ebenfalls:

$$\begin{aligned} P(X < 2) &= P(X = 0) + P(X = 1) \\ &= \binom{20}{0} \cdot 0,2^0 \cdot 0,8^{20} + \binom{20}{1} \cdot 0,2^1 \cdot 0,8^{19} \end{aligned}$$

und

$$\begin{aligned} P(X \neq 1) &= 1 - P(X = 1) \\ &= 1 - \binom{20}{1} \cdot 0,2^1 \cdot 0,8^{19} \end{aligned}$$

d) I) Da es bei einer Zwiebel nur die beiden Ausgänge «keimen» oder «nicht keimen» gibt, handelt es sich um ein Bernoulliexperiment.

Die Wahrscheinlichkeit, dass eine Zwiebel keimt, beträgt $p = 90\% = 0,9$. Die Kettenlänge ist $n = 20$. Damit gilt für die Wahrscheinlichkeit, dass von 20 Zwiebeln alle keimen:

$$P(X = 20) = \binom{20}{20} \cdot 0,9^{20} \cdot 0,1^0 = 1 \cdot 0,9^{20} \cdot 1 = 0,9^{20}$$

II) Um ein Ereignis A anzugeben, formt man die gegebene Wahrscheinlichkeit um:

$$\begin{aligned} P(A) &= \binom{20}{18} \cdot 0,9^{18} \cdot 0,1^2 + \binom{20}{19} \cdot 0,9^{19} \cdot 0,1^1 + 0,9^{20} \\ &= P(X=18) + P(X=19) + P(X=20) \\ &= P(X \geqslant 18) \end{aligned}$$

Damit lautet das Ereignis A: Mindestens 18 Zwiebeln keimen.

Um ein Ereignis B anzugeben, formt man ebenfalls die gegebene Wahrscheinlichkeit um:

$$\begin{aligned} P(B) &= 1 - 0,1^{20} \\ &= 1 - \binom{20}{0} \cdot 0,9^0 \cdot 0,1^{20} \\ &= 1 - P(X=0) \end{aligned}$$

Dies ist die Wahrscheinlichkeit für das Gegenereignis zu: Es keimt keine der 20 Zwiebeln.
Damit lautet das Ereignis B: Es keimt mindestens eine der Zwiebeln.

e) I) Da die Zufallsgröße X binomialverteilt ist mit $p = 0,4$ und $n = 10$, gilt:

$$P(X=1) = \binom{10}{1} \cdot 0,4^1 \cdot (1-0,4)^9 = \binom{10}{1} \cdot 0,4^1 \cdot 0,6^9$$

II) Anhand der gegebenen Abbildung kann man folgende Wahrscheinlichkeiten näherungsweise ablesen:

$$\begin{aligned} P(X=4) &\approx 0,25 & P(X=8) &\approx 0,01 \\ P(X=5) &\approx 0,20 & P(X=9) &\approx 0,00 \\ P(X=6) &\approx 0,11 & P(X=10) &\approx 0,00 \\ P(X=7) &\approx 0,04 \end{aligned}$$

Damit gilt:

$$P(3 < X < 6) = P(X=4) + P(X=5) \approx 0,25 + 0,20 = 0,45$$

und

$$\begin{aligned} P(X > 6) &= P(X=7) + P(X=8) + P(X=9) + P(X=10) \\ &\approx 0,04 + 0,01 + 0,00 + 0,00 \\ &= 0,05 \end{aligned}$$

f) Eine Zufallsgröße X ist binomialverteilt mit der Trefferwahrscheinlichkeit p und dem Stichprobenumfang $n = 2$.

I) Für $p = 0{,}4$ erhält man die Wahrscheinlichkeit $P(X \leqslant 1)$ mithilfe der Bernoulli-Formel:

$$\begin{aligned} P(X \leqslant 1) &= P(X=0) + P(X=1) \\ &= \binom{2}{0} \cdot 0{,}4^0 \cdot (1-0{,}4)^{2-0} + \binom{2}{1} \cdot 0{,}4^1 \cdot (1-0{,}4)^{2-1} \\ &= 1 \cdot 1 \cdot 0{,}6^2 + 2 \cdot 0{,}4 \cdot 0{,}6 \\ &= 0{,}36 + 2 \cdot 0{,}24 \\ &= 0{,}36 + 0{,}48 \\ &= 0{,}84 \end{aligned}$$

Alternativ erhält man die Wahrscheinlichkeit $P(X \leqslant 1)$ mithilfe der Wahrscheinlichkeit des Gegenereignisses und der Bernoulli-Formel:

$$\begin{aligned} P(X \leqslant 1) &= 1 - P(X=2) \\ &= 1 - \binom{2}{2} \cdot 0{,}4^2 \cdot (1-0{,}4)^{2-2} \\ &= 1 - 1 \cdot 0{,}4^2 \cdot 0{,}6^0 \\ &= 1 - 0{,}4^2 \\ &= 1 - 0{,}16 \\ &= 0{,}84 \end{aligned}$$

Die Wahrscheinlichkeit für $P(X \leqslant 1)$ beträgt $0{,}84$.

II) Mithilfe der Wahrscheinlichkeiten der jeweiligen Gegenereignisse erhält man:

$$\begin{aligned} P(X \neq 0) + P(X \neq 1) + P(X \neq 2) &= (P(X=1) + P(X=2)) + (P(X=0) + P(X=2)) \\ &\quad + (P(X=0) + P(X=1)) \\ &= 2 \cdot (P(X=0) + P(X=1) + P(X=2)) \\ &= 2 \cdot 1 \\ &= 2 \end{aligned}$$

Somit gilt für jeden Wert von p:

$$P(X \neq 0) + P(X \neq 1) + P(X \neq 2) = 2$$

Aufgaben mit WTR

g) Da es nur die Ausgänge «Sechs» oder «nicht Sechs» gibt, handelt es sich um ein Bernoulli-Experiment. Die Kettenlänge ist $n = 50$ und die Trefferwahrscheinlichkeit ist $p = \frac{1}{6}$ für «Sechs». Legt man X als Zufallsgröße für die Anzahl der «Sechsen» fest, so ist X binomialverteilt mit den Parametern $n = 50$ und $p = \frac{1}{6}$. Damit erhält man mithilfe des WTR und der Wahrscheinlichkeit des Gegenereignisses:

$$P(A) = P(X \geqslant 10) = 1 - P(X \leqslant 9) \approx 0,317 = 31,7\,\%$$
$$P(B) = P(3 < X < 14) = P(X \leqslant 13) - P(X \leqslant 3) \approx 0,946 = 94,6\,\%$$

h) In jeder Einzelbefragung gibt es nur zwei Ausgänge («Sendung bekannt» oder «Sendung nicht bekannt»), also ist jede Einzelbefragung ein Bernoulliexperiment. Da alle Einzelbefragungen unabhängig voneinander sind und insbesondere die Wahrscheinlichkeit für die beiden möglichen Ausgänge jeweils gleich bleibt, liegt eine Bernoullikette vor. Legt man X als Zufallsgröße für die Anzahl derjenigen Personen fest, welche die Sendung kennen, so ist X eine binomialverteilte Zufallsgröße mit den Parametern $n = 20$ und $p = 0,25$. Wenn genau 14 Personen die Sendung nicht kennen, so kennen genau 6 Personen die Sendung. Damit erhält man die Wahrscheinlichkeit des Ereignisses A mithilfe des WTR:

frv.tv/de

$$P(A) = P(X = 6) \approx 0,169 = 16,9\,\%$$

Die Wahrscheinlichkeit, dass höchstens 10 Personen die Sendung kennen, erhält man mithilfe des WTR:

frv.tv/df

$$P(B) = P(X \leqslant 10) \approx 0,996 = 99,6\,\%$$

i) Man legt X als Zufallsgröße für die Anzahl der matschigen Äpfel bei einer Gesamtheit von 7 Äpfeln fest. Dann ist X eine binomialverteilte Zufallsgröße mit den Parametern $n = 7$ und $p = 0,2$.

Für die Wahrscheinlichkeit des Ereignisses A ergibt sich mithilfe des WTR:

frv.tv/de

$$P(A) = P(X = 2) \approx 0,275 = 27,5\,\%$$

Man legt Y als Zufallsgröße für die Anzahl der matschigen Äpfel bei einer Gesamtheit von 20 Äpfeln fest. Dann ist Y eine binomialverteilte Zufallsgröße mit den Parametern $n = 20$ und $p = 0,2$. Für die Wahrscheinlichkeit des Ereignisses B ergibt sich mithilfe des WTR und der Wahrscheinlichkeit des Gegenereignisses:

frv.tv/df

$$P(B) = P(Y \geqslant 2) = 1 - P(Y \leqslant 1) \approx 1 - 0,069 = 0,931 = 93,1\,\%$$

Man legt Z als Zufallsgröße für die Anzahl der matschigen Äpfel bei einer Gesamtheit von 100 Äpfeln fest. Dann ist Z eine binomialverteilte Zufallsgröße mit den Parametern $n = 100$ und $p = 0,2$. Für die Wahrscheinlichkeit des Ereignisses C ergibt sich mithilfe des WTR und der Wahrscheinlichkeit des Gegenereignisses:

frv.tv/df

$$P(C) = P(15 \leqslant Z \leqslant 25) = P(Z \leqslant 25) - P(Z \leqslant 14) \approx 0,913 - 0,080 = 0,833 = 83,3\,\%$$

j) Da 6% der erwarteten Passagiere eine Busfahrt nicht antreten, beträgt die Wahrscheinlichkeit, dass ein erwarteter Passagier die Reise antritt, $p = 94\%$.
Man legt X als Zufallsgröße für die Anzahl der belegten Plätze fest. X ist eine binomialverteilte Zufallsgröße mit den Parametern $n = 90$ und $p = 0,94$.
Die Wahrscheinlichkeit, dass mehr als 85 Sitzplätze belegt sind, erhält man mithilfe des WTR und der Wahrscheinlichkeit des Gegenereignisses:

$$P(X > 85) = 1 - P(X \leqslant 85) \approx 1 - 0,634 = 0,366 = 36,6\%$$

frv.tv/df

k) Da 10% der gelieferten Bauteile defekt sind, beträgt die Wahrscheinlichkeit, dass ein Bauteil einwandfrei ist, $p = 0,9$.
Legt man X als Zufallsgröße für die Anzahl der einwandfreien Bauteile fest, so ist X binomialverteilt mit den Parametern $n = 300$ und $p = 0,9$.
Die Wahrscheinlichkeit, dass von 300 Bauteilen mindestens 270 einwandfrei sind, erhält man mithilfe des WTR und der Wahrscheinlichkeit des Gegenereignisses:

$$P(X \geqslant 270) = 1 - P(X \leqslant 269) \approx 1 - 0,452 = 0,548$$

frv.tv/df

7.4 Erwartungswert und Standardabweichung

a) Da in der Urne 1 weiße, 1 rote und 8 schwarze Kugeln sind, beträgt die Wahrscheinlichkeit für weiß: $\frac{1}{10}$, für rot: $\frac{1}{10}$ und für schwarz: $\frac{8}{10}$. Man legt X als Zufallsgröße für die Höhe des Gewinns fest. Damit erhält man für den Gewinn folgende Verteilung:

Ereignis	Gewinn x_i	$P(x_i)$	$x_i \cdot P(x_i)$	$(x_i - \mu)^2$	$(x_i - \mu)^2 \cdot P(x_i)$
weiß	4	0,1	0,4	$2,8^2 = 7,84$	0,784
rot	8	0,1	0,8	$6,8^2 = 46,24$	4,624
schwarz	0	0,8	0	$(-1,2)^2 = 1,44$	1,152
Summe			$\mu = E(X) = 1,2$		$V(X) = 6,56$

Die Varianz V(X) ergibt sich als Summe der letzten Spalte:

$$V(X) = \sum_{i=1}^{n} \left[(x_i - \mu)^2 \cdot P(x_i) \right] = 0,784 + 4,624 + 1,152 = 6,56.$$

Die Standardabweichung σ erhält man durch $\sigma = \sqrt{V(X)} = \sqrt{6,56} \approx 2,56$.
Der Erwartungswert für den Gewinn beträgt 1,20 Euro, die Standardabweichung etwa 2,56 Euro.

b) I) Mit $n = 80$ und $p = 0,3$ ergibt sich für den Erwartungswert:

$$\mu = E(X) = n \cdot p = 80 \cdot 0,3 = 24$$

Für die Standardabweichung gilt:

$$\sigma = \sqrt{n \cdot p \cdot (1-p)} = \sqrt{80 \cdot 0,3 \cdot (1-0,3)} \approx 4,1$$

II) Mit $E(X) = 20$ und $n = 50$ ergibt sich für die Trefferwahrscheinlichkeit:

$$20 = 50 \cdot p \Rightarrow p = \frac{2}{5} = 0,4$$

Für die Standardabweichung gilt:

$$\sigma = \sqrt{n \cdot p \cdot (1-p)} = \sqrt{50 \cdot 0,4 \cdot (1-0,4)} \approx 3,5$$

III) Mit $E(X) = 12$ und $p = 0,6$ ergibt sich für die Kettenlänge:

$$12 = n \cdot 0,6 \Rightarrow n = \frac{12}{0,6} = 20$$

Für die Standardabweichung gilt:

$$\sigma = \sqrt{n \cdot p \cdot (1-p)} = \sqrt{20 \cdot 0,6 \cdot (1-0,6)} \approx 2,2$$

c) Die Wahrscheinlichkeit beträgt für 1 €: $\frac{180}{360} = \frac{1}{2}$, für 3 €: $\frac{120}{360} = \frac{1}{3}$ und für 4 €: $\frac{60}{360} = \frac{1}{6}$. Damit ergibt sich für die Auszahlungsbeträge folgende Verteilung:

Auszahlungsbetrag x_i in €	$P(x_i)$	$x_i \cdot P(x_i)$
1	$\frac{1}{2}$	$\frac{1}{2}$
3	$\frac{1}{3}$	1
4	$\frac{1}{6}$	$\frac{2}{3}$

Sei X Zufallsgröße für die Höhe des Gewinns. Den Erwartungswert von X erhält man, indem man die möglichen Auszahlungsbeträge mit den zugehörigen Wahrscheinlichkeiten multipliziert und den Einsatz von 2 Euro subtrahiert:

$$\mu = E(X) = 1 \cdot \frac{180}{360} + 3 \cdot \frac{120}{360} + 4 \cdot \frac{60}{360} - 2 = \frac{1}{2} + 1 + \frac{2}{3} - 2 = \frac{1}{6} \approx 0,17$$

Der Erwartungswert beträgt also etwa 17 Cent.

d) Legt man X als Zufallsgröße für die Anzahl der defekten Glühbirnen fest, so ist X binomialverteilt mit den Parametern $n = 150$ und $p = 0,04$ (4 %).
Damit gilt für den Erwartungswert:

$$E(X) = \mu = n \cdot p = 150 \cdot 0,04 = 6$$

Für die zugehörige Standardabweichung ergibt sich:

$$\sigma = \sqrt{n \cdot p \cdot (1-p)} = \sqrt{150 \cdot 0,04 \cdot 0,96} = \sqrt{5,76} = 2,4$$

Bei einer Entnahme von 150 Glühbirnen hat man durchschnittlich mit 6 defekten Glühbirnen zu rechnen. Die zugehörige Standardabweichung beträgt 2,4 Glühbirnen.

e) Da in der Urne 4 weiße, 4 rote und 2 schwarze Kugeln sind, beträgt die Wahrscheinlichkeit für weiß (w): $\frac{4}{10} = 0,4$, für rot (r): $\frac{4}{10} = 0,4$ und für schwarz (s): $\frac{2}{10} = 0,2$. Damit ergibt sich für die Auszahlungsbeträge folgende Verteilung:

Ereignis	Auszahlungsbetrag x_i in €	$P(x_i)$	$x_i \cdot P(x_i)$
weiß	1	0,4	0,4
rot	2	0,4	0,8
schwarz	0	0,2	0
Summe		1	1,2

Sei X Zufallsgröße für die Höhe des Gewinns. Den Erwartungswert von X erhält man, indem man die möglichen Auszahlungsbeträge mit den zugehörigen Wahrscheinlichkeiten multipliziert und den Einsatz von 1 Euro subtrahiert:

$$\mu = E(X) = 1 \cdot 0,4 + 2 \cdot 0,4 + 0 \cdot 0,2 - 1 = 1,2 - 1 = 0,2$$

Der Erwartungswert beträgt 0,20 €.
Da der Erwartungswert nicht Null ist, ist das Spiel auch nicht fair. Es wird in diesem Fall der Spieler begünstigt, da der Erwartungswert des Spielers positiv ist.

f) Legt man X als Zufallsgröße für die Menge verdorbener Tomaten (in kg) fest, so ist X binomialverteilt mit den Parametern $n = 30$ und $p = 0,2$ (20 %).
Damit ergibt sich für den Erwartungswert:

$$E(X) = \mu = n \cdot p = 30 \cdot 0,2 = 6$$

Für die zugehörige Standardabweichung gilt:

$$\sigma = \sqrt{n \cdot p \cdot (1-p)} = \sqrt{30 \cdot 0,2 \cdot 0,8} = \sqrt{4,8} \approx 2,2.$$

Bei einer Entnahme von 30 kg sind durchschnittlich 6 kg verdorbene Tomaten zu erwarten. Die zugehörige Standardabweichung beträgt etwa 2,2 kg.

g) 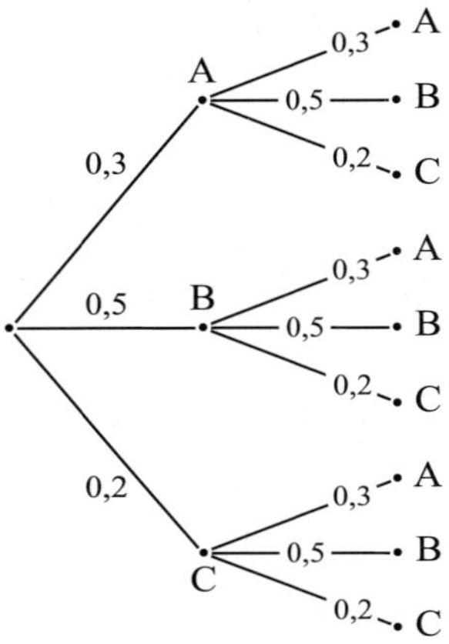

Die Wahrscheinlichkeiten für die Buchstaben A, B und C betragen bei jedem Drehen:
$P(A) = 0,3$
$P(B) = 0,5$
$P(C) = 0,2$

Die Wahrscheinlichkeit, dass zwei gleiche Buchstaben erscheinen, erhält man mithilfe der 1. und 2. Pfadregel (Produkt- und Summenregel):

$$\begin{aligned} P(\text{«zwei gleiche Buchstaben»}) &= P(AA) + P(BB) + P(CC) \\ &= 0,3 \cdot 0,3 + 0,5 \cdot 0,5 + 0,2 \cdot 0,2 \\ &= 0,09 + 0,25 + 0,04 \\ &= 0,38 \end{aligned}$$

Sei X Zufallsgröße für die Höhe des Gewinns. Den Erwartungswert von X erhält man, indem man den möglichen Auszahlungsbetrag mit der zugehörigen Wahrscheinlichkeit multipliziert und den Einsatz subtrahiert:

$$\mu = E(X) = 10 \cdot 0,38 + 0 \cdot (1 - 0,38) - 4 = 3,8 - 4 = -0,2$$

Der Erwartungswert beträgt $-0,20$ Euro.
Da der Erwartungswert nicht Null ist, ist das Spiel auch nicht fair. Es wird der Spieler benachteiligt.

h) Den Erwartungswert $E(X)$ der Zufallsgröße X erhält man, indem man die möglichen Werte von x_i mit den zugehörigen Wahrscheinlichkeiten multipliziert und die Ergebnisse addiert:

$$E(X) = -5 \cdot 0,1 + (-1) \cdot a + 0 \cdot b + 3 \cdot 0,3 = -0,5 - a + 0,9 = 0,4 - a$$

Wegen $E(X) = 0,3$ erhält man folgende Gleichung:

$$0,3 = 0,4 - a \Rightarrow a = 0,1$$

Da die Summe aller Wahrscheinlichkeiten 1 ergeben muss, gilt mit $a = 0,1$:

$$0,1 + 0,1 + b + 0,3 = 1 \Rightarrow b = 0,5$$

i) Um zu zeigen, dass der Erwartungswert von X nicht größer als 2,2 sein kann, bestimmt man den Erwartungswert von X:

$$E(X) = 0 \cdot p_1 + 1 \cdot \frac{3}{10} + 2 \cdot \frac{1}{5} + 3 \cdot p_2 = \frac{7}{10} + 3 \cdot p_2$$

Da die Summe der Wahrscheinlichkeiten nicht größer als 1 sein darf, gilt:

$$p_2 \leqslant 1 - \frac{3}{10} - \frac{1}{5} = \frac{1}{2}$$

Damit gilt für den Erwartungswert:

$$E(X) \leqslant \frac{7}{10} + 3 \cdot \frac{1}{2} = 2{,}2$$

Somit kann der Erwartungswert von X nicht größer als $2{,}2$ sein.

7.5 Verständnis von Zusammenhängen

a) Allgemein gilt für eine binomialverteilte Zufallsgröße X mit Kettenlänge n und Trefferwahrscheinlichkeit p: Die Wahrscheinlichkeit für genau k Treffer beträgt:

$$P(X = k) = \binom{n}{k} \cdot p^k \cdot (1-p)^{n-k}$$

In diesem Fall beschreibt X die Anzahl der Überraschungseier, die eine Filmfigur enthalten, wenn man zufällig 20 Eier erwirbt: $n = 20$, $p = \frac{1}{5}$.
Die Rechnung:

$$\binom{20}{2} \cdot \left(\frac{1}{5}\right)^2 \cdot \left(\frac{4}{5}\right)^{18} \approx 0{,}137$$

liefert somit die Wahrscheinlichkeit $P(X = 2)$.
Damit beträgt die Wahrscheinlichkeit, dass bei 20 Eiern genau zwei Eier eine Figur aus dem Film enthalten, etwa $13{,}7\%$.

b) Laut Verpackungsangabe kommt es bei sachgerechter Pflanzung einer Tulpenzwiebel im nächsten Frühjahr mit einer Wahrscheinlichkeit von $p = 0{,}98$ zu einer Blüte. $0{,}98^n$ ist also die Wahrscheinlichkeit, dass von n ($n \in \mathbb{N}$) sachgerecht gepflanzten Tulpenzwiebeln alle n Zwiebeln im nächsten Frühjahr zu einer Blüte kommen. Ungleichung (I) beschreibt die Bedingung für die Wahrscheinlichkeit, dass alle n gepflanzten Tulpenzwiebeln im nächsten Frühjahr blühen, größer als 75 % ist:

$$0{,}98^n > 0{,}75$$

Ungleichung (II) beschreibt die Lösung von Ungleichung (I): $n < 14{,}24$.
Also dürfen höchstens 14 Tulpenzwiebeln gepflanzt werden, wenn gewährleistet werden soll, dass mit einer Wahrscheinlichkeit von mehr als 75 % alle gepflanzten Tulpenzwiebeln blühen.

c) Legt man X als Zufallsgröße für die Anzahl der erfolgreich entwöhnten nicht starken Raucher fest, so ist X binomialverteilt mit den Parametern $n = 8$ und $p = 0{,}7$. Die Wahrscheinlichkeit, dass bei genau fünf der acht nicht starken Raucher die Entwöhnung erfolgreich ist, erhält man mit der Bernoulliformel

$$P(X = 5) = \binom{8}{5} \cdot 0,7^5 \cdot 0,3^3$$

Also beschreibt Term (v) diesen Sachverhalt.
Wenn bei genau fünf der acht nicht starken Raucher die Entwöhnung erfolgreich ist, so ist bei genau drei der acht nicht starken Raucher die Entwöhnung nicht erfolgreich. Legt man Y als Zufallsgröße für die Anzahl der nicht erfolgreich entwöhnten nicht starken Raucher fest, so ist Y binomialverteilt mit den Parametern $n = 8$ und $q = 1 - p = 0,3$. Die Wahrscheinlichkeit, dass bei genau drei der acht nicht starken Raucher die Entwöhnung nicht erfolgreich ist, erhält man mit der Bernoulliformel $P(Y = 3) = \binom{8}{3} \cdot 0,3^3 \cdot 0,7^5$. Also beschreibt Term (i) diesen Sachverhalt.
Somit beschreiben (i) und (v) die gesuchte Wahrscheinlichkeit.

d) Die Wahrscheinlichkeit, dass eine Tasse fehlerfrei glasiert ist, beträgt $p = 0,8$.

I) Die Wahrscheinlichkeit des Ereignisses A: «Von den entnommenen Tassen ist nur die 8. nicht fehlerfrei glasiert» erhält man durch Multiplikation der Wahrscheinlichkeiten jeder Stufe:

$$P(A) = 0,8^7 \cdot 0,2^1 \cdot 0,8^2 = 0,2 \cdot 0,8^9$$

II) Die Wahrscheinlichkeit, dass eine Tasse nicht fehlerfrei glasiert ist, beträgt $q = 0,2$. Die gegebene Wahrscheinlichkeit wird mithilfe der Bernoulli-Formel umgeformt. Legt man X als binomialverteilte Zufallsgröße für die Anzahl der nicht fehlerfrei glasierten Tassen fest, so ergibt sich:

$$\begin{aligned} P(B) &= 0,8^{10} + 10 \cdot 0,8^9 \cdot 0,2^1 + \binom{10}{2} \cdot 0,8^8 \cdot 0,2^2 \\ &= \binom{10}{0} \cdot 0,2^0 \cdot 0,8^{10} + \binom{10}{1} \cdot 0,2^1 \cdot 0,8^9 + \binom{10}{2} \cdot 0,2^2 \cdot 0,8^8 \\ &= P(X = 0) + P(X = 1) + P(X = 2) \\ &= P(X \leqslant 2) \end{aligned}$$

Somit kann das Ereignis B folgendermaßen beschrieben werden: «Von den 10 entnommenen Tassen sind höchstens zwei nicht fehlerfrei glasiert».

7.6 Normalverteilung

Die Berechnung der Werte der kumulierten Normalverteilung erfolgt mit dem WTR, eine Anleitung finden Sie unter dem QR-Code rechts.

frv.tv/di

a) Legt man X als Zufallsgröße für das Gewicht eines Hühnereis fest, so ist X normalverteilt mit den Parametern $\mu = 60$ und $\sigma = 10$.
Die Wahrscheinlichkeit für das Ereignis A: «Das Ei wiegt weniger als 53 Gramm» erhält man mithilfe der kumulierten Normalverteilung (untere Grenze: z.B. -1000; obere Grenze 53):

$$P(A) = P(X < 53) \overset{\text{WTR}}{\approx} 0{,}242 = 24{,}2\%$$

Die Wahrscheinlichkeit für das Ereignis A beträgt etwa $24{,}2\,\%$.
Die Wahrscheinlichkeit für das Ereignis B: «Das Ei wiegt mehr als 73 Gramm» erhält man mithilfe der Wahrscheinlichkeit des Gegenereignisses und der kumulierten Normalverteilung (untere Grenze: 73; obere Grenze z.B. 1000)

$$P(B) = P(X > 73) \overset{\text{WTR}}{\approx} 0{,}097 = 9{,}7\%$$

Die Wahrscheinlichkeit für das Ereignis B beträgt etwa $9{,}7\,\%$.

b) Legt man X als Zufallsgröße für die Brenndauer einer Kerze fest, so ist X normalverteilt mit den Parametern $\mu = 10$ und $\sigma = 2{,}5$.
Die Wahrscheinlichkeit für das Ereignis A: «Die Brenndauer einer Kerze beträgt weniger als 6 Stunden» erhält man mithilfe der kumulierten Normalverteilung (untere Grenze: z.B. -1000; obere Grenze 6):

$$P(A) = P(X < 6) \overset{\text{WTR}}{\approx} 0{,}055 = 5{,}5\%$$

Die Wahrscheinlichkeit für das Ereignis A beträgt etwa $5{,}5\,\%$.
Die Wahrscheinlichkeit für das Ereignis B: «Die Brenndauer einer Kerze beträgt mehr als 8,5 und höchstens 12 Stunden» erhält man ebenfalls mithilfe der kumulierten Normalverteilung (untere Grenze: $8{,}5$; obere Grenze 12):

$$P(B) = P(8{,}5 < X \leqslant 12) \overset{\text{WTR}}{\approx} 0{,}514 = 51{,}4\%$$

Die Wahrscheinlichkeit für das Ereignis B beträgt etwa $51{,}4\,\%$.

c) Legt man X als Zufallsgröße für die Länge einer Schraube fest, so ist X normalverteilt mit den Parametern $\mu = 100$ und $\sigma = 1{,}5$.
Die Wahrscheinlichkeit für das Ereignis A: «Eine Schraube ist mindestens 98,5 mm lang» erhält man mithilfe der Wahrscheinlichkeit des Gegenereignisses und der kumulierten Normalverteilung (untere Grenze: $98{,}5$; obere Grenze z.B. 1000):

$$P(A) = P(X \geqslant 98{,}5) = \overset{\text{WTR}}{\approx} 0{,}841 = 84{,}1\%$$

Die Wahrscheinlichkeit für das Ereignis A beträgt etwa $84{,}1\,\%$.
Die Wahrscheinlichkeit für das Ereignis B: «Die Länge einer Schraube weicht um weniger

als 1% vom Erwartungswert ab, ist also zwischen 99 und 101 mm lang» erhält man mithilfe der kumulierten Normalverteilung (untere Grenze: 99; obere Grenze 101):

$$P(B) = P(99 < X < 101) \overset{\text{WTR}}{\approx} 0,495 = 49,5\,\%$$

Die Wahrscheinlichkeit für das Ereignis B beträgt etwa 49,5 %.

d) Da die normalverteilte Zufallsgröße X den Erwartungswert $\mu = 6$ und die Standardabweichung $\sigma = 2$ hat, hat die zugehörige Glockenkurve ihr Maximum bei $x = 6$ mit $\varphi_{6,2}(6) = \frac{0,4}{\sigma} = \frac{0,4}{2} = 0,2$. Die Wendestellen liegen bei

$$x_1 = \mu - \sigma = 6 - 2 = 4$$

und

$$x_2 = \mu + \sigma = 6 + 2 = 8$$

Damit ergibt sich folgende Glockenkurve:

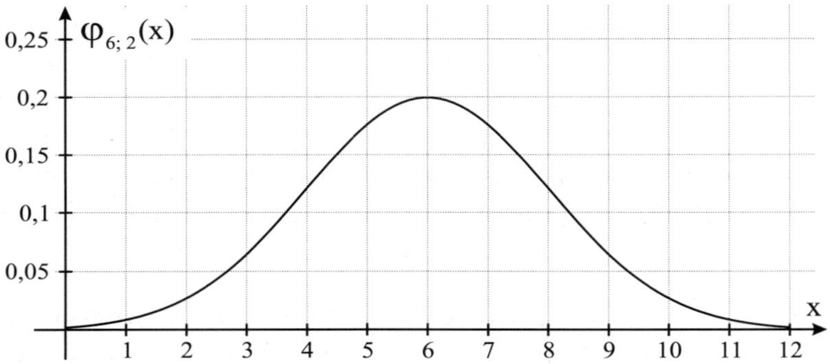

e) Anhand der gegebenen Glockenkurve kann man ablesen, dass das Maximum bei $x = 20$ liegt. Somit gilt für den Erwartungswert: $\mu = 20$.

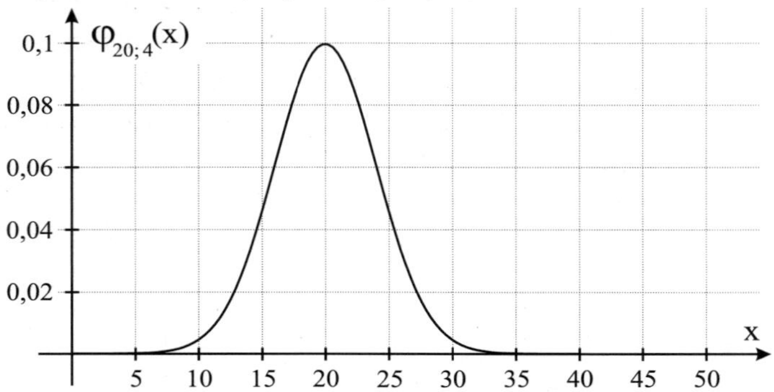

Die Standardabweichung σ erhält man mithilfe von $\varphi_{20;\sigma}(x) = \frac{0,4}{\sigma}$.
Wegen $\varphi_{20,4}(20) = 0,1$ ergibt sich:

$$0,1 = \frac{0,4}{\sigma} \Rightarrow \sigma = 4$$

Die Standardabweichung beträgt 4.

f) Die gesuchten Wahrscheinlichkeiten erhält man mithilfe von Integralen bzw. den zugehörigen Flächeninhalten:

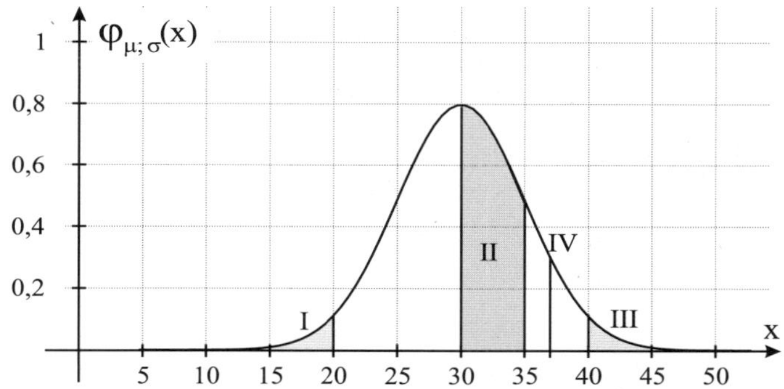

I) $P(X < 20)$, II) $P(30 \leqslant X < 35)$, III) $P(X > 40)$, IV) $P(X = 37) = 0$
Die Wahrscheinlichkeit I entspricht dem Integral bzw. der Fläche unter der Kurve für alle Werte von x, die kleiner als 20 sind. II wird bestimmt, indem man das Integral bzw. die Fläche in den Grenzen 30 bis 35 bestimmt. (Dabei macht es bei der Normalverteilung keinen Unterschied, ob $\leqslant$ oder $<$ gefragt ist.). III wird über das Integral bzw. die Fläche bestimmt, für alle Werte von x bestimmt, die größer als 40 sind. IV hat den Wert Null, da ein Integral mit gleicher unter und oberer Grenze immer gleich Null ist.

g) Die normalverteilte Zufallsgröße X hat den Erwartungswert $\mu_1 = 12$ und die Standardabweichung $\sigma_1 = 2$, die normalverteilte Zufallsgröße Y hat ebenfalls den Erwartungswert $\mu_2 = 12$, aber die Standardabweichung $\sigma_2 = 4$.
Beide Glockenkurven haben das Maximum bei $x = 12$, also gilt $\mu = 12$. Der Maximalwert der Glockenkurve von X liegt bei $\varphi_{12;\sigma}(12) = \frac{0,4}{\sigma_1} = \frac{0,4}{2} = 0,2$. Der Maximalwert der Glockenkurve von Y liegt bei $\varphi^*_{12;\sigma}(x) = \frac{0,4}{\sigma_2} = \frac{0,4}{4} = 0,1$. Die Wendestellen von X liegen bei $x_1 = 12 - 2 = 10$ und $x_2 = 12 + 2 = 14$, die Wendestellen von Y liegen bei $x_1 = 12 - 4 = 8$ und $x_2 = 12 + 4 = 16$. Man erhält die Glockenkurve von Y, indem man die Glockenkurve von X in y-Richtung staucht und in x-Richtung streckt.

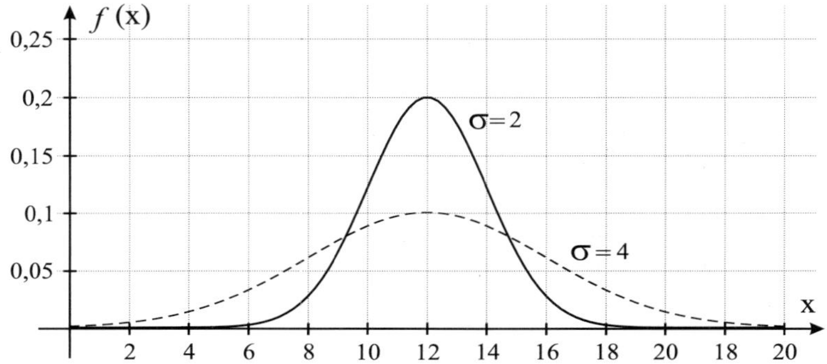

Stichwortverzeichnis